"十二五"职业教育国家规划教材修订版

icve 智慧职教

高等职业教育电类课程
新形态一体化教材

变频技术及应用

（第3版）

主编 宋爽 张金红

U0364561

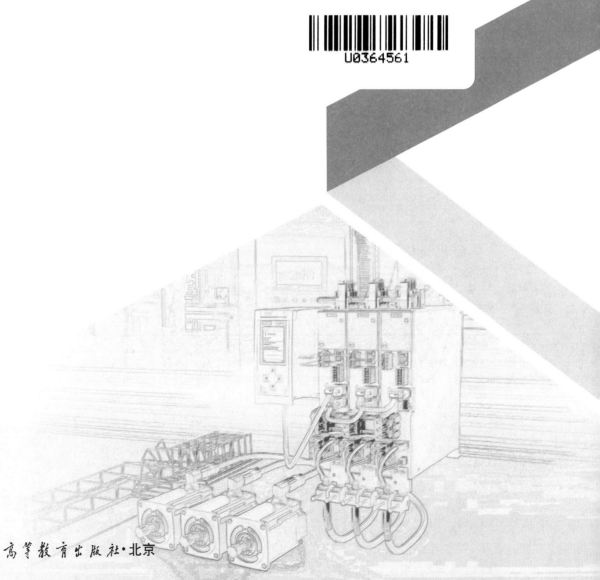

高等教育出版社·北京

内容简介

　　本书是"十二五"职业教育国家规划教材修订版,也是高等职业教育电类课程新形态一体化教材。

　　本书内容主要包括:变频控制技术的认识,变频控制技术的实现,MM4 系列变频器的认识与基本操作,MM4 系列变频器的调试与基本运行,PLC、PC 与 MM4 系列变频器组成的调速系统运行,G120 系列变频器的认识与运行,变频器的工程应用,变频器的安装与维护。

　　本书配套提供的数字化教学资源包括教学课件、微课等,微课可通过移动终端扫码观看。

　　本书可作为高职高专院校电气工程与自动化技术、工业过程自动化技术、工业机器人技术、机电一体化技术专业的教学用书,也可供技术人员参考。

图书在版编目(CIP)数据

变频技术及应用 / 宋爽,张金红主编. -- 3 版. --
北京 : 高等教育出版社,2021.9
　ISBN 978-7-04-055551-6

　Ⅰ.①变⋯　Ⅱ.①宋⋯ ②张⋯　Ⅲ.①变频技术-高
等职业教育-教材　Ⅳ.①TN77

　中国版本图书馆 CIP 数据核字(2021)第 023938 号

BIANPIN JISHU JI YINGYONG

策划编辑	曹雪伟	责任编辑　曹雪伟	封面设计　张　楠	版式设计　童　丹
插图绘制	黄云燕	责任校对　刘丽娴	责任印制　存　怡	

出版发行	高等教育出版社		网　　址	http://www.hep.edu.cn
社　　址	北京市西城区德外大街 4 号			http://www.hep.com.cn
邮政编码	100120		网上订购	http://www.hepmall.com.cn
印　　刷	北京市大天乐投资管理有限公司			http://www.hepmall.com
开　　本	787mm×1092mm　1/16			http://www.hepmall.cn
印　　张	14.75		版　　次	2009 年 10 月第 1 版
字　　数	370 千字			2021 年 9 月第 3 版
购书热线	010-58581118		印　　次	2021 年 9 月第 1 次印刷
咨询电话	400-810-0598		定　　价	42.80 元

本书如有缺页、倒页、脱页等质量问题,请到所购图书销售部门联系调换
版权所有　侵权必究
物　料　号　55551-00

第3版前言

　　随着变频技术的发展以及高职教学改革的不断深入,继续将已有教材进行修订完善,才能适应时代要求。

　　本书从变频技术应用的实际需要出发,结合行业标准,介绍了变频控制技术的基本理论,通用变频器系统的安装、操作、运行、维护等技能。

　　在内容上,深入优化第2版教材,内容精炼,重点突出,先进实用。选用目前国内自动化产品占有率较高的西门子变频器作为教学载体,精选其中尤具代表性的通用型 MM4 系列变频器,增加全新性能的 G120 系列变频器内容,结合目前广受欢迎的 PLC 技术和快速发展的网络通信技术,直接面向工程应用。

　　本书继续采用项目任务型编写体例,教学项目选自企业真实案例,以"学以致用,理实一体"为指导,遵循由简单到复杂、由单一到综合的认知规律,设计学习项目,其中渗透企业文化并注重学生专业能力、实践能力、社会能力的培养,提升职业能力。

　　本书围绕深化教学改革和"互联网+职业教育"发展需求,在编写过程中,结合信息技术,开发配套微课等电子资源,拓展学习空间,方便学习使用。本书配套教学课件索取邮箱为 1377447280@ qq. com。

　　本书由河北工业职业技术学院宋爽、张金红任主编,张惠荣、高梅、石建伟(河北冶金建设集团有限公司)任副主编,武玉英、孙荟参编。宋爽编写第 4、5 模块内容,张金红编写第 3、6 模块内容,张惠荣编写第 1 模块内容,高梅编写第 2 模块内容,石建伟编写第 7 模块内容,武玉英、孙荟编写第 8 模块内容。全书由宋爽统稿。在编写过程中,作者参阅了许多同行专家编著的文献及西门子系列产品资料,在此表示真诚的感谢。

　　由于编者水平有限,不足之处敬请广大读者批评指正。

编　者

2021 年 3 月

第2版前言

由于变频技术的发展非常迅速,第1版教材的内容急需调整和更新。本书是对第1版教材的修订和完善。

依据国家"十二五"规划纲要提出的高职高专"培养高端技能型专门人才"的目标,遵循"学以致用,理实一体"的原则,本书精选教学内容,理论联系实际,强调知识的渐进性和系统性,突出"科学性、实用性、通用性、新颖性"。具体表现为:

1. 内容精炼,结构合理

对于通用变频技术及产品理论知识,以专题形式进行优化组合,突出重点。在变频器的应用环节,以项目任务驱动教学,把背景知识分散嵌入到项目之中,使理论与实践有机融合,侧重操作技能和工程意识的培养。

2. 强化衔接,与相关学习领域有机结合

以变频器为核心,以电力电子技术为依托,以电动机控制为主要服务目的,结合 PLC 和通信技术,从理论知识和技能训练方面有机组织教材,突出知识的系统性。

3. 重视知识的先进性

在 PLC、PC 与变频器组成的变频调速系统部分,强调了 USS 通信、PROFIBUS 控制、Drive-Monitor 软件使用等先进技术,为先进变频系统的设计开发提供技术支持。

本书由河北工业职业技术学院宋爽、周乐挺担任主编,张惠荣、张金红担任副主编,高梅、王健(石家庄钢铁有限责任公司)、孙荟参编。在编写过程中,编者参阅了许多同行专家编著的文献及 MM 系列产品资料,在此表示真诚的感谢。

由于编者水平有限,不足之处敬请广大读者批评指正。

编　者

2014 年 7 月

第1版前言

本书根据高职高专的教育特点,以"理论知识够用为度,以就业为导向,以双证培养为目标"的高等职业教育指导思想,精选教学内容,体现以技能训练为主线、相关知识为支撑的编写思路,注重理论与实践的统一,侧重介绍变频器的实际操作及应用。

本书在内容编排上主次分明,重点突出。力求突出以下特点:

1. 针对性强。在变频器的选型上,选用目前国内自动化产品占有率比较高的西门子MM系列变频器,介绍MM440及MM420的主要特点及应用技巧。

2. 结构新颖。在变频器的使用环节,以项目任务驱动教学,设定项目内容,提出项目目的,侧重操作技能和工程意识的培养。

3. 密切联系工程实际,突出应用性。

本书可作为高职高专电气自动化、生产过程自动化、计算机控制和机电一体化等专业的教学用书,也可供相关工程技术人员参考。

本书由河北工业职业技术学院宋爽、周乐挺任主编,高梅任副主编,孙荟参编。其中,宋爽编写了第1、4、5、6、7、8章及每章的本章小结和思考与练习,高梅编写了第3章,孙荟编写了第2章,全书由周乐挺和宋爽统稿,北京联合大学童启明老师对本书进行了仔细审阅,并提出了宝贵意见。在编写过程中,编者参阅了许多同行、专家编著的文献及MM系列产品资料,在此一并表示感谢。

由于编者水平有限,不足之处敬请广大读者批评指正。

编　者

2008 年 10 月

目 录

第1模块　变频控制技术的认识

专题1.1　交流异步电动机的调速

1.1.1　交流异步电动机的调速特性

在工业生产系统的动力装置中,交流异步电动机已占了90%以上的份额。通过交、直流电动机的对比很容易看出,交流异步电动机具有以下优点:体积小、造价低、维护简单、可适应复杂的工作环境等。但在交流变频器推广使用之前,在需要进行连续调速或精确调速的应用方面,直流电动机具有很大的优势。原因在于常规的交流调速方式很难满足以上几种情况下的应用要求。交流异步电动机几种调速方式下的特性如图1-1所示。

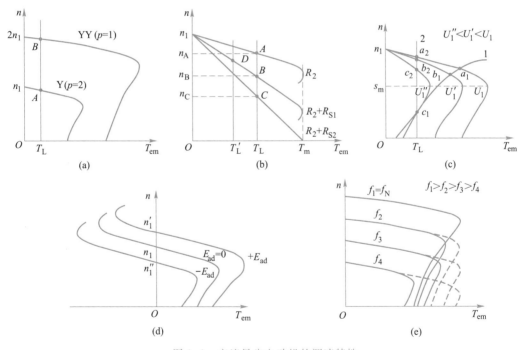

图1-1　交流异步电动机的调速特性

（a）变极调速特性;（b）串电阻调速特性;（c）降压调速特性;（d）串级调速特性;（e）变频调速特性

1.1.2　几种交流调速方式的特点

1. 变极调速

变极调速只适用于变极电动机,在电动机制造时安装多套绕组,在运行时通过外部的开关设备控制绕组的连接方式来改变极数,从而改变电动机的转速。其优点是:在每一个转速等级下,具有较硬的机械特性,稳定性好。其缺点是:转速只能在几个速度级上改变,调速平滑性差;在某些接线方式下最大转矩减小,只适用于恒功率调速;电动机体积大,制造成本高。

2. 串电阻调速

串电阻调速适用于绕线式异步电动机,通过在电动机转子回路中串入不同阻值的电阻,人为改变电动机机械特性的硬度,从而改变在某种负载特性下的转速。其优点是:设备简单、易于实现。其缺点是:只能有级调速,平滑性差;低速时机械特性软,静差率大,转子铜损高,运行效率低。

3. 降压调速

降压调速适用于专门设计的具有较大转子电阻的高转差率异步电动机。由特性曲线可以看出,当电动机定子电压改变时,可以使工作点处于不同的工作曲线上,从而改变电动机的工作速度。降压调速的特点是:调速范围窄;机械特性软;适用范围窄。为改善调速特性,一般要使用闭环工作方式,系统结构复杂。

4. 串级调速

串级调速方式是转子回路串电阻方式的改进,基本工作方式也是通过改变转子回路的等效阻抗从而改变电动机的工作特性,达到调速的目的。实现方式是:在转子回路中串入一个可变的电动势,从而改变转子回路的回路电流,进而改变电动机转速。相比于其他调速方式,串级调速的优点是:可以通过某种控制方式,使转子回路的能量回馈到电网,从而提高效率;在适当的控制方式下,可以实现低同步或高同步的连续调速。缺点是:只能适用于绕线式异步电动机,且控制系统相对复杂。

5. 变频调速

由特性曲线可以看出,如果能连续地改变电动机的电源频率,就可以连续地改变其同步转速,电动机的转速则可以在一个较宽的范围内连续地改变。从调速特性上看,变频调速的任何一个速度段的硬度均接近自然机械特性,调速特性好;如果能有一个连续可变频率的交流电源,则可以实现连续的调速,平滑性好;其调速方式是通过改变电动机的定子电源实现的,可以适用于笼型异步电动机,因而应用范围广。

比较几种调速方式可以看出,单从调速性能考虑,变频调速在运行的经济性、调速的平滑性、调速的机械特性这几个方面都具有明显的优势。但其实现需要一个具有一定控制方式的可变交流电源,在大功率电子器件以及单片机广泛应用之前,这一实现需要极高的成本。目前,随着电力电子器件及单片机的大规模应用,交流异步电动机变频调速已成为交流调速的首选方案。

1.1.3　变频调速

异步电动机变频调速系统与各种异步电动机调速系统比较,由于在调速时转差功率不变,效率高、性能好,因此是交流调速的主要发展方向。

1. 转速与频率的关系

三相交流异步电动机的旋转磁场转速和转子转速分别为

$$n_1 = \frac{60f}{p}$$

(1-1)

$$n = \frac{60f}{p}(1-s) \tag{1-2}$$

式中，n——转子转速，即电动机转速（r/min）；

　　f——定子交流电源的频率（Hz）；

　　p——磁极对数；

　　s——转差率；

　　n_1——旋转磁场转速（r/min）。

由式（1-1）和式（1-2）可知，旋转磁场转速和输入电源的频率成正比，当改变电源频率时，可以改变旋转磁场的转速，因而转子转速也随之改变，达到调速的目的。

2. 变频调速的实现

（1）大功率的开关器件是实现变频调速的必要条件

大功率的开关器件是组成变频器的关键器件。在交流变频调速中，变频器起着重要的作用，变频器的功率单元开关器件必须满足以下要求：

① 能承受足够大的电压和电流。

② 允许长时间频繁地接通和关断。

③ 能十分方便地控制接通和关断。

从发明异步电动机的那天起，人们就已经知道改变频率可以调速的原理，但是大功率电力电子开关器件的应用技术问题，限制了变频调速技术的发展。电力电子技术的不断发展以及高电压、大电流的新型电力电子器件的产生促进了高电压、大功率变频器的产生和应用。由此可见，大功率的开关器件是实现变频调速的关键。

（2）高水平的控制是变频调速的基础

早期的变频调速系统基本上采用 U/f 控制方式，矢量控制技术的发明一改过去传统方式中仅对交流电量（电压、电流、频率）的量值进行控制的方法，实现了在控制量值的同时也控制其相位的新控制思想。使用坐标变换的方法，实现定子电流的磁场分量和转矩分量的解耦控制，可以使交流电动机像直流电动机一样具有良好的调速性能。

1.1.4　变频器技术

微课
初识变频技术

1. 变频器的含义

要实现异步电动机的变频调速，必须有能够同时改变电压和频率的供电电源，即必须通过变频装置才能获得该变压变频电源。这个变频装置就是变频器。换句话说，变频器是把电压和频率固定的交流电转换为电压和频率均可调的交流电的电力电子装置。

2. 变频器技术的现实意义

（1）变频器在自动化系统中的应用

由于控制技术的发展，变频器除了具有基本的调速控制之外，还具有多种算术运算和智能控制功能，输出精度高达 0.1% 甚至 0.01%。它还设置有完善的检测、保护环节，因此在自动化系统中得到了广泛的应用。例如，化纤工业中的卷绕、拉伸、计量、导丝；玻璃工业中的平板玻璃退火、玻璃窑搅拌、拉边；电弧炉自动加料、配料；电梯的智能控制；等等。

（2）变频器在提高生产设备的工艺水平及提高产品质量方面的应用

在电力拖动领域,广泛推广变频调速具有十分重要的现实意义,变频器能够大大提高生产设备的工艺水平、加工精度和工作效率,以及提高产品的质量。

变频器广泛地应用于传送、起重、挤压和机床等各种机械设备控制领域,它可以提高工艺水平和产品质量,减少设备冲击和噪声,延长设备使用寿命。采用变频控制后,可以使机械设备简化,操作和控制更具有人性化,有的甚至可以改变原有的工艺规范,从而提高整个设备的功能。例如,纺织和许多行业用的定型机,机内温度是靠改变送入热风的多少来调节的。输送热风通常采用的是循环风机,由于风机速度不变,风量的调节只有通过调节风门的开度实现。如果风门调节失灵或调节不当就会造成定型机失控,从而影响成品质量。循环风机高速起动,传送带与轴承之间的磨损非常厉害,使传送带成为一种易耗品。在采用变频调速后,温度调节可以通过变频器自动调节风机的速度实现,解决了产品质量问题;此外,变频器可以很方便地实现电动机的平滑起动,减少了传送带与轴承的磨损,延长了设备的寿命,同时可以节能40%。

(3)变频器在节能方面的应用

风机、泵类负载采用变频调速后,节电率可为20%~60%。这是因为风机、泵类负载的实际消耗功率基本与转速的三次方成比例,而其实际流量与转速成比例。由此可以计算,如果风机的实际风量为额定风量的80%,通过变频调速其实际功率为额定功率的51.2%。由此可以看出,当用户需要的平均流量较小时,风机、泵类采用变频调速使其转速降低,节能效果非常可观。传统的风机、水泵采用挡板和阀门进行流量调节,电动机转速不变,耗电功率下降很小。据统计,风机、泵类负载占全国用电量的31%,占工业总用电量的50%。因而从节能的角度出发,在此类负载中使用变频调速具有极大的经济效益。由于风机、泵类负载在采用变频调速后可以节省大量的电能,所需的投资在较短的时间内就可以收回,因此变频调速在这一领域的应用最广泛。目前应用较成功的有恒压供水、各类风机、中央空调和液压泵的变频调速。特别值得指出的是恒压供水,由于使用效果极好,已成为城市和乡村供水的首选模式。另外,变频技术也应用于部分家用电器,如变频空调、变频冰箱等。

3. 变频器技术的发展趋势

在现代工业和经济生活中,随着电力电子技术、微电子技术及现代控制理论的发展,变频器技术作为高新技术、节能技术已经广泛应用于各个领域。

变频器技术是强弱电混合、机电一体化的综合性技术,既要处理巨大电能的转换(整流、逆变)问题,同时又要处理信息的收集、变换和传输问题。在巨大电能转换的功率部分要解决高电压、大电流的技术问题及新型电力电子器件的应用技术问题,而在信息的收集、变换和传输的控制部分,则主要解决控制的硬件、软件问题。变频器技术的主要发展方向为高水平的控制、结构小型化、高集成化和开发清洁电能的变频器。

(1)高水平的控制

微处理器的进步使数字控制成为现代控制器的发展方向。各种控制规律软件化的实施,大规模集成电路微处理器的出现,基于电动机、机械模型、现代控制理论和智能控制思想等控制策略的矢量控制、磁场控制、转矩控制、模糊控制等高水平控制技术的应用,使变频控制进入了一个崭新的阶段。

(2)结构小型化

紧凑型的变频系统要求功率元件和控制元件具有很高的集成度。主电路中功率电路的模块化、控制电路采用大规模集成电路和全数字控制技术,均促进了变频装置结构小型化。

(3)高集成化

除了提高集成电路技术及采用表面贴片技术,使装置的容量体积比得到进一步提高以外,还表现在变频器的功能也从单一的变频调速功能发展为包含算术逻辑运算及智能控制在内的综合功能。现代的变频器内置有参数辨识系统、PID 调节器、PLC(可编程序控制器)和通信单元等，根据需要可实现拖动不同负载、宽调速和伺服控制等多种应用。

（4）开发清洁电能的变频器

随着变频技术的不断发展和人们对环境问题的重视，不断减少变频器对环境的影响已经是大势所趋。尽可能降低网侧和负载的谐波分量，减少对电网的公害和电动机转矩的脉动，实现清洁电能变换。

专题 1.2　变频器的类型

变频器的分类有六种方式：按变流环节分类，按直流电路的滤波方式分类，按电压的调制方式分类，按控制方式分类，按输入电流的相数分类，按用途分类。

1.2.1　按变流环节分类

从变流环节结构上看，变频器可分为间接变频器和直接变频器两类。目前应用较多的是间接变频器，即交-直-交变频器。直接变频器又称为交-交变频器。

1. 交-直-交变频器

交-直-交变频器是把恒定电压恒定频率的交流电经过整流器转换为直流电，再将直流电经过逆变器转换为电压和频率均可调的交流电。图 1-2 给出了交-直-交变频装置的主要构成环节。

交-直-交变频装置按不同的控制方式又分三种。

（1）用可控整流器整流改变电压、逆变器改变频率的交-直-交变频器

如图 1-3 所示，调节电压与调节频率分别在两个环节上进行，通过控制电路协调配合，使电压和频率在调节过程中保持压频比恒定。这种结构的变频器结构简单、控制方便。其缺点是由于输入环节采用可控整流，当电压和频率调得较低时，功率因数较小，输出谐波较大。

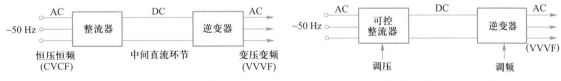

图 1-2　交-直-交变频装置的主要构成环节　　　　图 1-3　可控整流器变压、逆变器变频

（2）用不可控整流器整流、斩波器变压、逆变器变频的交-直-交变频器

如图 1-4 所示，这种整流电路采用二极管不可控整流器，直流环节加一个斩波器，用脉宽调压、逆变器调频。恒压恒频的交流电经过不可控整流器转换为恒定的直流电，再经过斩波器转换为可调的直流电，最后经过逆变器逆变为电压和频率都可调、压频比恒定的交流电，作为电动机的供电电源，实现交流变频调速。从电路结构上看多了一个斩波器，但输入侧采用不可控整流器，使输入功率因数提高了，但输出仍存在谐波较大的问题。

图 1-4   不可控整流器整流、斩波器变压、逆变器变频

（3）用不可控整流器整流、SPWM 逆变器同时变压变频的交-直-交变频器

如图 1-5 所示，整流电路采用二极管不可控整流器，逆变器采用可控关断的全控式器件，称为正弦脉宽调制 SPWM 逆变器。电网的恒压恒频正弦交流电，经过不可控整流器转换为恒定的直流电，再经过 SPWM 逆变器逆变成电压和频率均可调的正弦交流电，供给电动机，实现交流变频调速。

用不可控整流器，可使功率因数提高；用 SPWM 逆变器，可使谐波分量减少，由于采用可控关断的全控式器件，使开关频率大大提高，输出波形几乎为非常逼真的正弦波。这种交-直-交变频装置已成为当前最有发展前途的一种装置。

2. 交-交变频器

交-交变频器的结构如图 1-6 所示。

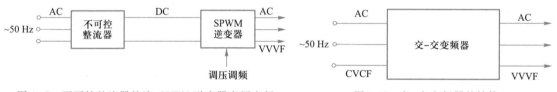

图 1-5   不可控整流器整流、SPWM 逆变器变压变频   图 1-6   交-交变频器的结构

由图 1-6 可知，交-交变频器只有一个变换环节，可以把恒压恒频（CVCF）的交流电源直接变换成电压和频率均可调的交流电源（VVVF），因此又称"直接"变压变频器或周波变换器。

交-交变频器可看作为由两组晶闸管变流装置反并联的可逆线路，如图 1-7（a）所示。

正、反向两组晶闸管变流装置按一定周期相互切换，在负载上就得到了交变的输出 u_0，u_0 的幅值决定于各组晶闸管变流装置的控制角 α，u_0 的频率决定于两组晶闸管变流装置的切换频率。假设控制角 α 一直不变，则输出平均电压是方波，如图 1-7（b）所示。如果想得到正弦波，就必须在每一组晶闸管变流装置导通期间不断改变其控制角 α。

交-交变频器虽然在结构上只有一个变换环节，但所用元器件数量多，总设备较为庞大，最高输出频率不超过电网频率的 1/3 ～ 1/2。交-交变频器一般只用于低转速、大容量的调速系统，例如轧钢机、球磨机、水泥回转窑等。

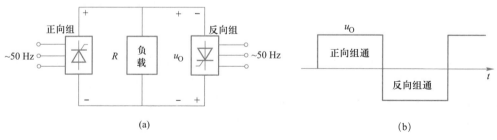

(a)   (b)

图 1-7   交-交变频器一相电路及波形

（a）电路原理图；（b）输出电压波形

1.2.2　按直流电路的滤波方式分类

当逆变器输出侧的负载为交流电动机时,在负载和直流电源之间将有无功功率的交换,在直流环节可加电容或电感储能元件用于缓冲无功功率。按照直流电路的滤波方式不同,变频器分为电压型变频器和电流型变频器两大类。

1. 电压型变频器

在交-直-交电压型变频器中,中间直流环节的滤波元件为电容器,如图1-8所示。当采用大电容滤波时,直流电压波形比较平直,相当于一个理想情况下的内阻抗为零的恒压源。输出交流电压是矩形波或阶梯波。对负载电动机而言,变频器是一个交流电源,可以驱动多台电动机并联运行。

在电压型变频器中,由于能量回馈给中间直流环节的电容,并使直流电压上升,应有专用的放电电路,以防止换流器件因电压过高而被破坏。

2. 电流型变频器

电流型变频器主电路的典型构成方式如图1-9所示。电流型变频器的中间直流环节采用大电感滤波方式,由于大电感的滤波作用,使直流回路中的电流波形趋于平稳,对负载来说基本上是一个恒流源,电动机的电流波形为矩形波或阶梯波,电压波形接近于正弦波。

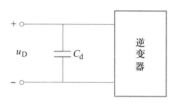

图 1-8　交-直-交电压型变频器

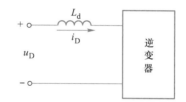

图 1-9　交-直-交电流型变频器

电流型变频器的优点是:当电动机处于再生发电状态时,回馈到直流侧的再生电能可以方便地回馈到交流电网,不需要在主电路内附加任何设备。这种电流型变频器可用于频繁急加、减速的大容量电动机的传动。

3. 电压型、电流型交-直-交变频器主要特点比较

对于变频调速系统来说,由于异步电动机是感性负载,不论它是处于电动状态还是处于发电制动状态,功率因数都不会等于1.0,所以在中间直流环节与电动机之间总存在无功功率的交换,这种无功能量只能通过中间直流环节中的储能元件来缓冲,电压型和电流型变频器的主要区别是用什么储能元件来缓冲无功能量。

1.2.3　按电压的调制方式分类

按电压的调制方式不同,交-直-交变频器又可分为脉幅调制和脉宽调制两种。

1. 脉幅调制(PAM)

PAM(Pulse Amplitude Modulation)方式,是一种通过改变电压源的电压或电流源的电流的幅值进行输出控制的方式。因此,在逆变器部分只控制频率,整流器部分只控制电压或电流。采用PAM方式调压时,变频器的输出电压波形如图1-10所示。

2. 脉宽调制(PWM)

PWM(Pulse Width Modulation)方式,指变频器输出电压的大小是通过改变输出脉冲的占空比来实现的。目前使用最多的是占空比按正弦规律变化的正弦波脉宽调制方式,即 SPWM 方式。PWM 方式调压输出的波形如图 1-11 所示。

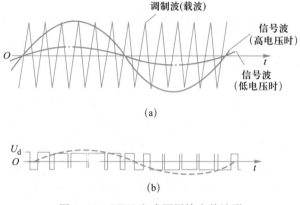

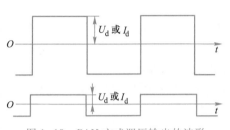

图 1-10   PAM 方式调压输出的波形

图 1-11   PWM 方式调压输出的波形
（a）调制原理；（b）输出电压波形

1.2.4   按控制方式分类

按控制方式不同,变频器可以分为 U/f 控制、矢量控制和直接转矩控制三种类型。

1. U/f 控制

U/f 控制即压频比控制。它的基本特点是对变频器输出的电压和频率同时进行控制,通过保持 U/f 恒定使电动机获得所需的转矩特性。基频以下可以实现恒转矩调速,基频以上则可以实现恒功率调速。

U/f 控制是转速开环控制,不需要速度传感器,控制电路简单,通用性强,经济性好,是目前精度要求不高的通用变频器产品中使用较多的一种控制方式。

2. 矢量控制（VC）

采用 U/f 控制方式的控制思想建立在异步电动机的静态数学模型上,因此动态性能指标不高。采用矢量控制方式可提高变频调速的动态性能。

根据异步电动机的动态数学模型,利用坐标变换的手段,将异步电动机的定子电流分解成磁场分量电流和转矩分量电流,并分别加以控制,即模仿直流电动机的控制方式对电动机的磁场和转矩分别进行控制,必须同时控制电动机定子电流的幅值和相位,也可以说控制电流矢量,故这种控制方式被称为矢量控制（VC）。异步电动机可获得类似于直流调速系统的动态性能。

矢量控制方式使异步电动机的高性能成为可能。矢量控制方式的变频器不仅在调速范围上可与直流电动机相媲美,而且可以直接控制异步电动机转矩的变化,所以已经在许多需要精密或快速控制的领域得到应用。

3. 直接转矩控制

直接转矩控制通过控制电动机的瞬时输入电压来控制电动机定子磁链的瞬时旋转速度,改变它对转子的瞬时转差率,从而达到直接控制电动机输出的目的。

1.2.5   按输入电流的相数分类

按输入电流的相数不同,变频器可分为三进三出变频器和单进三出变频器。

1. 三进三出变频器

变频器的输入侧和输出侧都是三相交流电。绝大多数变频器属于此类。

2. 单进三出变频器

变频器的输入侧为单相交流电,输出侧是三相交流电。家用电器里的变频器均属此类,单进三出变频器通常容量较小。

1.2.6　按用途分类

根据用途的不同,变频器可分为通用变频器和专用变频器。

1. 通用变频器

通用变频器,顾名思义其特点是其通用性。随着变频技术的发展和市场需要的不断扩大,通用变频器也在朝着两个方向发展:一是低成本的简易型通用变频器;二是高性能的多功能通用变频器。它们分别具有以下特点:简易型通用变频器是一种以节能为主要目的而简化了一些系统功能的通用变频器。它主要应用于水泵、风扇、鼓风机等对于系统调速性能要求不高的场合,并具有体积小、价格低等方面的优势。

高性能的多功能通用变频器在设计过程中充分考虑了在变频器应用中可能出现的各种需要,并为满足这些需要在系统软件和硬件方面都做了相应的准备。在使用时,用户可以根据负载特性选择算法对变频器的各种参数进行设定,也可以根据系统的需要选择厂家所提供的各种备用选件来满足系统的特殊需要。高性能的多功能通用变频器除了可以应用于简易型变频器的所有应用领域之外,还可以广泛应用于电梯、数控机床、电动车辆等对调速系统的性能有较高要求的场合。

过去,通用变频器基本上采用的是电路结构比较简单的 U/f 控制方式,与矢量控制(VC)方式相比,在转矩控制性能方面要差一些。但是,随着变频技术的发展,目前一些厂家已经推出采用 VC 方式的通用变频器,以适应竞争日趋激烈的变频器市场的需求。这种多功能通用变频器可以根据用户需要切换为"U/f 控制运行"或"VC 运行",但价格方面却与 U/f 控制方式的通用变频器持平。因此,随着电力电子技术和计算机技术的发展,今后变频器的性能价格比将会不断提高。

2. 专用变频器

(1) 高性能专用变频器

随着控制理论、交流调速理论和电力电子技术的发展,异步电动机的矢量控制(VC)得到发展,矢量控制变频器及其专用电动机构成的交流伺服系统已经达到并超过了直流伺服系统。此外,由于异步电动机还具有环境适应性强、维护简单等许多直流伺服电动机所不具备的优点,所以在要求高速、高精度的控制中,这种高性能交流伺服变频器正在逐步代替直流伺服系统。

高性能专用变频器主要是采用矢量控制(VC)方式,20 世纪 90 年代后期直接转矩控制(DTC)方式开始实用化。高性能专用变频器往往是为了满足特定产业的需要,使变频器能发挥出最佳性能价格比而设计生产的。例如:在冶金行业,针对可逆轧机的高速性;在数控机床主轴驱动专用变频器中,为了便于和数控装置配合,要求缩小体积做成整体化结构;其他如电梯、地铁车辆等均要满足其特殊要求。

(2) 高频变频器

在超精密机械加工中常用到高速电动机。为了满足其驱动的需要,出现了采用 PAM 控制的高频变频器,其输出主频可达 3 kHz,驱动两极异步电动机时的最高转速为 180 000 r/min。

(3) 高压变频器

高压变频器一般是大容量的变频器,最高功率可达到 5 000 kW,电压等级为 3 kV、6 kV、10 kV。

专题 1.3　电力电子器件

电力电子器件是组成变频器的关键器件。它们本质上都是大容量的无触点电流开关,因在电气传动中主要用于开关工作状态而得名。通用变频器主电路中的整流电路和逆变电路就是用电力电子器件构成的。对电力电子器件的基本性能要求是能承受较大的工作电流、较高的阻断电压和开关频率,在实际应用中对这三者提出了越来越高的要求,由此推动了电力电子器件的发展。

1.3.1　不可控器件——电力二极管（PD）

1. 电力二极管的外形、结构及电气图形符号

电力二极管的外形、结构及电气图形符号如图 1-12 所示。从外形上看,电力二极管主要有螺栓式和平板式两种封装,其基本结构和工作原理与电子电路中的二极管是一样的,都是以半导体 PN 结为基础,是通过扩散工艺制作的,但是电力二极管功耗较大。

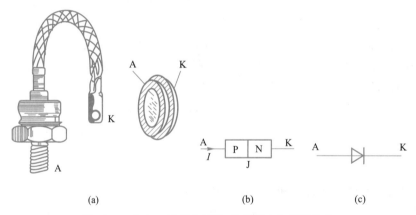

图 1-12　电力二极管的外形、结构及电气图形符号

(a) 外形;(b) 结构;(c) 电气图形符号

2. 伏安特性

电力二极管的阳极和阴极间的电压和流过二极管的电流之间的关系称为伏安特性,其伏安特性曲线如图 1-13 所示。

正向特性:当从零逐渐增大正向电压时,开始阳极电流很小,当正向电压大于 0.5 V(U_{TO})时,正向阳极电流急剧上升,管子正向导通。

反向特性:当二极管加上反向电压时,起始段的反向漏电流也很小,而且随着反向电压的增加,反向漏电流只略有增大,但当反向电压增加到反向不重复峰值电压值时,反向漏电流开始急剧增加,这一现象称为反向击穿。

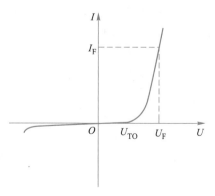

图 1-13　电力二极管的伏安特性

1.3.2　半控型器件——晶闸管（SCR）

动画
晶闸管的工作原理

自 20 世纪 80 年代以来,晶闸管的地位开始被各种性能更好的全控型器件所取代,但是由于其能承受的电压和电流容量仍然是目前电力电子器件中最高的,而且工作可靠,因此在大容量的应用场合仍然具有比较重要的地位。

1. 晶闸管的外形、结构及电气图形符号

晶闸管的外形、结构及电气图形符号如图 1-14 所示。从外形上看,晶闸管主要有螺栓式和平板式两种封装,其内部是 PNPN 四层半导体结构,分别命名为 P_1、N_1、P_2、N_2 四个区,形成 3 个 PN 结,3 个 PN 结的偏置状态关系到晶闸管的开关特性。晶闸管外部引出 3 个极:阴极(K)、阳极(A)和门极(G)。

2. 晶闸管的伏安特性

晶闸管的阳极与阴极间的电压和阳极电流之间的关系,称为阳极伏安特性,如图 1-15 所示。

位于第 I 象限的是正向特性,位于第 III 象限的是反向特性。当 $I_G = 0$ 时,如果在器件两端施加正向电压,则晶闸管处于正向阻断状态,只有很小的正向漏电流流过。如果正向电压超过临界极限即正向转折电压 U_{BO},则漏电流急剧增大,器件开通(由高阻区经虚线负阻区到低阻区)。随着门极(又称控制极)电流幅值的增大,正向转折电压降低。导通后的晶闸管特性和二极管的正向特性相仿。即使通过较大的阳极电流,晶闸管本身的电压降也很小,在 1 V 左右。导通期间,如果门极电流为零,并且阳极电流降至接近于零的某一数值 I_H 以下,则晶闸管又回到正向阻断状态。I_H 称为维持电流。当在晶闸管上施加反向电压时,其伏安特性类似二极管的反向特性。晶闸管处于反向阻断状态时,只有极小的反向漏电流通过。当反向电压超过一定限度,到反向击穿电压后,外电路如无限制措施,则反向漏电流急剧增大,导致晶闸管发热损坏。

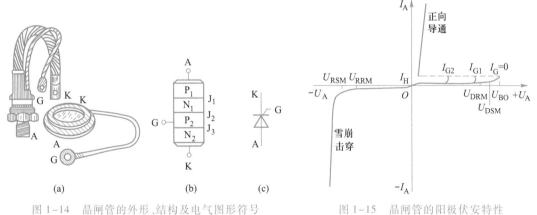

图 1-14　晶闸管的外形、结构及电气图形符号
　　　　（a）外形；（b）结构；（c）电气图形符号

图 1-15　晶闸管的阳极伏安特性

晶闸管的门极触发电流是从门极流入晶闸管,从阴极流出的。阴极是晶闸管主电路与控制电路的公共端。门极触发电流也往往通过触发电路在门极和阴极之间施加触发电压而产生的。从晶闸管的结构图可以看出,门极和阴极之间是一个 PN 结 J_3,其伏安特性称为门极伏安特性。为了保证可靠、安全地触发,门极触发电路所提供的触发电压、触发电流和功率都应限制在晶闸管门极伏安特性曲线中的可靠触发区内。

动画
晶闸管的测试——
极性判别

1.3.3　全控型器件

在晶闸管问世后不久,门极可关断晶闸管就已经出现。自 20 世纪 80 年代以来,信息电子技术与电力电子技术在各自发展的基础上相结合而产生了一代高频化、全控型、采用集成电路制造工艺的电力电子器件,从而将电力电子技术又带入了一个崭新时代。门极可关断晶闸管、电力晶体管、电力场效应晶体管和绝缘栅双极晶体管就是全控型电力电子器件的典型代表。

1. 门极可关断晶闸管

门极可关断晶闸管(GTO)也是晶闸管的一种派生器件,但可以通过在门极施加负的脉冲电流使其关断,因而属于全控型器件。GTO 的许多性能虽然与绝缘栅双极型晶体管、电力场效应晶体管相比要差,但 GTO 的电压、电流容量较大,与普通晶闸管接近,因而在兆瓦级以上的大功率场合仍有较多的应用。

（1）GTO 的结构

GTO 和普通晶闸管一样,是 PNPN 四层半导体结构,外部也是引出阳极、阴极和门极。但和普通晶闸管不同的是,GTO 是一种多元的功率集成器件,虽然外部同样引出三个极,但内部包含数十个甚至数百个共阳极的小 GTO 元,这些 GTO 元的阴极和门极在器件内部并联在一起。这种特殊结构是为了便于实现门极控制关断而设计的。图 1-16(a) 和 (b) 分别给出了典型的 GTO 各并联单元结构的断面示意图和电气图形符号。

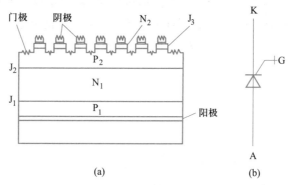

图 1-16　GTO 的内部结构断面示意图和电气图形符号
（a）结构图；（b）电气图形符号

（2）GTO 的工作特性

GTO 的导通过程与普通晶闸管一样,有同样的正反馈过程,只不过导通时饱和程度较浅。而关断时,给门极加负脉冲,即从门极抽出电流,器件退出饱和而关断。

GTO 的多元集成结构除了对关断有利外,也使得其比普通晶闸管开通过程更快,承受 $\mathrm{d}i/\mathrm{d}t$ 的能力增强。

GTO 的优点是电压、电流容量较大,目前其电压可达到 6 000 V,电流可达到 6 000 A,多应用于大功率高压变频器;其缺点是驱动功率大,驱动电路复杂;关断控制易失败,工作频率不够高,一般在 10 kHz 以下。

2. 电力晶体管

电力晶体管(GTR)按英文直译为巨型晶体管,是一种耐高电压、大电流的双极型晶体管。在电力电子技术的范围内,GTR 与 BJT 这两个名称是等效的。自 20 世纪 80 年代以来,在中小功率范围内取代晶闸管的主要是 GTR。但是目前,其地位已大多被绝缘栅双极型晶体管和电力场效应晶体管所取代。

（1）GTR 的结构

GTR 与普通的双极型晶体管基本原理是一样的,这里不再详述。但是对 GTR 来说,最主要的特性是耐压高、电流大、开关特性好,而不像小功率的用于信息处理的双极型晶体管那样注重单管电流放大系数、线性度、频率响应以及噪声和温漂等性能参数。因此,GTR 通常采用至少由两个晶体管按达林顿接法组成的单元结构,同 GTO 一样采用集成电路工艺将许多这种单元并联而成。单管的 GTR 结构与普通的双极结型晶体管是类似的。GTR 是由三层半导体(分别引出集电极、基极和发射极)形成的两个 PN 结(集电结和发射结)构成,多采用 NPN 型结构。图 1-17 (a) 和 (b) 分别给出了 NPN 型 GTR 的内部结构断面示意图和电气图形符号。

注意,表示半导体类型字母的右上角标"+"表示高掺杂浓度,"−"表示低掺杂浓度。

（2）伏安特性

图 1-18 给出了 GTR 在共发射极接法时的伏安特性,可分为截止区、放大区和饱和区三个区域。在电力电子电路中,GTR 工作在开关状态,即工作在截止区或饱和区。但在开关过程中,即在截止区和饱和区之间过渡时,都要经过放大区。在变频电路中,GTR 作为开关器件,应在截止 (关) 和饱和 (开) 两种状态之间交替,不允许工作在放大状态,否则管子的功耗将增大数百倍,使管子过热损坏。

GTR 的集电极电压升高至最高工作电压(击穿电压)时,集电极电流迅速增大,这种首先出现的击穿是雪崩击穿,被称为一次击穿。出现一次击穿后,只要集电极电流不超过与最大允许耗散功率相对应的限度,GTR 一般不会损坏,工作特性也不会有什么变化。但是实际应用中常常发现一次击穿发生时如不有效地限制电流,i_C 增大到某个临界点时会突然急剧上升,同时伴随着电压的陡然下降,这种现象称为二次击穿。二次击穿常常立即导致器件的永久损坏或者工作特性明显衰变,因而对 GTR 危害极大。

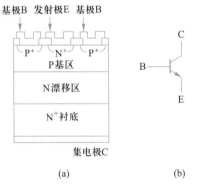

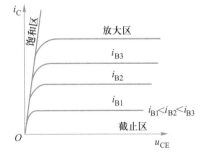

图 1-17　GTR 的内部结构断面示意图和电气图形符号　　　　图 1-18　GTR 的伏安特性
(a) 结构图;(b) 电气图形符号

3. 电力场效应晶体管(MOSFET)

（1）电力场效应晶体管的结构

场效应晶体管(MOSFET)种类和结构繁多,按导电沟道可分为 P 沟道和 N 沟道。当栅极电压为零时漏源极之间就存在导电沟道的称为耗尽型;对于 N(P)沟道器件,栅极电压大于(小于)零时才存在导电沟道的称为增强型。在电力 MOSFET 中,主要是 N 沟道增强型。电力 MOSFET 在导通时只有一种极性的载流子(多子)参与导电,是单极型晶体管。其导电机理与小功率 MOS 管相同,但结构上有较大区别。小功率 MOS 管是一次扩散形成的器件,其导电沟道平行于芯片表面,是横向导电器件。而目前电力 MOSFET 大都采用了垂直导电结构,所以又称为 VMOSFET(Vertical MOSFET)。这种垂直导电结构大大提高了 MOSFET 器件的耐压和耐电流能力。

电力 MOSFET 也是多元集成结构,一个器件由许多个小 MOSFET 元组成。每个元的形状和排列方法,不同生产厂家采用了不同的设计,因而对其产品取了不同的名称。不管名称怎样变,垂直导电的基本思想没有变。图 1-19(a)给出了电力 MOSFET 中一个单元的断面示意图。电力 MOSFET 电气图形符号如图 1-19(b)所示。

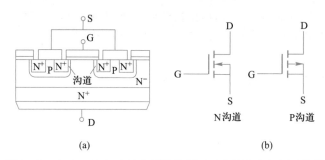

图 1-19   电力 MOSFET 的内部结构断面示意图和电气图形符号

(a)结构图;(b)电气图形符号

当漏极接电源正端,源极接电源负端,栅极和源极间电压为零时,P 基区与 N 漂移区之间形成的 PN 结反偏,漏、源极之间无电流流过。如果在栅极和源极之间加一正电压 u_{GS},由于栅极是绝缘的,所以并不会有栅极电流流过。但栅极的正电压却会将其下面 P 区中的空穴推开,而将 P 区中的少子电子吸引到栅极下面的 P 区表面。当 u_{GS} 大于某一电压值 U_T 时,栅极下 P 区表面的电子浓度将超过空穴浓度,从而使 P 型半导体反型而成为 N 型半导体,形成反型层,该反型层形成 N 沟道而使 PN 结消失,漏极和源极导电。电压 U_T 称为开启电压(或阈值电压),u_{GS} 超过 U_T 越多,导电能力越强,漏极电流 i_D 越大。

(2)工作特性

电力场效应晶体管的工作特性曲线如图 1-20 所示。

① 静态特性如图 1-20(a)所示。漏极电流 i_D 和栅源电压 u_{GS} 的关系反映了输入电压和输出电流的关系。

② 输出特性如图 1-20(b)所示。输出特性曲线反映了输出电压 u_{DS} 和输出电流 i_D 的关系,也称之为伏安特性曲线。

电力 MOSFET 的工作特点是用栅源电压 u_{GS} 控制漏极电流 i_D:当 $0<u_{GS}\leqslant U_T$(开启电压)时,管子截止,无 i_D;当 $u_{GS}>U_T$ 时,u_{DS} 加正压,管子导通,u_{DS} 越大,则 i_D 越大,在相同的 u_{DS} 下,u_{GS} 越大,i_D 越大。

电力 MOSFET 属于电压驱动型器件,输入阻抗高,驱动功率小,驱动电路简单;开关速度快,开关频率可超过 500 kHz。电力 MOSFET 的缺点是电流容量小,耐压低。

4. 绝缘栅双极型晶体管(IGBT)

GTR 和 GTO 是双极型电流驱动器件,由于具有电导调制效应,所以其通流能力很强,但开关速度较低,所需驱动功率大,驱动电路复杂。而电力 MOSFET 是单极型电压驱动器件,开关速度快,输入阻抗高,热稳定性好,所需驱动功率小而且驱动电路简单。将这两类器件相互取长补短适当结合而成的复合器件,通常称为 Bi-MOS 器件。绝缘栅双极型晶体管综合了 GTR 和电力MOSFET 的优点,因而具有良好的特性。因此,自其 1986 年开始投入市场,就迅速扩展了其应用领域,已取代了原来 GTR 和一部分电力 MOSFET 的市场,成为中小功率电力电子设备的主导器件,并在继续努力提高电压和电流容量,以期再取代 GTO 的地位。

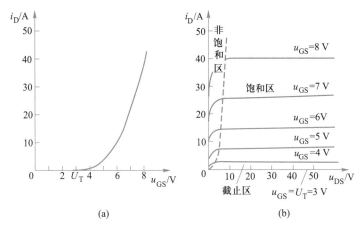

图 1-20　电力场效应晶体管的工作特性曲线

(a) 静态特性;(b) 输出特性

(1) IGBT 的结构

IGBT 也是三端器件,具有栅极(G)、集电极(C)和发射极(E)。图 1-21(a)给出了一种由 N 沟道电力 MOSFET 与双极型晶体管组合而成的 IGBT 的结构图。

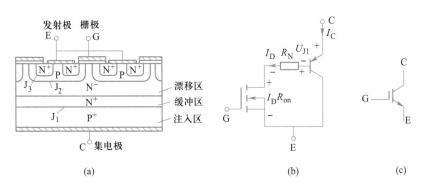

图 1-21　IGBT 的结构、简化等效电路和电气图形符号

(a) 结构图;(b) 简化等效电路;(c) 电气图形符号

IGBT 的简化等效电路如图 1-21(b)所示,可以看出这是用双极型晶体管与电力 MOSFET 组成的达林顿结构,相当于一个由电力 MOSFET 驱动的厚基区 PNP 型晶体管。IGBT 的驱动原理与电力 MOSFET 基本相同,它是一种场控器件。其开通和关断是由栅极和发射极间的电压 u_{GE} 决定的,当 u_{GE} 为正且大于开启电压 $U_{GE(th)}$ 时,电力 MOSFET 内形成沟道,并为晶体管提供基极电流进而使 IGBT 导通。当栅极与发射极间施加反向电压或不加信号时,电力 MOSFET 内的沟道消失,晶体管的基极电流被切断,使得 IGBT 关断。

以上所述 PNP 型晶体管与 N 沟道电力 MOSFET 组合而成的 IGBT 称为 N 沟道 IGBT,其电气图形符号如图 1-21(c)所示。相应的还有 P 沟道 IGBT。实际当中 N 沟道 IGBT 应用较多,因此下面仍以其为例进行介绍。

（2）IGBT 的特性

IGBT 的特性曲线如图 1-22 所示。

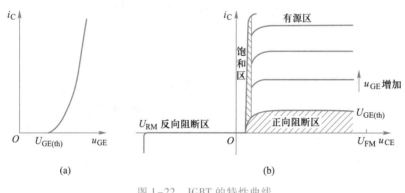

图 1-22　IGBT 的特性曲线

（a）静态特性;（b）输出特性

① 静态特性。

图 1-22(a)所示为 IGBT 的静态特性(转移特性),它描述的是集电极电流 i_C 与栅射电压 u_{GE} 之间的关系。开启电压 $U_{GE(th)}$ 是 IGBT 能实现电导调制而导通的最低栅射电压。$U_{GE(th)}$ 随温度升高而略有下降,温度每升高 1 ℃,其值下降 5 mV 左右。在+25 ℃时,$U_{GE(th)}$ 的值一般为 2 ~ 6 V。

② 输出特性也称伏安特性,如图 1-22(b)所示。IGBT 的输出特性曲线反映了输出电压 u_{CE} 和输出电流 i_C 的关系。

IGBT 工作在开关状态时和 GTR 一样,在阻断状态和饱和导通状态之间转换,不允许在放大状态停留。IGBT 的工作特点是用栅射电压 u_{GE} 控制集电极电流 i_C:当 $u_{GE} \leqslant U_{GE(th)}$(开启电压)时,IGBT 截止,无 i_C;当 $u_{GE} > U_{GE(th)}$ 时,u_{GE} 加正压,IGBT 导通,其输出电流 i_C 与驱动电压 u_{GE} 基本呈线性关系。

IGBT 的输出特性好,开关速度快,工作频率高,一般可超过 20 kHz,通态电压降比电力 MOSFET 低,输入阻抗高,耐压、耐流能力比电力 MOSFET 和 GTR 有所提高,最大电流可达 1 800 A,最高电压可达 4 500 V。在中小容量变频器电路中,IGBT 的应用较多。

1.3.4　其他新型电力电子器件

1. 集成门极换流晶闸管（IGCT）

IGCT 是 GTO 的派生器件,其基本结构是在 GTO 的基础上采取了一系列的改进措施,比如特殊的环状门极、与管芯集成在一起的门极驱动电路等。这使得 IGCT 不仅具有与 GTO 相当的容量,而且具有优良的开通和关断能力。

4 000 A、4 500 V 及 5 500 V 的 IGCT 已研制成功。在大容量变频电路中,IGCT 被广泛应用。

2. 智能功率模块（IPM）

IPM 是将大功率开关器件和驱动电路、保护电路、检测电路等集成在同一个模块内,是电力集成电路中的一种。这种功率集成电路特别适应逆变器高频化发展方向的需要,而且由于高度集成化,结构紧凑,避免了由于分布参数、保护延迟所带来的一系列技术难题。IPM 一般以 IGBT 为基本功率开关器件,构成一相或三相逆变器的专用功能模块,在中小容量变频器中广泛应用。

专题 1.4　变频器的优化特性

1.4.1　节能特性

当异步电动机以某一固定转速 n_1 拖动一固定负载 T_L 时,其定子电压 U_x 与定子电流 I_1 之间有一定的函数关系,如图 1-23 所示。

在曲线①中可清楚地看到存在着一个定子电流 I_1 为最小的工作点 A,在这一点电动机取的电功率最小,也就是最节能的运行点。当异步电动机所带的负载发生变化,由 T_L 变化至 T'_L 时,电动机转速稳定在 n'_1,此时的 $I_1 = f(U_x)$ 曲线变成曲线②,同样也存在着一个最佳节能的工作点 B。

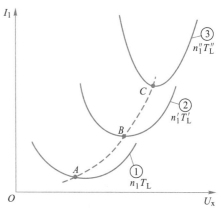

图 1-23　不同负载时的最佳工作点

对于风机、水泵等二次方律负载在稳定运行时,其负载转矩及转速都基本不变。如果能使其工作在最佳的节能点,就可以达到最佳的节能效果。很多变频器都提供了自动节能功能,只需用户选择"用",变频器就可自动搜寻最佳工作点,以达到节能的目的。需要说明的是,节能运行功能只在 U/f 控制时起作用,如果变频器选择了矢量控制,则该功能将被自动取消,因为在所有的控制功能中,矢量控制的优先级最高。

1.4.2　PID 控制特性

很多变频器都提供了 PID 控制特性功能,具体实现方法见第 4 模块。

1.4.3　自动电压调整特性

自动电压调整特性,在很多变频器中根据其英文缩写又称之为 AVR 功能。变频器的输出电压会随着输入电压的变化而变化,如果输入电压下降,则会引起变频器的输出电压也下降。那么就会影响电动机的带负载能力,而这种影响是不可控制的。若选择了 AVR 功能有效,遇到这种情况,变频器就会适当提高其输出电压,以保证电动机的带负载能力不变。

1.4.4　瞬间停电再起动特性

瞬间停电再起动功能的作用是在发生瞬时停电又复电时,使变频器仍然能够根据原定的工作条件自动进入运行状态,从而避免进行复位、再起动等烦琐操作,保证整个系统的连续运行。该功能的具体实现是在发生瞬时停电时,利用变频器的自动跟踪功能,使变频器的输出频率能够自动跟踪与电动机实际转速相对应的频率,然后再升速,返回至预先给定的速度。

通常,当瞬时停电时间在 2 s 以内时,可以使用变频器的瞬间停电再起动功能。大多数变频器在使用该功能时,只需选择"用"或"不用"。有的变频器还需要输入一些其他的参数,如再起动缓冲时间等。

1.4.5   电动机参数的自动调整

当变频器的配用电动机符合变频器说明书的使用要求时,用户只需要输入电动机的极数、额定电压等参数,变频器就可以在自己的存储器中找到该类电动机的相关参数。当选用的变频器和电动机不配套(诸如电动机型号不配套)时,变频器往往不能准确地得到电动机的参数。

在采用开环 U/f 控制时,这种矛盾并不突出;而选择矢量控制时,系统的控制是以电动机参数为依据的,此时电动机参数的准确性就显得非常重要。为了提高矢量控制的效果,很多变频器都提供了电动机参数的自动调整功能,对电动机的参数进行测试。测试时,首先将变频器和配套电动机按要求接线,然后按以下步骤操作:

① 选择矢量控制。

② 输入电动机额定值,如额定电压、电流、频率等。

③ 选择自动调整的方式为"用"或"不用"。

通过上面的选择,将变频器通入电源后空转一会儿;也有的变频器需先后对电动机实施加速、减速、停止等操作,从而将电动机的定子电阻、转子电阻、电感等参数计算出来并自动保存。

1.4.6   变频器和工频电源的切换

当变频器出现故障或电动机需要长期在工频频率下运行时,需要将电动机切换到工频电源下运行。变频器和工频电源的切换方式有手动和自动两种,这两种切换方式都需要配加外电路。

如果采用手动切换方式,则只需要在适当的时候用人工来完成,控制电路比较简单;如果采用自动切换方式,则除控制电路比较复杂外,还需要对变频器进行参数预置。大多数变频器常有下面两项选择:

① 报警时的工频电源/变频器切换选择。

② 自动变频器/工频电源切换选择。

只需在上面两个选项中选择"用",那么当变频器出现故障报警或由变频器起动的电动机运行达到工频频率后,变频器的控制电路会使电动机自动脱离变频器,改由工频电源为电动机供电。

1.4.7   变频器的保护功能

1. 过电流保护

过电流是指变频器的输出电流的峰值超出了变频器的容许值。由于逆变器的过载能力很差,大多数变频器的过载能力都只有150%,允许持续时间为 1 min。因此变频器的过电流保护,就显得尤为重要。

在大多数的拖动系统中,由于负载的变动,短时间的过电流是不可避免的。为了避免频繁跳闸给生产带来的不便,一般的变频器都设置了失速防止功能(即防止跳闸功能),只有在该功能不能消除过电流或过电流峰值过大时,变频器才会跳闸,停止输出。

如果过电流发生在加、减速过程中,当电流超过 I_{set} 时,变频器暂停加、减速(即维持 f_x 不变),待过电流消失后再进行加、减速,如图 1-24 所示。

如果过电流发生在恒速运行时,变频器会适当降低其输出频率,待过电流消失后再使输出频率返回原来的值,如图 1-25 所示。

2. 电动机过载保护

在传统的电力拖动系统中,通常采用热继电器对电动机进行过载保护。热继电器具有反时限特性,即电动机的过载电流越大,电动机的温升增加越快,容许电动机持续运行的时间就越短,继电器的跳闸也越快。

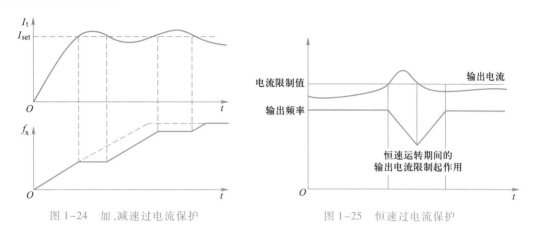

图 1-24　加、减速过电流保护　　　　　　　　　图 1-25　恒速过电流保护

变频器中的电子热敏器,可以很方便地实现热继电器的反时限特性。检测变频器的输出电流,并和存储单元中的保护参数进行比较。当变频器的输出电流大于过载保护电流时,电子热敏器将按照反时限特性进行计算,算出允许电流持续的时间,如果在此时间内过载情况消失,则变频器工作依然是正常的,但若超过此时间过载电流仍然存在,则变频器将跳闸,停止输出。变频器的该功能只适用于一个变频器带一台电动机的情况。如果一个变频器带有多台电动机,则由于电动机的容量比变频器小得多,变频器将无法对电动机的过载进行保护,通常在每个电动机上再加装一个热继电器。

3. 过电压保护

产生过电压的原因大致可分为两大类:一类是在减速制动的过程中,由于电动机处于再生制动状态,若减速时间设置得太短,因再生能量来不及释放,引起变频器中间电路的直流电压升高而产生过电压;另一类是由于电源系统的浪涌电压而引起的过电压。对于电源过电压的情况,变频器规定:电源电压的上限一般不能超过电源电压的 10%。如果超过该值,则变频器将会跳闸。

对于在减速过程中出现的过电压,也可以采用暂缓减速的方法来防止变频器跳闸。可以由用户给定一个电压的限值 U_{set},在减速的过程中若出现直流电压超过 U_{set},则暂停减速。

4. 欠电压保护和瞬间停电处理

当电网电压过低时,会引起变频器中间电路的直流电压下降,从而使变频器的输出电压过低并造成电动机的输出转矩不足和过热。而欠电压保护的作用,就是在变频器的中间电路出现欠电压时,使变频器停止输出。

当电源出现瞬间停电时,中间电路的电压也将下降,并可能出现欠电压的现象。为了使系统在出现这种情况时,仍能继续正常工作而不停车,现代的变频器大部分都提供了瞬时停电再起动功能。

小结 ▪▪▪▪▪▪

1. 变频调速

（1）交流异步电动机的调速

交流异步电动机的调速方式有：变极调速、串电阻调速、降压调速、串级调速、变频调速。目前，随着电力电子器件及单片机的大规模应用，交流异步电动机变频调速已成为交流调速的首选方案。

（2）变频调速的实现

① 大功率的开关器件是实现变频调速的关键。

② 高水平的控制是变频调速的基础。

（3）变频器技术的现实意义

① 变频器在自动化系统中的应用。

② 变频器在提高生产设备的工艺水平及提高产品质量方面的应用。

③ 变频器在节能方面的应用。

（4）变频器技术的发展趋势

变频器技术的发展趋势体现在高水平的控制、结构小型化、高集成化、开发清洁电能的变频器等方面。

2. 变频器的类型和电力电子器件

（1）变频器的分类有六种方式。按变流环节分类：交-直-交变频器，交-交变频器；按直流电路的滤波方式分类：电压型变频器，电流型变频器；按电压的调制方式分类：脉幅调制变频器，脉宽调制变频器；按控制方式分类：U/f 控制，矢量控制，直接转矩控制；按输入电流的相数分类：三进三出变频器，单进三出变频器；按用途分类：通用变频器，专用变频器。

（2）电力电子器件按被控制的程度分为三类：不可控型、半控型、全控型器件。

电力二极管（PD）是不可控的单向导通器件。普通晶闸管（SCR）是半控型器件。

门极关断晶闸管（GTO）的开通控制与晶闸管一样，但门极加负电压可使其关断，所以它是全控器件。

电力晶体管（GTR）是双极型全控器件，工作原理与普通中小功率晶体管相似，但主要工作在开关状态，不用于信号放大，它能承受的电压和电流数值大。

电力场效应晶体管（MOSFET）是单极型全控器件，属于电压控制，驱动功率小。

绝缘栅双极型晶体管（IGBT）是 GTR 和 PMOSFET 结合而成的复合型全控器件，具有输入阻抗高、工作速度快、通态电压低、阻断电压高、承受电流大等优点，是功率开关电源和逆变器的理想电力半导体器件。

集成门极换流晶闸管（IGCT）是较理想的兆瓦级中压开关器件，非常适合于 6 kV 和 10 kV 的中压开关电路。

智能功率模块（IPM）是将高速度、低功耗的 IGBT 与栅极驱动器和保护电路一体化，具有智能化、多功能、高可靠性、速度快、功耗小等优点，特别适应逆变器高频化发展方向的需要。

3. 变频器的优化特性

变频器的优化特性包括：节能特性、PID 控制特性、自动电压调整特性、瞬间停电再起动特性、电动机参数的自动调整、变频器和工频电源的切换、变频器的保护功能等。

思考与练习

1. 比较交流电动机几种调速方式的优、缺点。
2. 变频器技术的现实意义有哪些？
3. 总结变频器在不同领域应用的特点。
4. 变频器的类型有哪些？
5. 晶闸管导通的条件是什么？怎样才能使晶闸管由导通变为关断？
6. GTO 和普通晶闸管同为 PNPN 结构，为什么 GTO 为全控型开关器件，而晶闸管不是？
7. 试说明 IGBT、GTR 和电力 MOSFET 各自的优缺点和使用场合。
8. 变频器的优化特性有哪些？

专题2.1　交–直–交变频技术

按照变换环节有无直流环节,变频器可以分为交–直–交变频器和交–交变频器。现在使用的变频器绝大多数为交–直–交变频器。

交–直–交变频器的主电路框图如图2–1所示。由图可见,主电路包括3个组成部分:整流电路、中间电路和逆变电路。

图2–1　交–直–交变频器的主电路框图

微课
整流电路和中间电路

动画
单相桥式不可控整流电路的工作原理

2.1.1　整流电路

整流电路的功能是将交流电转换为直流电。整流电路按使用的器件不同分为两种类型,即不可控整流电路和可控整流电路。

1. 不可控整流电路

不可控整流电路使用的器件为电力二极管。不可控整流电路按输入交流电源的相数不同分为单相整流电路、三相整流电路和多相整流电路。下面对变频器中应用最多的三相桥式整流电路的工作原理加以说明。

图2–2所示为三相桥式整流电路,为方便分析电路工作原理,以电阻负载为例。

三相桥式整流电路共有6个整流二极管,其中VD_1、VD_3、$VD_5$3个管子的阴极连接在一起,称为共阴极组;VD_2、VD_4、$VD_6$3个管子的阳极连接在一起,称为共阳极组。

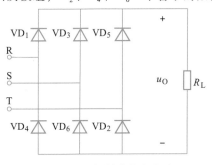

图2–2　三相桥式整流电路

三相对称交流电源R、S、T(或A、B、C)的波形如图2–3所示,R、S、T接入电路后,共阴极组的哪只二极管阳极电位最高,哪只二极管优先导通;共阳极组的哪个二极管阴极电位最低,哪只二极管优先导通。同一个时间内只有2个二极管导通,即共阴极组的阳极电位最高的二极管和共阳极组的阴极电位最低的二极管构成导通回路,其余4个二极管承受反向电压而截止,在三相交流电压自然换相点换相导通。

把三相交流电压波形在一个周期内 6 等分,如图 2-3(a)中 $t_1 \sim t_6$ 所示。在 $0 \sim t_1$ 期间,电压 $u_T > u_R > u_S$,因此电路中 T 点电位最高;S 点电位最低,于是二极管 VD_5、VD_6 先导通,电流的通路是 $T \rightarrow VD_5 \rightarrow R_L \rightarrow VD_6 \rightarrow S$,忽略二极管正向压降,负载电阻 R_L 上得到电压 $u_O = u_{TS}$。二极管 VD_5 导通后,使 VD_1、VD_3 阴极电位为 u_T,而承受反向电压截止。同理,VD_6 导通,二极管 VD_4、VD_2 也截止。

在自然换相点 t_1 之后,电压 $u_R > u_T > u_S$,于是二极管 VD_5 与 VD_1 换相,VD_5 截止,VD_1 导通,VD_6 仍旧导通,即在 $t_1 \sim t_2$ 期间,二极管 VD_6、VD_1 导通,其余截止,电流通路是 $R \rightarrow VD_1 \rightarrow R_L \rightarrow VD_6 \rightarrow S$,负载电阻 R_L 上的电压 $u_O = u_{RS}$。

在自然换相点 t_2 之后,电压 $u_R > u_S > u_T$,即在 $t_2 \sim t_3$ 期间,二极管 VD_1、VD_2 导通,其余截止,电流通路是 $R \rightarrow VD_1 \rightarrow R_L \rightarrow VD_2 \rightarrow T$,负载电阻 R_L 上的电压 $u_O = u_{RT}$。

依此类推,得到电压波形如图 2-3(b)所示。一个周期内二极管导通顺序:(VD_5、VD_6)→(VD_1、VD_6)→(VD_1、VD_2)→(VD_3、

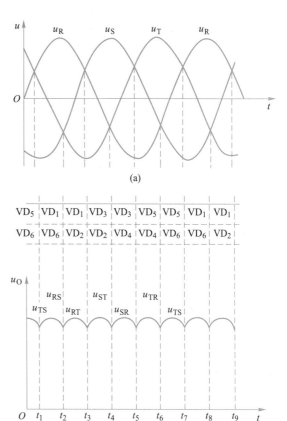

(a)

图 2-3 三相桥式整流电路的电压波形
(a)三相交流电压波形;(b)输出电压波形

VD_2)→(VD_3、VD_4)→(VD_5、VD_4)→(VD_5、VD_6),共阴极组 3 个二极管 VD_1、VD_3、VD_5 在 t_1、t_3、t_5 换相导通;共阳极组 3 个二极管 VD_2、VD_4、VD_6 在 t_2、t_4、t_6 换相导通。一个周期内,每只二极管导通 1/3 周期,即导通角为 120°,负载电阻 R_L 两端电压 u_O 等于变压器二次绕组线电压的包络值,极性始终是上正下负。

通过计算可得到负载电阻 R_L 上的平均电压为

$$U_o = 2.34 U_2 \tag{2-1}$$

式中,U_2 为相电压的有效值。

2. 可控整流电路

将图 2-2 所示三相桥式整流电路中的二极管换为晶闸管,就成为三相桥式全控整流电路,如图 2-4 所示。

三相桥式全控整流电路在工作期间遵循以下规律:

① 三相全控桥式整流电路任一时刻必须有 2 个晶闸管同时导通,才能形成负载电流,其中 1 个在共阳极组,另 1 个在共阴极组。

② 整流输出电压 u_D 波形是由电源线电压 u_{RS}、u_{RT}、u_{ST}、u_{SR}、u_{TR} 和 u_{TS} 的轮流输出所组成的。一个周期内晶闸管的导通顺序为:(VT_1、VT_6)→(VT_1、VT_2)→(VT_3、VT_2)→(VT_3、VT_4)→(VT_5、VT_4)→(VT_5、VT_6)。

③ 6 个晶闸管中每个导通 120°,每间隔 60° 有 1 个晶闸管换相。

假设三相全控桥带的是电阻负载，$\alpha = 60°$时的电压波形如图 2-5 所示。

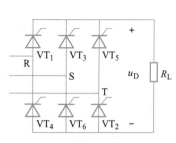

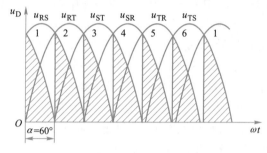

图 2-4 三相桥式全控整流电路   图 2-5 $\alpha = 60°$时的电压波形

三相桥式可控整流电路所带负载为电感性时，输出电压平均值可用下式计算：

$$U_D = 2.34 U_2 \cos \alpha \qquad (2-2)$$

2.1.2 中间电路

变频器的中间电路有滤波电路和制动电路等不同的形式。

1. 滤波电路

虽然利用整流电路可以从电网的交流电源得到直流电压或直流电流，但这种电压或电流含有频率为电源频率 6 倍的纹波，如果将其直接供给逆变电路，则逆变后的交流电压、电流纹波很大。因此，必须对整流电路的输出进行滤波，以减少电压或电流的波动，这种电路称为滤波电路。

（1）电容滤波

通常用大容量电容对整流电路输出电压进行滤波。由于电容量比较大，一般采用电解电容。为了得到所需的耐压值和容量，往往需要根据变频器容量的要求，将电容进行串并联使用。

二极管整流器在电源接通时，电容中将流过较大的充电电流（亦称浪涌电流），有可能烧坏二极管，故必须采取相应措施。图 2-6 给出几种抑制浪涌电流的方式。

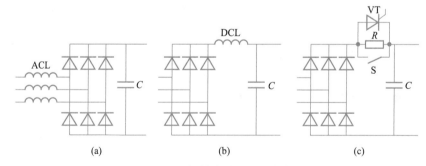

图 2-6 抑制浪涌电流的方式

（a）接入交流电抗；（b）接入直流电抗；（c）串联充电电阻

采用大电容滤波后再送给逆变器，这样可使加于负载上的电压值不受负载变动的影响，基本保持恒定。该变频器电源类似于电压源，因而称为电压型变频器。电压型变频器的电路框图如图 2-7 所示。

电压型变频器逆变电压波形为方波，而电流的波形经电动机绕组电感性负载滤波后接近于正弦波，如图 2-8 所示。

（2）电感滤波

采用大电感量电感对整流电路输出电流进行滤波，称为电感滤波。由于经电感滤波后加于逆变器的电流值稳定不变，所以输出电流基本不受负载的影响，电源外特性类似电流源，因而称为电流型变频器。图 2-9 为电流型变频器的电路框图。

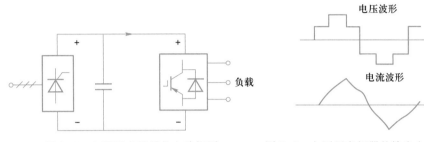

图 2-7　电压型变频器的电路框图　　　　图 2-8　电压型变频器的输出电压和电流波形

电流型变频器逆变电流波形为方波，而电压的波形经电动机绕组电感性负载的滤波后接近于正弦波，如图 2-10 所示。

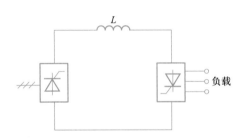
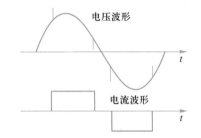

图 2-9　电流型变频器的电路框图　　　图 2-10　电流型变频器输出电压及电流波形

2. 制动电路

（1）制动电路的工作原理

利用设置在直流回路中的制动电阻吸收电动机的再生电能的方式称为动力制动或再生制动。制动电路可由制动电阻或动力制动单元构成。图 2-11 为制动电路的原理图。

制动电路介于整流器和逆变器之间，图 2-11 中的制动单元包括晶体管 VT_B、二极管 VD_{B1}、VD_{B2} 和制动电阻 R_B。如果回馈能量较大或要求强制制动，则还可以选用接于 H、G 两点上的外接制动电阻 R_{EB}。当电动机制动时，能量经逆变器回馈到直流侧，使直流侧滤波电容上的电压升高，当该值超过设定值时，即自动给 VT_B 基极施加信号，使之导通，则存储于电容中的再生能量经 R_B（R_{EB}）消耗掉。已选购动力制动单元的变频器，可以通过特

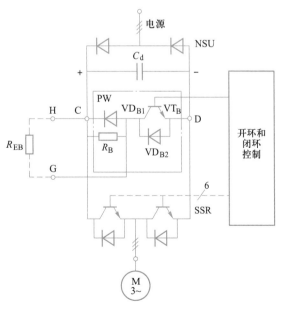

图 2-11　制动电路的原理图

定功能码进行设定。大多数变频器的软件中预置了这类功能。此外,图 2-11 中的 VT_B、VD_{B1}、VD_{B2} 一般设置在变频器箱体内。新型智能功率模块甚至将制动用绝缘栅双极型晶体管集成在其中。制动电阻一般设置在柜外,无论是动力制动单元或是制动电阻,在订货时均需向厂家特别说明,是作为选购件提供给用户的。

（2）制动电路的设置方式

① 在中间电路中设法将再生能量处理掉,即在电容 C_d 的两端并联一条由能耗电阻 $R_B(R_{EB})$ 与功率开关（晶闸管或自关断器件）相串联的电路,如图 2-11 所示。

② 对于电压型变频器,在电路中设置再生反馈通路反并联一组逆变桥,如图 2-12 所示。此时,C_d 的极性仍然不变,但 i_D 可以借助于反并联三相桥（工作在有源逆变状态）改变方向,使再生电能反馈到交流电网。该方法可用于大容量系统。

③ 还有一种直流制动方式,即异步电动机定子加直流的情况下,转动着的转子产生制动力矩,使电动机迅速停止。这种方式在变频调速中也有应用,称为"DC 制动",即由变频器输出直流的制动方式。当变频器向异步电动机的定子通直流电时（逆变器某几个器件连续导通）,异步电动机便进入能耗制动状态。此时变频器的输出频率为 0,异步电动机的定子产生静止的恒幅磁场,转动着的转子切割此磁场产生制动转矩。电动机存储的动能转换成电能消耗于异步电动机的转子回路中。直流制动方式主要用于需要准确停车的控制;也常用于制止起动前电动机由外因引起的不规则自由旋转,如风机,由于风筒中的风压作用而自由旋转,甚至可能反转,起动时可能会产生过电流故障。

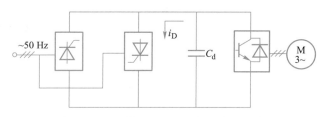

图 2-12　反并联一组逆变桥的制动电路

微课
逆变电路

2.1.3　逆变电路

1. 逆变电路的工作原理

逆变电路也简称为逆变器。图 2-13（a）所示为单相桥式逆变电路,4 个桥臂由开关构成,输入为直流电压 U,负载为电阻 R。当将开关 S_1、S_4 闭合,S_2、S_3 断开时,电阻上得到左正右负的电压;间隔一段时间后将开关 S_1、S_4 打开,S_2、S_3 闭合,电阻上得到右正左负的电压。以频率 f 交替切换 S_1、S_4 和 S_2、S_3,在电阻上就可以得到图 2-13（b）所示的工作波形。显然这是一种交变的电压,随着电压的变化,电流也从一个支路转移到另外一个支路,通常将这一过程称为换相。

在实际应用中,图 2-13（a）所示电路中的开关是各种电力电子器件。逆变电路常用的开关器件有普通型和快速型晶闸管（SCR）、门极可关断晶闸管（GTO）、电力晶体管（GTR）、电力场效应晶体管（MOSFET）、绝缘栅双极型晶体管（IGBT）等。普通型和快速型晶闸管作为逆变电路的开关器件时,因其阳极与阴极两端加有正向直流电压,只要在它的门极加正的触发电压,晶闸管就可以导通,但晶闸管导通后门极就失去控制作用,要让它关断就困难了,故必须设置关断电路。

如用全控器件,可以在器件的门极(或称为栅极、基极)加控制信号使其导通和关断,换相控制自然就简单多了。

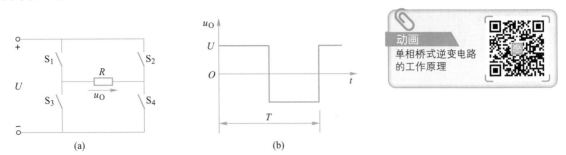

图 2-13　单相桥式逆变电路及其工作波形

(a)单相桥式逆变电路;(b)工作波形

2. 逆变电路的基本形式

(1)全桥逆变电路

全桥逆变电路可被看作 2 个半桥逆变电路的组合,其原理图如图 2-14(a)所示。直流电压 U_D 接有大电容 C,使电源电压稳定。电路中有 4 个桥臂,桥臂 1、4 和桥臂 2、3 组成两对。工作时,设 t_2 时刻之前 VT_1、VT_4 导通,负载上的电压极性为左正右负,负载电流 i_0 由左向右。t_2 时刻给 VT_1、VT_4 加关断信号,给 VT_2、VT_3 加导通信号,则 VT_1、VT_4 关断,但电感性负载中的电流 i_0 方向不能突变,于是 VD_2、VD_3 导通续流,负载两端电压的极性为右正左负。当 t_3 时刻 i_0 降至 0 时,VD_2、VD_3 截止,VT_2、VT_3 导通,i_0 开始反向。同样在 t_4 时刻给 VT_2、VT_3 加关断信号,给 VT_1、VT_4 加导通信号后,VT_2、VT_3 关断,i_0 方向不能突变,由 VD_1、VD_4 导通续流。t_5 时刻 i_0 降至 0 时,VD_1、VD_4 截止,VT_1、VT_4 导通,i_0 开始反向,如此反复循环,两对交替各导通 180°。其输出电压 u_0 和负载电流 i_0 如图 2-14(b)所示。

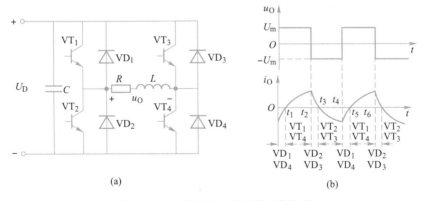

图 2-14　全桥逆变电路及其工作波形

(a)全桥逆变电路;(b)工作波形

(2)三相电压型逆变器

① 三相电压型逆变器的工作原理。

三相电压型逆变器的工作原理如图 2-15 所示。图中,直流电源并联两个大容量滤波电容器。由于电容器的存在,使直流输出电压

具有电压源的特性,内阻很小。这使逆变器的交流输出电压被钳位为矩形波,与负载性质无关。交流输出电流的波形和相位由负载功率因数来决定。在异步电动机变频调速系统中,这个大容量滤波电容同时又是缓冲负载无功能量的储能元件。

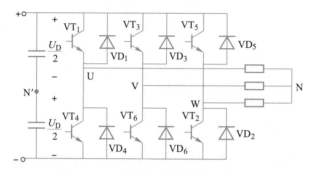

图 2-15　三相电压型逆变器的工作原理

三相电压型逆变器由 6 只功率开关 $VT_1 \sim VT_6$ 组成。每只功率开关上反向并联 1 只续流二极管,为负载的滞后电流提供一条反馈到电源的通路。6 只功率开关每隔 60° 电角度触发导通 1 只,相邻两相的功率开关触发导通时间互差 120°,一个周期共换相 6 次,对应 6 个不同的工作状态(又称 6 拍)。根据功率开关的导通持续时间不同,可以分为 180° 导电型和 120° 导电型两种工作方式。

180° 导电型三相逆变电路的输出电压波形如图 2-16 所示。

② 三相电压型逆变器的再生制动运行参见图 2-12 及相关内容。

(3)三相电流型逆变器

由于再生制动时电压型变频器必须接入附加电路,使电路复杂,电流型变频器可以弥补这些不足,而且主电路结构简单、安全可靠。三相电流型逆变器的构成如图 2-17 所示。

① 电流型逆变器的工作原理。

三相电流型逆变器的基本电路如图 2-18 所示。与电压型逆变器不同,直流电源上串联了大电感来滤波。由于大电感的限流作用,为逆变器提供的直流电流波形平直、脉动很小,具有电流源特性,能有效地抑制故障电流的上升率,实现较理想的保护功能。这使逆变器输出的交流电流为矩形波,与负载性质无关,而输出的交流电压波形及相位随负载的变化而变化。对于变频调速系统而言,这个大电感同时又是缓冲负载无功能量的储能元件。

电流型逆变器仍由 6 只功率开关 $VT_1 \sim VT_6$ 组成,但无须反向并联续流二极管,因为在电流型变频器中,电流方向无须改变。电流型逆变器一般采用 120° 导电型,即每个功率开关的导通时间为 120°。每个周期换相 6 次,共 6 个工作状态,每个工作状态都是共阳极组和共阴极组各有一只功率开关导通,换相是在相邻的桥臂中进行。

也可以说,这种电路的基本工作方式是 120° 导电方式。即每个臂一周期内导电 120°,按 VT_1 到 VT_6 的顺序每隔 60° 依次导通。这样,每个时刻上桥臂组的 3 个臂和下桥臂组的 3 个臂都有一个臂导通。换流时,是在上桥臂组或下桥臂组的组内依次换流,为横向换流。

分析电流型逆变器波形时,总是先画电流波形。因为输出交流电流波形和负载性质无关,是正、负脉冲宽度各为 120° 的矩形波。图 2-19 给出了三相电流型逆变器的输出交流电流波形及线电压 u_{UV} 的波形。输出电流波形和三相桥式可控整流电路在大电感负载下的交流输入电流波形形状相同。因此,它们的谐波分析表达式也相同。输出线电压波形和负载性质有关,图 2-19 中给出的波形大体为正弦波,但叠加了一些脉冲,这是由于逆变器中的换流过程而产生的。

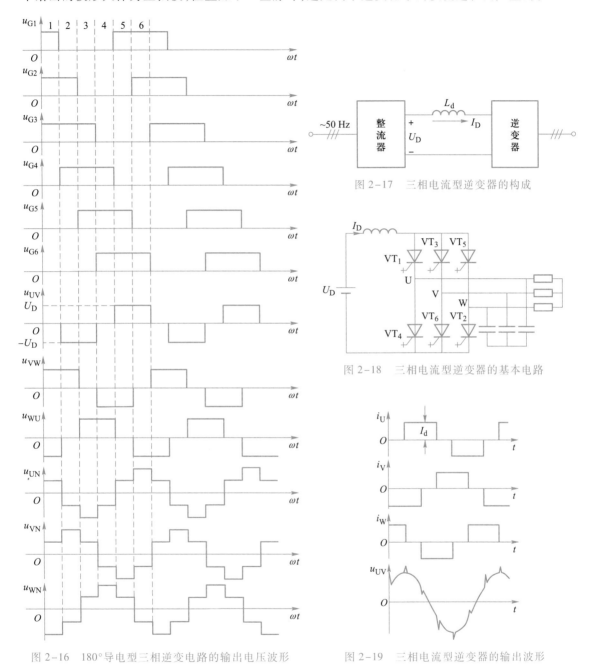

图 2-16　180°导电型三相逆变电路的输出电压波形

图 2-17　三相电流型逆变器的构成

图 2-18　三相电流型逆变器的基本电路

图 2-19　三相电流型逆变器的输出波形

② 电流型逆变器的再生制动运行。

电流型逆变器不需附加任何设备,即可实现负载电动机的四象限运行,如图 2-20 所示。当电动机处于电动状态时,整流器工作于整流状态,逆变器工作于逆变状态,此时整流器的控制角 $0° < \alpha < 90°$,$U_D > 0$,直流电路的极性为上正(+)下负(-),电流从整流器的正极流出进入逆变器,能量便从电网输送到电动机。当电动机处于再生状态时,可以调节整流器的控制角,使其为 90° <

$\alpha<180°$，则 $U_D<0$，直流电路的极性为上负（−）下正（+），此时整流器工作在有源逆变状态，逆变器工作在整流状态。由于功率开关的单向导电性，电流 I_D 的方向不变，再生电能由电动机反馈到交流电网。

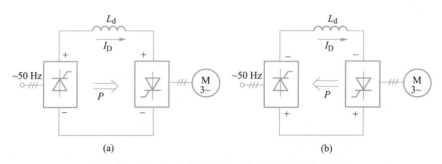

图 2-20　电流型逆变器的电动状态与再生制动状态
（a）电动状态；（b）再生制动状态

2.1.4　脉宽调制技术

脉宽调制（Pulse Width Modulation，PWM）控制方式就是对逆变电路开关器件的通断进行控制，使输出端得到一系列幅值相等而宽度不等的脉冲，用这些脉冲来代替正弦波或所需要的波形。也就是在输出波形的半个周期中产生多个脉冲，使各脉冲的等值电压为正弦波状，所获得的输出平滑且低次谐波少。按一定的规则对各脉冲的宽度进行调制，既可改变逆变电路输出电压的大小，也可以改变输出频率。

图 2-21 所示是电压型 PWM 交-直-交变频电路。图 2-1 中的整流电路在这里由不可控整流电路代替，逆变电路采用自关断器件。这种 PWM 型变频电路具有以下主要特点。

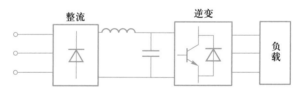

图 2-21　电压型 PWM 交-直-交变频电路

① 可以得到相当接近正弦波的输出电压。

② 整流电路采用二极管，提高了变频电源对交流电网的功率因数，可获得接近 1 的功率因数。

③ 电路结构简单，使装置的体积变小、重量减轻、造价下降、可靠性提高。

④ 改善了系统的动态性能和电动机运行性能，通过对输出脉冲宽度的控制，可以改变输出电压，加快变频过程的动态响应，提高调节速度，使调节过程中电压与频率能够很好地配合。

基于上述原因，在自关断器件出现并成熟后，PWM 控制技术就获得了很快的发展，已成为电力电子技术中一个重要的组成部分。

1. PWM 的基本原理

在采样控制理论中有一个重要的结论，即冲量相等而形状不同的窄脉冲加在具有惯性的环节上,其效果基本相同。冲量即指窄脉冲的面积。这里所说的效果基本相同,是指该环节的输出响应波形基本相同。如把各输出波形用傅立叶变换分析,则它们的低频段特性非常接近,仅在高频段略有差异。图 2-22(a)所示为矩形脉冲,图 2-22(b)所示为三角形脉冲,图 2-22(c)所示为正弦半波脉冲,它们的面积(即冲量)都等于 1。把它们分别加在具有相同惯性的同一环节上,输出响应基本相同。脉冲越窄,输出的差异越小。

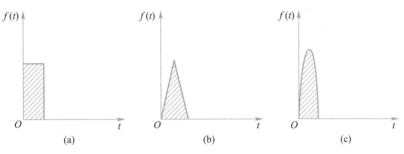

图 2-22　形状不同而冲量相同的各种窄脉冲
(a)矩形脉冲;(b)三角形脉冲;(c)正弦半波脉冲

上述结论是 PWM 控制的重要理论基础。下面来分析如何用一系列等幅而不等宽的脉冲代替正弦半波。

把图 2-23(a)所示的正弦半波波形分成 N 等份,就可把正弦半波看成由 N 个彼此相连的脉冲所组成的波形。这些脉冲宽度相等,都等于 π/N,但幅值不等,且脉冲顶部不是水平直线,而是曲线,各脉冲的幅值按正弦规律变化。如果把上述脉冲序列用同样数量的等幅而不等宽的矩形脉冲序列代替,使矩形脉冲的中点和相应正弦等分的中点重合,且使矩形脉冲和相应正弦部分面积(冲量)相等,就得到图 2-23(b)所示的脉冲序列,这就是PWM 波形。可以看出,各脉冲的宽度是按正弦规律变化的。根据冲量相等效果相同的原理,PWM 波形和正弦半波是等效的。对于正弦波的负半周,也可以用同样的方法得到 PWM 波形。像这种脉冲的宽度按正弦规律变化而和正弦波等效的 PWM 波,也称为 SPWM(Sinusoidal PWM)波形。

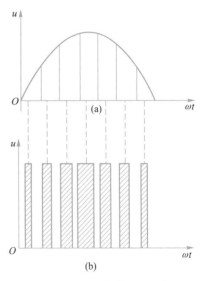

图 2-23　PWM 控制原理示意图

在 PWM 波形中,各脉冲的幅值是相等的,要改变等效输出正弦波的幅值时,只要按同一比例系数改变各脉冲的宽度即可。因此在图 2-21 所示的电压型 PWM 交–直–交变频电路中,整流电路采用不可控的二极管电路即可,逆变电路输出的脉冲电压就是直流侧电压的幅值。

根据上述原理,在给出了正弦波频率、幅值和半个周期内的脉冲数后,PWM 波形各脉冲的宽度和间隔就可以准确计算出来。按照计算结果控制电路中各开关器件的通断,就可以得到所需要的 PWM 波形。但是,这种计算是很烦琐的,正弦波的频率、幅值等变化时,结果都要变化。较为实用的方法是采用调制的方法,即把接受调制的信号作为载波,通过对载波的调制得到所期望的 PWM 波形。一般采用等腰三角波作为载波,因为等腰三角波上下宽度与高度呈线性关系且左右对称,当它与任何一个平缓变化的调制信号波相交时,如果在交点时刻控制电路中开关器件有通断,就可以得到宽度正比于信号波幅值的脉冲,这正好符合 PWM 控制的要求。当调制信号波为正弦波时,所得到的就是 SPWM 波形。这种情况使用最广,本节所介绍的 PWM 控制主要就是指 SPWM 控制。

图 2-24 所示是采用功率晶体管作为开关器件的电压型单相桥式 PWM 逆变电路,假设负载为电感性,对各晶体管的控制按下面的规律进行:在正半周期,让晶体管 VT_1 一直保持导通,而让晶体管 VT_4 交替通断。当 VT_1 和 VT_4 导通时,负载上所加的电压为直流电源电压 U_D。当 VT_1 导通而使 VT_4 关断后,由于电感性负载中的电流不能突变,负载电流将通过二极管 VD_3 续流,负载上所加电压为 0。如负载电流较大,那么直到使 VT_4 再一次导通之前,VD_3 一直持续导通。如负载电流较快地衰减到 0,在 VT_4 再一次导通之前,负载电压也一直为 0。这样,负载上的输出电压 u_0 就可得到零和 U_D 交替的两种电平。同样,在负半周期,让晶体管 VT_2 保持导通。当 VT_3 导通时,负载被加上负电压 $-U_D$,当 VT_3 关断时,VD_4 续流,负载电压为 0,负载电压 u_0 可得到 $-U_D$ 和 0 两种电平。这样,在一个周期内,逆变器输出的 PWM 波形就由 $\pm U_D$ 和 0 三种电平组成。

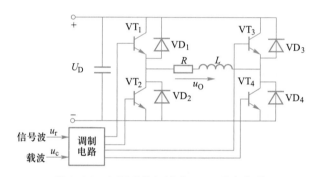

图 2-24   电压型单相桥式 PWM 逆变电路

2. PWM 的控制方式

由以上分析可知,控制 VT_4 或 VT_3 通断,就可在负载上得到 SPWM 波形。控制方式有以下几种。

(1)单极性方式

单极性 PWM 控制方式波形如图 2-25 所示。

载波 u_c 在信号波 u_r 的正半周为正极性的三角波,在负半周为负极性的三角波。调制信号 u_r 为正弦波。在 u_r 和 u_c 的交点时刻控制晶体管 VT_4 或 VT_3 的通断,在 u_r 的正半周,VT_1 保持导通,当 $u_r > u_c$ 时,使 VT_4 导通,负载电压 $u_0 = U_D$;当 $u_r < u_c$ 时,使 VT_4 关断,$u_0 = 0$。在 u_r 的负半周,VT_1 关断,VT_2 保持导通,当 $u_r < u_c$ 时,使 VT_3 导通,$u_0 = -U_D$;当 $u_r > u_c$ 时,使 VT_3 关断,$u_0 = 0$。这样,就得到了 SPWM 波形 u_0。图中的虚线 u_{of} 表示 u_0 中的基波分量。像这种在 u_r 的半个周期内三角波载波只在一个方向变化,所得到的 PWM 波形也只在一个方向变化的控制方式称为单极性 PWM 控制方式。

(2)双极性方式

图 2-24 所示的单相桥式 PWM 逆变电路的双极性 PWM 控制方式波形如图 2-26 所示。

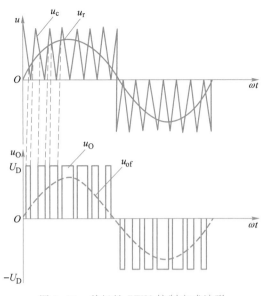
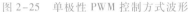
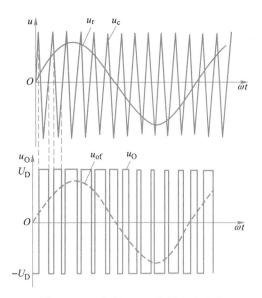

图 2-25 单极性 PWM 控制方式波形   图 2-26 双极性 PWM 控制方式波形

在双极性 PWM 控制方式中,u_r 的半个周期内,三角波载波是在正、负两个方向变化的,所得到的 PWM 波形也是在两个方向变化的。在 u_r 的一个周期内,输出的 PWM 波形只有 $\pm U_D$ 两种电平。仍然在调制信号 u_r 和载波信号 u_c 的交点时刻控制各开关器件的通断。在 u_r 的正、负半周,对各开关器件的控制规律相同,当 $u_r > u_c$ 时,给晶体管 VT_1 和 VT_4 以导通信号,给 VT_2、VT_3 以关断信号,输出电压 $u_0 = U_D$。当 $u_r < u_c$ 时,给 VT_2、VT_3 以导通信号,给 VT_1 和 VT_4 以关断信号,输出电压 $u_0 = -U_D$。可以看出,同一半桥上、下两个桥臂晶体管的驱动信号极性相反,处于互补工作方式。在电感性负载的情况下,若 VT_1 和 VT_4 处于导通状态时,给 VT_1 和 VT_4 以关断信号,而给 VT_2、VT_3 以导通信号后,则 VT_1 和 VT_4 立即关断,因为电感性负载电流不能突变,VT_2、VT_3 也不能立即导通,二极管 VD_2 和 VD_3 导通续流。当电感性负载电流较大时,直到下一次 VT_1 和 VT_4 重新导通前,负载电流方向始终未变,VD_2 和 VD_3 持续导通,而 VT_2 和 VT_3 始终未导通。当负载电流较小时,在负载电流下降到 0 之前,VD_2 和 VD_3 续流,之后 VT_2 和 VT_3 导通,负载电流反向。不管是 VD_2 和 VD_3 导通,还是 VT_2 和 VT_3 导通,负载电压都是 $-U_D$。从 VT_2 和 VT_3 导通向 VT_1 和 VT_4 导通切换时,VD_1 和 VD_4 的续流情况和上述情况类似。

3. PWM 控制方式的应用

在 PWM 逆变电路中,使用最多的是图 2-27(a)所示的三相桥式 PWM 逆变电路,其控制方式一般都采用双极性方式。U、V 和 W 三相的 PWM 控制通常共用一个三角波载波 u_c。三相调制信号 u_{rU}、u_{rV} 和 u_{rW} 的相位依次相差 120°。逆变电路工作波形如图 2-27(b)所示。

在双极性 PWM 控制方式中,同一相上、下两个臂的驱动信号都是互补的。但实际上为了防止上、下两个臂直通而造成短路,在给一个臂施加关断信号后,需要再延迟 Δt 时间,才给另一个臂施加导通信号。延迟时间的长短主要由功率开关器件的关断时间决定。这个延迟时间将影响输出的 PWM 波形,使其偏离正弦波。

4. SPWM 的实现模式

为了减小谐波影响,提高电动机的运行性能,要求采用对称的三相正弦波电源为三相交流电动机供电,因此 PWM 逆变器采用正弦波作为参考信号。这种正弦波脉宽调制型逆变器称为

SPWM 逆变器。目前广泛应用的 PWM 型逆变器皆为 SPWM 逆变器。

实现 SPWM 作用的模式有三种:一是采用模拟电路;二是采用数字电路;三是采用 SPWM 专用集成电路芯片。

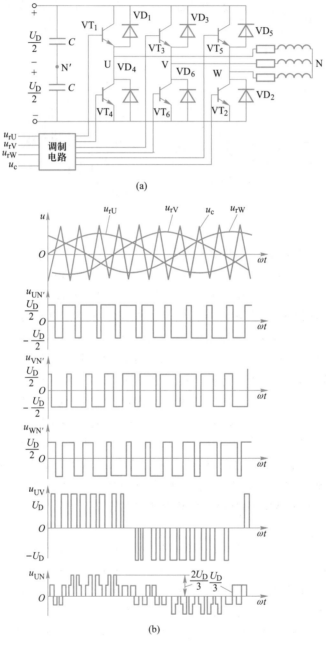

图 2-27   三相桥式 PWM 逆变电路及工作波形

(a)逆变电路;(b)工作波形图

(1)采用模拟电路

图 2-28 为采用模拟电路实现 SPWM 控制的原理示意图。首先由模拟元器件构成的三角波和正弦波发生器分别产生三角载波信号 u_Δ 和参考正弦波信号 u_R,然后送入电压比较器,产生

SPWM 脉冲序列。这种采用模拟电路实现 SPWM 调制的优点是完成 u_Δ 与 u_R 信号的比较和确定脉冲宽度所用的时间短,几乎是瞬间完成的,不像数字电路采用软件计算,需要一定的时间。这种方法的缺点是所用硬件比较多,而且不够灵活,改变参数和调试比较麻烦。

（2）采用数字电路

采用数字电路的 SPWM 逆变器,可使用以软件为基础的控制模式。它的优点是:所用硬件较少,灵活性好,智能性强;它的缺点是:需要通过计算来确定 SPWM 的脉冲宽度,有一定的延时和响应时间。然而,随着高速度、高精度、多功能的微处理器、微控制器和 SPWM 专用芯片的发展,采用计算机控制的数字化 SPWM 技术已占据了主导地位。

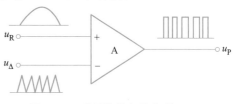

图 2-28   采用模拟电路实现 SPWM 控制的原理示意图

计算机控制的 SPWM 控制模式常用的有自然采样法和规则采样法两种方式。这里不再做具体介绍。

（3）采用 SPWM 专用集成电路芯片

用微计算机产生 SPWM 波,其效果受到指令功能、运算速度、存储容量等限制,有时难以有很好的实时性。随着微电子技术的发展,已开发出一批用于产生 SPWM 信号的集成电路芯片。市场上的 SPWM 芯片,进口的有 HEF4725、SLE4520,国产的有 THP4725、ZPS-101 等。

专题 2.2   交-交变频技术

交-交变频电路是指不通过中间直流环节,而把电网固定频率的交流电直接变换成不同频率的交流电的变频电路。交-交变频电路也称周波变流器（Cycloconverter）或相控变频器。其特点如下:

① 因为是直接变换,没有中间环节,所以比交-直-交变频器效率要高。

② 由于其交流输出电压是直接由交流输入电压波的某些部分包络所构成,因而其输出频率比输入交流电源的频率低得多,输出波形较好。

③ 由于变频器按电网电压过零自然换相,故可采用普通晶闸管。

④ 因受电网频率限制,通常输出电压的频率较低,为电网频率的三分之一左右。

⑤ 功率因数较低,特别是在低速运行时更低,需要适当补偿。

⑥ 主电路比较复杂,所需器件多。

鉴于以上特点,交-交变频器特别适合于大容量的低速传动,在轧钢、水泥、牵引等方面应用广泛。

交-交变频根据其输出电压的波形,可以分为正弦波交-交变频和矩形波交-交变频两种。下面以使用更为广泛的正弦波交-交变频为例介绍交-交变频技术。

2.2.1   交-交变频的工作原理

1. 变频电路的基本设计思想

在有源逆变电路中,采用两组反并联连接的变流器,可在负载端得到电压极性和大小都能改变的输出直流电压,实现直流电动机的四象限运行。若能适当控制正、反两组变流器的切换频率,则在负载端就能获得交变的输出电压,从而实现交-交直接变频。

交-交变频器的电路结构及输出电压波形图如图 1-7 所示。在图 1-7(a)中的两组晶闸管代表两套变流装置,采用无环流反并联的连接方式,即正向组和反向组交替工作。这样,若以低于交流电网频率的速率交替地切换这两组电路的工作状态,就能在负载上得到相应的正、负交替变化的交流电压输出,而达到交流-交流直接变频的目的。而且当改变晶闸管的触发延迟角 α 时,输出电压的大小就能随之改变。但从负载上所得到的电压波形可见,输出交变电压的频率低于交流电网的频率,且其中还含有大量的谐波分量。

为了使输出电压的波形接近正弦波,可以按正弦规律对 α 角进行调制,即可得到如图 2-29 所示的波形。调制方法是,在半个周期内让正向组变流器的 α 角按正弦规律从 90° 逐渐减小到 0° 或某个值,然后再逐渐增大到 90°。这样每个控制区间内的平均输出电压就按正弦规律从 0 逐渐增至最高,再逐渐减小至 0,如图 2-29 所示。另外半个周期可对反向组变流器进行同样的控制。

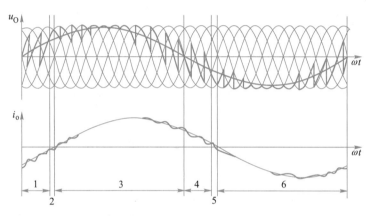

图 2-29   单相输出交-交变频电路输出交流电压波形

2. 负载为电感性负载的相位控制

交-交变频电路中的两组变流器都有整流和逆变两种工作状态。由于变频电路常应用在交流电动机的变频调速等场合,故考虑变频器接电感性负载。图 2-30 所示为忽略输出电压和电流

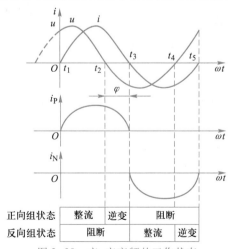

图 2-30   交-交变频的工作状态

中的谐波分量的输出电压 u 和电流 i 的波形。由于电感性负载要阻止电流变化,使得输出电流 i 滞后于输出电压 u。在负载电流 i 的正半周,由于变流器的单向导电性,正向组变流器工作,反向组变流器被阻断。在正向组变流器导电的 $t_1 \sim t_2$ 期间,负载电压和负载电流均为正,即正向组变流器工作于整流状态,负载吸收功率;在 $t_2 \sim t_3$ 期间,负载电流仍为正,而输出电压却为负,此时正向组变流器工作在逆变状态。

在负载电流 i 的负半周,反向组变流器工作,正向组变流器被阻断。同理可见,在 $t_3 \sim t_4$ 期间,反向组变流器工作在整流状态;在 $t_4 \sim t_5$ 期间,反向组变流器工作在逆变状态。

从图 2-30 中的关系可见,决定由哪组变流器导通和该组输出电压的极性无关,而是由电流方向所决定。至于导通的那一组是处于整流状态还是逆变状态,必须根据该组电压和电流的极性来决定。

在实际整流器的工作中,虽然可以使 $\alpha_P + \alpha_N = \pi$,以保证两组输出的平均电压始终相等,但仍有因瞬时值不同而引起的环流问题。而且如采用环流抑制电抗器,则在交-交变频器中还会产生自感环流现象。因此,交-交变频器中两组交替工作的方式有它自己的特点。

3. 运行方式

交-交变频器的运行方式分为无环流运行方式、自然环流运行方式、局部环流运行方式。

（1）无环流运行方式

图 1-7 所示为无环流反并联交-交变频原理图。其优点是系统简单,成本较低。缺点是不允许两组整流器同时获得触发脉冲而形成环流,因为环流的出现将造成电源短路。因此,必须等到一组整流器的电流完全消失后,另一组整流器才可导通,而且切换延时较长。通常,其输出电压的最高频率只是电网频率的三分之一或更低。

图 1-7 中正向组提供交流电流的正半波,反向组提供交流电流的负半波。在进行换桥时,由于普通晶闸管在触发脉冲消失且正向电流完全停止后,还需要 10 ~ 50 μs 的时间才能够恢复正向阻断能力,所以在测得电流真正等于 0 后,还需要延时 500 ~ 1 500 μs 才允许另一组晶闸管触发导通。因此,这种变频器提供的交流电流在过 0 时必然存在着一小段死区,延时时间越长,产生环流的可能性越小,系统越可靠,这种死区也越长。在死区期间电流等于 0,这段时间是无效时间。

无环流控制的重要条件是准确而迅速地检验出电流过零信号。不管主电路的工作电流是大是小,零电流检测环节都必须能对主电路的电流做出响应。过去的零电流检测在输入侧使用交流电流互感器,在输出侧使用直流电流互感器。近年来,由于光隔离器的广泛应用,已有几种由光隔离器组成的零电流检测器研制出来。这种新式零电流检测器具有很好的性能。

（2）自然环流运行方式

与直流可逆调速系统一样,同时对两组整流器施加触发脉冲,且保持 $\alpha_P + \alpha_N = \pi$,这种控制方式称为自然环流运行方式。为了限制环流,在正、反向组之间接有抑制环流的电抗器。但与直流可逆整流器不同,这种运行方式的交-交变频,除有环流外,还存在着环流电抗器在交流输出电流作用下引起的"自感应环流"。

自感应环流在交流输出电流靠近零点时出现最大值,这对保持电流连续是有利的。由于两组输出电压瞬时值中的一些谐波分量被抵消了,故输出电压的波形较好。但是,由分析得知,自感应环流的平均值可达总电流平均值的 57%,这显然加重了整流器负担。因此,完全不加控制的自然环流运行方式只能用于特定的场合。

（3）局部环流运行方式

把无环流运行方式和自然环流运行方式相结合,即在负载电流有可能不连续时以自然环流方式工作,而在负载电流连续时以无环流方式工作,这种控制方式称为局部环流运行方式。它既可使控制简化、运行稳定,改善输出电压波形的畸变,又不至于使环流过大。其具体电路及工作情况这里不再详述。

2.2.2 主电路形式

交-交变频器主要用于大容量交流电动机调速,几乎没有采用单相输入的,主要采用三相输入。主电路有三脉波零式电路（18 个晶闸管）、三脉波带中点三角形负载电路（12 个晶闸管）、三脉波环路电路（9 个晶闸管）、六脉波桥式电路（36 个晶闸管）、十二脉波桥式电路等多种。

三脉波零式电路如图 2-31 所示。

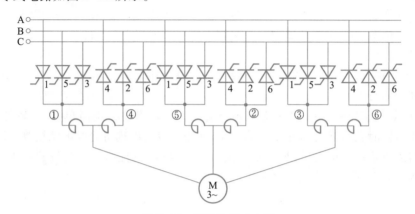

图 2-31   三脉波零式电路

使用最多的是六脉波桥式电路，又分为分离负载桥式电路和输出负载 Y 联结两种形式，如图 2-32 和图 2-33 所示。

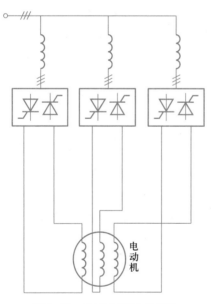
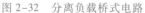

图 2-32   分离负载桥式电路

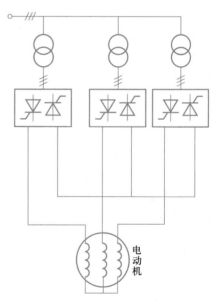

图 2-33   输出负载 Y 联结桥式电路

图 2-32 所示为分离负载桥式电路，3 套单相输出交-交变频器的电源进线通过进线电抗器接在 50 Hz 公共交流母线上，但 3 个输出端必须相互隔离，为此电动机的 3 个绕组需拆开，引出 6 根线，主要用于中容量电动机。

图 2-33 所示为输出负载 Y 联结桥式电路，3 套单相输出交-交变频器的 3 个输出端接成 Y 联结。电动机的绕组不必拆开，引出 3 根线即可。变频器的中点不必和电动机绕组的中点接在一起，这时变频器的 50 Hz 电源进线必须用变压器相互隔离，不能直接接在公共交流母线上，主

要用于大容量电动机。

专题 2.3　变频器的控制方式

目前常用的变频器采用的控制方式有 U/f 控制、矢量控制、直接转矩控制等,本专题重点介绍前两种控制方式。

2.3.1　U/f 控制

U/f 控制是使变频器的输出在改变频率的同时也改变电压,通常是使 U/f 为常数,这样可使电动机磁通保持一定,在较宽的调速范围内,电动机的转矩、效率、功率因数不下降。

作为变频器调速控制方式,U/f 控制比较简单,多用于通用变频器(在风机、泵类机械的节能运转及生产流水线的工作台传动等场合应用的变频器)。另外,空调等家用电器也采用 U/f 控制的变频器。

1. U/f 控制原理

在进行电动机调速时,通常要考虑的一个重要因素是希望保持电动机中每极磁通量为额定值,并保持不变。如果磁通太弱就等于没有充分利用电动机的铁心,是一种浪费;如果过分增大磁通,又会使铁心饱和,过大的励磁电流会使绕组过热而损坏电动机。对于直流电动机,励磁系统是独立的,很容易做到磁通 Φ_M 不变。在交流异步电动机中,磁通是定子和转子磁动势合成产生的。下面分析如何才能保持磁通恒定的问题。

三相异步电动机每相绕组的反电动势的有效值是

$$E_1 = 4.44 f_1 k_{N1} N_1 \Phi_M$$

由于 $4.44 k_{N1}$、N_1 均为常数,所以定子绕组的反电动势 E_1 可用下式表示:

$$E_1 \propto f_1 \Phi_M \tag{2-3}$$

电动势平衡方程式:

$$U_1 = E_1 - I_1(r_1 + \mathrm{j}x_1) = E_1 - \Delta U \tag{2-4}$$

式中,ΔU 为电动机定子阻抗电压降,$\Delta U = I_1(r_1 + \mathrm{j}x_1)$。

在额定频率时,即 $f_1 = f_N$ 时,可以忽略 ΔU,可得到

$$U_1 \approx E_1 \tag{2-5}$$

因此得到

$$U_1 \approx E_1 \propto f_1 \Phi_M$$

此时若 U_1 没有变化,则 E_1 也可被认为基本不变。如果这时从额定频率 f_N 向下调节频率,则必将使 Φ_M 增加,即 $f_1 \downarrow \rightarrow \Phi_M \uparrow$。

由于额定工作时电动机的磁通已接近饱和,Φ_M 增加将会使电动机的铁心出现深度饱和,这将使励磁电流急剧升高,导致定子电流和定子铁心损耗急剧增加,使电动机工作不正常。可见,在变频调速时单纯调节频率是行不通的。

为了达到下调频率时,磁通 Φ_M 保持不变,可以根据式(2-3),让

$$\frac{E_1}{f_1} = 常数 \tag{2-6}$$

即在频率 f_1 下调时,也同步下调反电动势 E_1,但是由于 E_1 是定子反电动势,故无法直接进行检测和控制,但根据式(2-5),有 $U_1 \approx E_1$,式(2-6)即可写为

$$\frac{U_1}{f_1} = 常数 \tag{2-7}$$

因此,在额定频率以下,即 $f_1 < f_N$ 调频时,同时下调加在定子绕组上的电压,即恒 U/f 控制。

这时应当注意的是,电动机工作在额定频率时,其定子电压也应是额定电压,即

$$f_1 = f_N, U_1 = U_N$$

若在额定频率以上调频时,U_1 就不能跟着上调了,因为电动机定子绕组上的电压不允许超过额定电压,即必须保持 $U_1 = U_N$ 不变。

2. 恒 U/f 控制方式的机械特性

当改变电源频率时,也和调节电动机或电源的某些参数一样,会引起异步电动机机械特性的改变。下面分析恒 U/f 控制方式的机械特性。

(1) 调频比和调压比

调频时,通常都是相对于其额定频率 f_N 来进行调节的,那么调频频率 f_x 就可以表示为

$$f_x = k_f f_N \tag{2-8}$$

式中,k_f 为频率调节比(也称调频比)。k_f 的值可能大于 1,等于 1,或小于 1。

根据变频也要变压的原则,在变压时也存在着调压比,电压 U_x 可表示为

$$U_x = k_u U_N \tag{2-9}$$

式中,k_u 为调压比;U_N 为电动机的额定电压。

(2) 变频后电动机的机械特性

调频的过程中,若频率调至 f_x,则有 $f_x = k_f f_N$,此时电压跟着调为 $U_x = k_u U_N$。

可以通过找出机械特性上的几个特殊点,画出异步电动机的机械特性曲线。

① 理想空载点 $(0, n_{0x})$。

$$n_{0x} = \frac{60 k_f f_N}{p} = k_f n_0 \tag{2-10}$$

② 临界转矩点 (T_{Kx}, n_{Kx}),将 f_x、U_x 代入

$$T_K = \frac{3p U_1^2}{4\pi f_1 \left[r_1 + \sqrt{r_1^2 + (x_1 + x_2')^2} \right]}$$

可得 T_{Kx} 的表达式

$$T_{Kx} = \frac{3p k_u^2 U_N^2}{4\pi k_f f_N \left[r_1 + \sqrt{k_f^2 (x_1 + x_2)^2 + r_1^2} \right]} \tag{2-11}$$

由 $\Delta n = n_0 - n$ 可知

$$\Delta n_{Kx} = n_{0x} - n_{Kx} \tag{2-12}$$

当 $f_1 < f_N$ 调频时,$k_f = k_u < 1$,根据式(2-10)可知随着 k_f 的不断下调,其空载转速 n_{0x} 在 n_0 的下方不断下移。

临界点是确定机械特性的关键点,由于理论推导过于烦琐,下面通过一组实验数据来观察临界点随频率变化的规律,从而得出机械特性曲线的大致轮廓。表 2-1 是某 4 极电动机在 $k_f = k_u < 1$ 时的临界点坐标实验结果。

表 2-1 $k_f = k_u < 1$ 时的临界点坐标实验结果

k_f	1.0	0.9	0.8	0.7	0.6	0.5	0.4	0.3	0.2
$n_{0x}/(\text{r} \cdot \text{min}^{-1})$	1 500	1 350	1 200	1 050	900	750	660	450	300
T_{Kx}/T_{KN}	1.0	0.97	0.94	0.9	0.85	0.79	0.7	0.6	0.45
$\Delta n_{Kx}/(\text{r} \cdot \text{min}^{-1})$	285	285	285	285	279	270	255	225	186

注：T_{KN} 为额定频率时的临界转矩。

③ 调速时的机械特性曲线。结合表 2-1 中的数据，就可以做出 k_f 分别等于 1、0.9、0.5、0.3 时的机械特性曲线 f_N、$f_x^{0.9}$、$f_x^{0.5}$、$f_x^{0.3}$，如图 2-34 所示。

观察各条机械特性曲线，它们的特征如下：

从 f_N 向下调频时，n_{0x} 下移，T_{Kx} 逐渐减小；

f_x 在 f_N 附近下调时，$k_f = k_u \to 1$，T_{Kx} 减小很少，可近似认为 $T_{Kx} \approx T_{KN}$，f_x 调得很低时：$k_f = k_u \to 0$，T_{Kx} 减小很快；

f_x 不同时，临界转差 Δn_{Kx} 变化不是很大，所以稳定工作区的机械特性曲线基本是平行的，且机械特性较硬。

下面分析 $f_x > f_N$ 时的机械特性。

当 $f_x > f_N$ 时，电动机定子电压保持额定电压不变，理想空载点 n_{0x} 在 n_0 的上方，随着 k_f 的增加而上移。

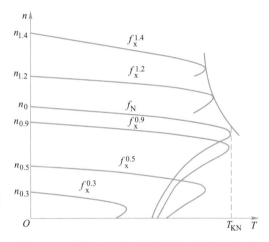

图 2-34   异步电动机变频调速的机械特性曲线

同样使用实验数据来观察临界点位置的变化。表 2-2 是某 4 极电动机在 $k_f > 1$ 时的临界点坐标实验结果。

表 2-2 $k_f > 1$ 时的临界点坐标实验结果

k_f	1.0	1.2	1.4	1.6	1.8	2.0
$n_{0x}/(\text{r} \cdot \text{min}^{-1})$	1 500	1 800	2 100	2 400	2 700	3 000
T_{Kx}/T_{KN}	1.0	0.72	0.55	0.43	0.34	0.28
$\Delta n_{Kx}/(\text{r} \cdot \text{min}^{-1})$	291	294	296	297	297	297

结合表 2-2 中的数据，做出 k_f 分别等于 1.2、1.4 时的机械特性曲线 $f_x^{1.2}$、$f_x^{1.4}$，如图 2-34 所示，各条机械特性曲线具有以下特征：

① f_N 向上调频时，n_{0x} 上移，T_{Kx} 大幅度减小。

② 临界转差 Δn_{Kx} 几乎不变。但由于 T_{Kx} 减小很多，所以机械特性曲线斜度加大，特性变软。

3. 对额定频率 f_N 以下变频调速特性的修正

在低频时，T_{Kx} 大幅度减小，严重影响到电动机在低速时的带负载能力，为解决这个问题，必须了解低频时 T_{Kx} 减小的原因。

（1）T_{Kx} 减小的原因分析

由于调频时为维持电动机的主磁通 Φ_M 不变，需保证 E_1/f_1 为常数，由于 E_1 不易检测和控制，用 U/f = 常数来代替上述等式。这种近似代替是以忽略电动机定子绕组阻抗电压降为代价的。

但低频时 f_x 降得很低，U_x 也很小，此时再忽略 ΔU 就会引起很大的误差，从而引起 T_{Kx} 大幅下降。

由式（2-4），可得电动机的定子电压为

$$U_x = E_x - \Delta U_x \qquad\qquad (2-13)$$

式中，ΔU_x 为电动机定子绕组的阻抗压降。

由式（2-13）可以看出，当 f_x 降低时，U_x 也已很小，ΔU_x 在 U_x 中的比重越来越大，而 E_x 在 U_x 的比重却越来越小。如仍保持 $U_x/f_x=$ 常数，E_x/f_x 的比值却在不断减小。此时主磁通 Φ_M 减少，从而引起电磁转矩的减小。

以上分析过程可表示为

$$k_f \downarrow (k_u = k_f) \rightarrow \frac{\Delta U_x}{U_x} \uparrow \rightarrow \frac{E_x}{U_x} \downarrow \rightarrow \Phi_M \downarrow \rightarrow T_{Kx} \downarrow$$

（2）解决的办法

针对 $k_f = k_u$ 下降时 E_x 在 U_x 中的比重减小，从而造成主磁通 Φ_M 和电磁转矩 T_{Kx} 下降的情况，可适当提高调压比 k_u，使 $k_u > k_f$，即提高 U_x 的值，使得 E_x 的值增加，从而保证 $E_x/f_x=$ 常数。这样就能保证主磁通 Φ_M 基本不变，最终使电动机的临界转矩得到补偿。由于这种方法是通过提高 U/f 比（即 $k_u > k_f$）使 T_{Kx} 得到补偿的，因此这种方法被称为电压补偿，也有些资料称为转矩提升。经过电压补偿后，电动机机械特性在低频时的 T_{Kx} 得到了大幅提高，如图 2-35 所示。

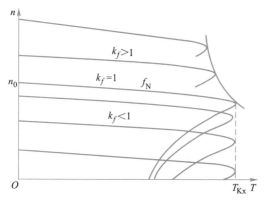

图 2-35 U/f 采用电压补偿后异步
电动机的机械特性曲线

图 2-35 所示的机械特性曲线具有以下的特征：

在全频范围内调速时，电动机的调速特性可以分为恒转矩区和恒功率区。

① 恒转矩的调速特性。

这里的恒转矩，是指在转速变化的过程中，电动机具有输出恒定转矩的能力。在 $f_x < f_N$（即 $k_f < 1$）的范围内变频调速时，经过补偿后，各条机械特性曲线的 T_{Kx} 基本为一定值，因此这区域基本为恒转矩调速区域，适合带恒转矩的负载。

从另一方面来看，经补偿后的 $f_x < f_N$ 调速，可基本认为 $E/f=$ 常数，即 Φ_M 不变，因此，在负载不变的情况下 T 基本为一定值。

② 恒功率的调速特性。

这里的恒功率，是指在转速变化的过程中，电动机具有输出恒功率的能力。在 $f_x > f_N$（即 $k_f > 1$）情况下，通常 k_f 的取值在 $1 \sim 1.5$ 之间，在这个范围内变频调速时，各条机械特性曲线的最大电磁功率 P_{Kx} 可用下式表示：

$$P_{Kx} = \frac{T_{Kx} n_{Kx}}{9\,550} \approx 常数 \qquad\qquad (2-14)$$

因此 $f_x > f_N$ 时，电动机近似具有恒功率的调速特性，适合带恒功率的负载。

4. 转矩提升

转矩提升是指通过提高 U/f 比来补偿 f_x 下调时引起的 T_{Kx} 下降，但并不是 U/f 比取大些就好。

（1）电压完全补偿

电压完全补偿的含义是不论 f_x 调到多小（即 $k_f = k_u$ 的值多小），通过提高 $U_x (k_u > k_f)$ 都能使得最大转矩 T_{Kx} 与额定频率时的最大转矩 T_{KN} 相等，以保证电动机的过载能力不变，这种补偿称为全补偿。

（2）补偿过分的后果

如果变频时的 U/f 比选择不当，使得电压补偿过多，即 U_x 提升过多，E_x 在 U_x 中占的比例会相对减小（E_x / U_x 减小），根据式（2-4）可知，定子电流 I_1 增大，使阻抗压降 ΔU_x 在 U_x 中的比例增加。而此时电动机的负载和转速均没发生改变，所以，I_2' 不变。若 I_1 增大，I_2' 不变，必定会使得励磁电流 I_0 增大，其结果是使磁通 Φ_M 增大，从而达到新的平衡，即

$$U_x \uparrow \rightarrow \frac{E_x}{U_x} \downarrow \rightarrow I_1 \uparrow \rightarrow \Phi_M \uparrow \rightarrow E_x \uparrow \rightarrow \frac{E_x}{U_x} \uparrow$$

由于 Φ_M 的增大会引起电动机铁心饱和，而铁心饱和会导致励磁电流的波形畸变，产生很大的峰值电流。补偿越过分，电动机铁心饱和越厉害，励磁电流 I_0 的峰值越大，严重时可能会引起变频器因过电流而跳闸。

通过以上分析可知，低频时 U/f 比绝不可盲目取大。但在负载变化较大的拖动系统，会不可避免地出现上述情况。例如：起重机械起吊的重物有时重、有时轻；电梯里的乘客有时多、时少等。负载变动，则电流也必变动，阻抗电压降也就变动。而 U/f 比只能根据负载最重时的工作状况进行设定，设定后是不能随负载而变的。因此，在轻载时就会出现补偿过分。

针对 U/f 控制中的补偿过分问题，一些高性能的变频器都设置了自动转矩补偿功能，变频器可以根据电流 I_1 的大小自动地决定补偿的程度。当然实际使用中，"自动 U/f 比设定"功能的运行情况也并不理想，否则"手动 U/f 比设定"功能就可以取消了。

2.3.2　矢量控制（VC）

矢量控制（VC）是通过控制变频器输出电流的大小、频率及相位，用以维持电动机内部的磁通为设定值，产生所需的转矩。它是从直流电动机的调速方法得到启发，利用现代计算机技术解决了大量的计算问题，从而使得矢量控制方式得到了成功的实施，成为一种高性能的异步电动机控制方式。

1. 矢量控制的理论基础

异步电动机的矢量控制是建立在动态数学模型的基础上的。数学模型的推导是一个专门性的问题，这里不再做数学推导，仅就矢量控制的概念做简要的说明。

（1）直流电动机的调速特征

直流电动机具有两套绕组，即励磁绕组和电枢绕组，它们的磁场在空间上互差 $\pi/2$ 电角度，两套绕组在电路上是互相独立的。直流电动机的励磁绕组流过电流 I_F 时产生主磁通 Φ_M，电枢绕组流过负载电流 I_A，产生的磁场为 Φ_A，两磁场在空间互差 $\pi/2$ 电角度。直流电动机的电磁转矩可以用下式表示：

$$T = C_T \Phi_M I_A \tag{2-15}$$

当励磁电流 I_F 恒定时，Φ_M 的大小不变。直流电动机所产生的电磁转矩 T 和电枢电流 I_A 成正比，因此调节 I_A（调节 Φ_A）就可以调速。而当 I_A 一定时，控制 I_F 的大小，可以调节 Φ_M，也就可以调速。这就是说，只需要调节两个磁场中的一个就可以对直流电动机调速。这种调速方法使

直流电动机具有良好的控制性能。

（2）异步电动机的调速特征

异步电动机虽然也有两套绕组，即定子绕组和转子绕组，但只有定子绕组和外部电源相接，定子电流是从电源吸取的电流，转子电流是通过电磁感应产生的感应电流。因此异步电动机的定子电流应包括两个分量，即励磁分量和负载分量。励磁分量用于建立磁场；负载分量用于平衡转子电流磁场。

（3）直流电动机与交流电动机的比较

① 直流电动机的励磁回路、电枢回路相互独立，而异步电动机将两者都集中于定子回路。

② 直流电动机的主磁场和电枢磁场互差 $\pi/2$。

③ 直流电动机是通过独立地调节两个磁场中的一个来进行调速的，而异步电动机则做不到。

（4）对异步电动机调速的思考

既然直流电动机的调速有那么多的优势，调速后电动机的性能又很优良，那么能否将异步电动机的定子电流分解成励磁电流和负载电流，并分别进行控制，而它们所形成的磁场在空间上也能互差 $\pi/2$？如果能实现上述设想，异步电动机的调速就可以和直流电动机相差无几了。

2. 矢量控制中的等效变换

异步电动机的定子电流实际上就是电源电流，将三相对称电流通入异步电动机的定子绕组中，就会产生一个旋转磁场，这个磁场就是主磁场 Φ_M。设想一下，如果将直流电流通入某种形式的绕组中，也能产生和上述旋转磁场一样的 Φ_M，就可以通过控制直流电流实现先前所说的调速设想。

由三相异步电动机的数学模型可知，研究其特性并控制运行时，若用两相就比三相简单，如果能用直流控制就比交流控制更方便。为了对三相系统进行简化，就必须对电动机的参考坐标系进行变换，这就称为坐标变换。在研究矢量控制时，定义有三种坐标系，即三相静止坐标系（$3s$）、两相静止坐标系（$2s$）和两相旋转坐标系（$2r$）。

众所周知，交流电动机三相对称的静止绕组 A、B、C 通入三相平衡的正弦电流 i_A、i_B、i_C 时，所产生的合成磁动势是旋转磁动势 F，它在空间呈正弦分布，并以同步转速 ω_1 按 A→B→C 相序旋转，其等效模型如图 2-36（a）所示。图 2-36（b）则给出了两相静止绕组 α 和 β，它们在空间上相互差 90°，再通以时间上互差 90° 的两相平衡交流电流，也能产生旋转磁动势，与三相等效。图 2-36（c）则给出两个匝数相等且互相垂直的绕组 M 和 T，在其中分别通以直流电流 i_M 和 i_T，在空间产生合成磁动势 F。如果让包含两个绕组在内的铁心（图中以圆表示）以同步转速 ω_1 旋转，则磁动势 F 也随之旋转成为旋转磁动势。如果能把这个旋转磁动势的大小和转速也控制成 A、B、C 和 α 与 β 坐标系中的磁动势一样，那么，这套旋转的直流绕组也就和这两套交流绕组等效了。当观察者站到铁心上和绕组一起旋转时，会看到 M 和 T 是两个通以直流而相互垂直的静止绕组，如果使磁通矢量 Φ 的方向在 M 轴上，就和一台直流电动机模型没有本质上的区别。可以认为：绕组 M 相当于直流电动机的励磁绕组，T 相当于电枢绕组。

三相静止坐标系 A、B、C 和两相静止坐标系 α 和 β 之间的变换，称为 $3s/2s$ 变换。变换原则是保持变换前的功率不变。

两相静止/两相旋转变换又称为矢量旋转变换。因为 α、β 绕组在静止的直角坐标系（$2s$）上，而 M、T 绕组则在旋转的直角坐标系（$2r$）上，所以变换的运算功能由矢量旋转变换来完成。

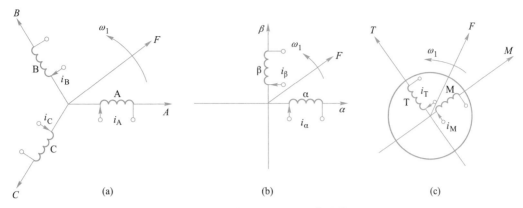

图 2-36　异步电动机的几种等效模型

(a)三相静止绕组;(b)两相静止绕组;(c)两相旋转绕组

3. 变频器矢量控制的基本思想

在如图 2-36 所示的三种绕组所形成的旋转磁场中,旋转的直流绕组磁场无论是在绕组的结构上,还是在控制的方式上都和直流电动机最相似。可以设想有两个相互垂直的直流绕组同处一个旋转体上,通入的是直流电流 i_M^* 和 i_T^*,其中 i_M^* 为励磁电流分量;i_T^* 为转矩电流分量。它们都是由变频器的给定信号经过控制器分解而来的($*$ 表示变频器中的控制信号)。然后经过直/交变换,将 i_M^* 和 i_T^* 变换成两相交流信号 i_α^* 和 i_β^*,再经二相/三相变换,得到三相交流控制信号 i_A^*、i_B^*、i_C^*,去控制三相逆变器(VVVF 控制),如图 2-37 所示。

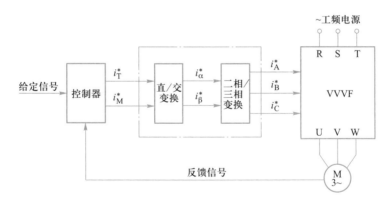

图 2-37　矢量控制的示意图

因此控制 i_M^* 和 i_T^* 中的任意一个,就可以控制 i_A^*、i_B^*、i_C^*,也就控制了变频器的交流输出。通过以上变换,成功地将交流电动机的调速转化成控制两个电流量 i_M^* 和 i_T^*,从而更接近直流电动机的调速。

图 2-37 中所示反馈信号一般有电流反馈信号和速度反馈信号两种,电流反馈用于反映负载的状态,使电流能随负载而变化。速度反馈反映出拖动系统的实际转速和给定值之间的差异,从而以最快的速度进行校正,提高了系统的动态性能。一般的矢量控制系统均需速度传感器,然而速度传感器会使整个传动系统最不可靠,安装也很麻烦,因此现代的变频器又推广使用无速度传感器矢量控制技术,它的速度反馈信号不是来自速度传感器,而是通过 CPU 对电动机的一些参数进行计算得到的一个转速的实际值。对于很多新系列的变频器都设置了"无反馈矢量控制"

这一功能,这里"无反馈",是指不需要用户在变频器的外部再加其他的反馈环节,而矢量控制时变频器内部还是存在反馈的。

4. 变频器矢量控制的特点及应用

(1)特点

矢量控制具有动态响应快、调速范围宽、低频转矩大、控制灵活等优点,使得异步电动机的调速可获得和直流电动机相媲美的调速性能。具体表现如下。

① 动态的高速响应。

直流电动机受整流的限制,过高的 di/dt 是不容许的。异步电动机只受逆变器容量的限制,强迫电流的倍数可取得很高,故速度响应快,一般可达到毫秒级,在快速性方面已超过直流电动机。

② 低频转矩增大。

一般通用变频器(VVVF控制)在低频时的转矩常低于额定转矩,故在 5 Hz 以下不能带满负载工作。而矢量控制变频器由于能保持磁通恒定,转矩与 i_T 呈线性关系,故在极低频时也能使电动机的转矩高于额定转矩。

③ 控制灵活。

直流电动机常根据不同的负载对象,选用他励、串励、复励等形式,它们各有不同的控制特点和机械特性。而在异步电动机矢量控制系统中,可使同一台电动机输出不同的特性。在系统内用不同的函数发生器作为磁通调节器,即可获得他励或串励直流电动机的机械特性。

同时,矢量控制的异步电动机也存在着系统结构复杂、通用性差(如一台变频器只能带一台电动机,而且与电动机特性有关)等不足之处。

(2)应用

由于异步电动机的机械结构又比直流电动机简单、坚固,且转子无碳刷滑环等电气接触点,结合矢量控制上述的特点,其应用前景还是十分广阔,主要应用在以下方面。

① 要求高速响应的工作机械。

如工业机器人驱动系统在速度响应上至少需要 100 rad/s,而矢量控制驱动系统能达到的速度响应最高值可达 1 000 rad/s,故能保证工业机器人驱动系统快速、精确地工作。

② 适应恶劣的工作环境。

如造纸机、印染机均要求在高湿、高温并有腐蚀性气体的环境中工作,异步电动机比直流电动机更为适应。

③ 高精度的电力拖动。

如钢板和线材卷取机均属于恒张力控制,对电力拖动的动、静态精确度有很高的要求,能做到高速(弱磁)、低速(点动)、停车时强迫制动。异步电动机应用矢量控制后,静差度小于0.02%,有可能完全代替直流调速系统。

④ 四象限运转。

如高速电梯的拖动,过去均用直流拖动,现在也逐步用异步电动机矢量控制变频调速系统代替。

(3)使用矢量控制的注意事项

在使用矢量控制时,需要注意如下问题。

① 使用矢量控制时,可以选择是否需要速度反馈。对于无反馈的矢量控制,尽管存在对电动机的转速估算精度稍差、动态响应较慢的弱点,但其静态特性已很完美,如果对拖动系统的动态特性无特殊要求,一般可以不选用速度反馈。

② 频率显示以给定频率为好。矢量控制在改善电动机机械特性时,最终是通过改变变频器的输出频率来完成,在矢量控制的过程中,其输出频率会经常跳动,因此在实际使用时频率显示以"给定频率"为好。

小结

按照变换环节有无直流环节,变频器可以分为交–直–交变频器和交–交变频器。现在使用的变频器绝大多数为交–直–交变频器。

交–直–交变频器的主电路包括 3 个组成部分:整流电路、中间电路和逆变电路。整流电路把电源提供的交流电压变换为直流电压。中间电路分为滤波电路和制动电路等不同的形式,滤波电路是对整流电路的输出进行电压或电流滤波;制动电路是利用设置在直流回路中的制动电阻或制动单元吸收电动机的再生电能的方式实现动力制动。逆变电路是将直流电变换为频率和幅值可调节的交流电,对逆变电路中电力电子器件的开关控制一般采用 SPWM 控制方式。

交–交变频就是把电网频率的交流电变换成频率可调的交流电,此类变频器能量转换效率较高,可方便地实现可逆运行,多应用于大功率的三相异步电动机和同步电动机的低速变频调速。但存在的缺点是:功率因数低,主电路使用开关元件数目多,控制电路复杂,变频输出的频率低(一般为电网频率的 $1/3 \sim 1/2$),使其应用受到限制。

目前变频调速系统通常采用 U/f 控制、矢量控制、直接转矩控制来实现变频控制。U/f 控制是使变频器的输出在改变频率的同时也改变电压,通常是使 U/f 为常数,这样可使电动机磁通保持一定,在较宽的调速范围内,电动机的转矩、效率、功率因数不下降。

矢量控制是通过控制变频器的输出电流、频率及相位,用以维持电动机内部的磁通为设定值,产生所需的转矩,是一种高性能的异步电动机控制方式。

思考与练习

1. 交–直–交变频器的主电路包括哪些组成部分? 说明各部分的作用。
2. 中间电路有哪几种形式? 说明各形式的功能。
3. 对电压型逆变器和电流型逆变器的特点进行比较。
4. 说明制动单元电路的原理。
5. SPWM 控制的原理是什么? 为什么变频器多采用 SPWM 控制?
6. 交–交变频技术具有什么特点? 主要应用是什么?
7. 交–交变频的基本原理是怎样的?
8. 三相交–交变频器有哪些连接方法?
9. 什么是 U/f 控制? 变频器在变频时为什么还要变压?
10. 什么是转矩提升?
11. 电压补偿过分会出现什么情况?
12. 矢量控制的理念是什么?
13. 矢量控制有什么优越性? 使用矢量控制时有哪些具体要求?

项目3.1　MM4 系列变频器的认识

项目引入

变频器种类繁多,其中西门子 MM4 系列变频器适用于多种变速驱动。因其具有应用的灵活性、良好的动态特性、创新的 BICO(内部功能互联)功能等特点,在变频器市场占据着重要的地位。因此,本书选取 MM4 系列中的 MM420 及 MM440 变频器为例,说明 MM4 系列变频器的使用方法。

变频器控制电动机运行时,各种性能和运行方式的实现均需要通过设定变频器参数来完成。不同的参数都对应某一具体功能,不同类型的变频器的参数数量也是不一样的。正确地理解并设置这些参数,是应用变频器的基础。

项目内容

感知变频器的外形及操作面板,识读变频器的铭牌,通过变频器的接线端子进行变频器上电并进行参数设置。

项目目的

一、认识变频器的外形及变频器电源端子。

二、识读变频器的铭牌。

微课
初识MM4系列变频器

三、熟悉变频器操作面板上各按键的功能。

四、掌握操作面板设定变频器参数的方法。

相关知识

一、西门子 MM440 变频器

MICROMASTER440 变频器简称 MM440 变频器,是用于控制三相交流电动机速度的变频器。MM440 变频器系列有多种型号供用户选用,恒定转矩(CT)控制方式额定功率范围为 120W ~ 200kW,可变转矩(VT)控制方式额定功率可达到 250kW。MM440 变频器如图 3-1 所示。

MM440 变频器由微处理器控制,采用具有现代先进技术水平的绝缘栅双极型晶体管(IGBT)作为功率输出器件。因此,它们具有很高的运行可靠性和功能的多样性。其脉

图 3-1　MM440 变频器系列

冲宽度调制的开关频率是可选的,因而降低了电动机运行的噪声,具有全面而完善的保护功能,为变频器和电动机提供了良好的保护。MM440 变频器具有默认的工厂设置参数,它是给数量众多的简单的电动机控制系统供电的理想变频驱动装置。由于 MM440 变频器具有全面而完善的控制功能,在设置相关参数以后,它也可用于更高级的电动机控制系统,所以 MM440 变频器既可用于单机驱动系统,也可集成到自动化系统中。

1. MM440 变频器的技术规格

在选择使用 MM440 变频器时,必须首先了解其技术规格。MM440 变频器的技术规格如表 3-1 所示。

表 3-1　MM440 变频器的技术规格

特性		技术规格
电源电压和功率范围		1 ~ (200 ~ 240)(1±10%) V　CT:0.12 ~ 3.0 kW
		2 ~ (200 ~ 240)(1±10%) V　CT:0.12 ~ 45.0 kW　VT:5.50 ~ 45.0 kW
		3 ~ (380 ~ 480)(1±10%) V　CT:0.37 ~ 200 kW　VT:7.5 ~ 250 kW
		3 ~ (500 ~ 600)(1±10%) V　CT:0.75 ~ 75.0 kW　VT:1.50 ~ 90.0 kW
输入频率		47 ~ 63 Hz
输出频率		0 ~ 650 Hz
功率因数		0.98
变频器的效率		外形尺寸 A ~ F:96% ~ 97% 外形尺寸 FX 和 GX:97% ~ 98%
过载能力	恒定转矩(CT)	外形尺寸 A ~ F:1.5×额定输出电流(即 150% 过载),持续时间 60 s,间隔周期时间 300 s,以及 2×额定输出电流(即 200% 过载),持续时间 3 s,间隔周期时间 300 s 外形尺寸 FX 和 GX:1.36×额定输出电流(即 136% 过载),持续时间 57 s,间隔周期时间 300 s,以及 1.6×额定输出电流(即 160% 过载),持续时间 3 s,间隔周期时间 300 s
	可变转矩(VT)	外形尺寸 A ~ F:1.1×额定输出电流(即 110% 过载),持续时间 60 s,间隔周期时间 300 s,以及 1.4×额定输出电流(即 140% 过载),持续时间 1 s,间隔周期时间 300 s 外形尺寸 FX 和 GX:1.1×额定输出电流(即 110% 过载),持续时间 59 s,间隔周期时间 300 s,以及 1.5×额定输出电流(即 150% 过载),持续时间 1 s,间隔周期时间 300 s
合闸冲击电流		小于额定输入电流
控制方法		线性 U/f 控制,带 FCC(磁通电流控制)功能的线性 U/f 控制,多点 U/f 控制,适用于纺织工业的 U/f 控制,带独立电压设定值的 U/f 控制,无传感器矢量控制,无传感器矢量转矩控制,带编码器反馈的速度控制,带编码器反馈的转矩控制
固定频率		15 个,可编程
跳转频率		4 个,可编程
设定值的分辨率		0.01 Hz 数字输入,0.01 Hz 串行通信输入,10 位二进制模拟输入(电动电位计 0.1 Hz)
数字输入		6 个,可编程(带电位隔离),可切换为高电平/低电平有效(PNP/NPN)
模拟输入		2 个,可编程,两个输入可作为第 7 和第 8 个数字输入进行参数化 0 ~ 10 V,0 ~ 20 mA 和 -10 ~ +10 V(AIN1) 0 ~ 10 V,0 ~ 20 mA(AIN2)
继电器输出		3 个,可编程直流 30 V/5 A(电阻性负载), ~250 V/2 A(电感性负载)
模拟输出		2 个,可编程(0 ~ 20 mA)

续表

特性	技术规格
串行接口	RS-485,可选 RS-232
制动	直流注入制动,复合制动,动力制动 外形尺寸 A ~ F 带内置制动单元 外形尺寸 FX 和 GX 带外接制动单元
防护等级	IP20
温度范围	外形尺寸 A ~ F:-10 ~ +50 ℃ (CT);-10 ~ +40 ℃ (VT) 外形尺寸 FX 和 GX:0 ~ +55 ℃
存放温度	-40 ~ +70 ℃
相对湿度	<95%,无结露
工作地区的海拔	外形尺寸 A ~ F:海拔 1 000 m 以下不需要降低额定值运行 外形尺寸 FX 和 GX:海拔 2 000 m 以下不需要降低额定值运行
保护特征	欠电压,过电压,过负载,接地,短路,电动机失步保护,电动机锁定保护,电动机过温,参数联锁
标准	外形尺寸 A ~ F:UL,CUL,CE,C-tick 外形尺寸 FX 和 GX:UL,CUL,CE

2. MM440 变频器操作运行方式

MM440 变频器在标准供货方式时装有状态显示屏(SDP),对于很多用户来说,利用 SDP 和制造厂的默认设置值,就可以使变频器成功地投入运行。如果工厂的默认设置值不适合用户的设备情况,用户可以利用基本操作板(BOP)或高级操作板(AOP)修改参数,使之匹配起来。BOP 和 AOP 是作为可选件供货的。

图 3-2　状态显示屏(SDP)

DIP 开关是供用户设置频率的开关。共有两个开关:DIP 开关 1 和 DIP 开关 2。DIP 开关 1 一般不供用户使用。DIP 开关 2 若设置为"OFF"位置,则工厂默认频率值为 50Hz,功率单位为 kW;若设置为"ON"位置,则工厂默认频率值为 60Hz,功率单位为 hp。无论用哪种方法进行调试,首先必须将设置频率的 DIP2 开关选择在合适的位置。

(1) 用状态显示屏(SDP)进行操作

SDP 上有两个 LED 指示灯,用于指示变频器的运行状态。状态显示屏(SDP)如图 3-2 所示。表 3-2 为变频器的运行状态指示。

表 3-2　变频器的运行状态指示

LED 指示灯状态		变频器运行状态
绿色指示灯	黄色指示灯	
OFF	OFF	电源未接通
ON	ON	准备运行
ON	OFF	变频器正在运行

采用 SDP 时,变频器的设定值必须与下列电动机数据兼容:电动机额定功率;电动机额定电压;电动机额定电流;电动机额定频率。

此外,变频器必须满足以下条件:

① 按照线性 U/f 控制特性,由模拟电位计控制电动机速度。

② 频率为 50 Hz 时,最大速度为 3 000 r/min(60 Hz 时为 3 600 r/min);可以通过变频器的模拟输入端用电位计进行控制。

③ 斜坡上升时间/斜坡下降时间为 10 s。

使用变频器上装设的 SDP 可进行以下操作:起动和停止电动机;电动机反向;故障复位。按图 3-3 所示连接模拟输入信号,即可实现用 SDP 对电动机速度进行控制。

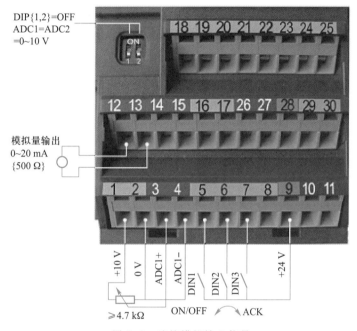

图 3-3 连接模拟输入信号

(2) 用基本操作面板(BOP)进行操作

基本操作面板(BOP)如图 3-4 所示。利用基本操作面板(BOP)可以改变变频器的各个参数。为了利用 BOP 设定参数,必须首先拆下状态显示屏(SDP),并装上基本操作面板(BOP)。

图 3-4 基本操作面板(BOP)

　　BOP 具有 5 位数字的七段显示,可以显示参数的序号和数值,报警和故障信息,以及设定值和实际值。

　　基本操作面板(BOP)上的按键及其功能说明如表 3-3 所示。

表 3-3　基本操作面板(BOP)上的按键及其功能说明

显示/按键	功能	功能的说明
r0000	状态显示	LCD 显示变频器当前的设定值
①	起动变频器	按此键起动变频器。运行时此键默认是被封锁的。为了使此键的操作有效,应设定 P0700 = 1
⓪	停止变频器	OFF1:按此键,变频器将按选定的斜坡下降速率减速停车,运行时此键默认被封锁;为了允许此键操作,应设定 P0700 = 1。OFF2:按此键两次(或一次,但时间较长)电动机将在惯性作用下自由停车,此功能总是"使能"的
◎	改变电动机的转动方向	按此键可以改变电动机的转动方向。电动机的反向用负号(-)表示或用闪烁的小数点表示。运行时默认此键是被封锁的,为了使此键的操作有效,应设定 P0700 = 1
jog	电动机点动	在变频器无输出的情况下按此键,将使电动机起动,并按预先设定的点动频率运行。释放此键时,变频器停车。如果变频器/电动机正在运行,按此键将不起作用
Fn	功能	此键用于浏览辅助信息 变频器运行过程中,在显示任何一个参数时按下此键并保持不动 2 s,将显示以下参数值(在变频器运行中,从任何一个参数开始): 1. 直流回路电压(用 d 表示,单位:V) 2. 输出电流(A) 3. 输出频率(Hz) 4. 输出电压(用 o 表示,单位:V) 5. 由 P0005 选定的数值(如果 P0005 选择显示上述参数中的任何一个(3,4 或 5),这里将不再显示) 连续多次按下此键,将轮流显示以上参数 跳转功能 在显示任何一个参数(r×××× 或 P××××)时短时间按下此键,将立即跳转到 r0000,如果需要的话,可以接着修改其他的参数。跳转到 r0000 后,按此键将返回原来的显示点
Ⓟ	访问参数	按此键即可访问参数
▲	增加数值	按此键即可增加面板上显示的参数数值
▼	减少数值	按此键即可减少面板上显示的参数数值

（3）用高级操作面板（AOP）进行操作

高级操作面板（AOP）如图 3-5 所示。

高级操作面板（AOP）是可选件，它具有如下特点：

① 清晰的多种语言文本显示。

② 多组参数的上装和下载功能。

③ 可通过 PC 编程。

④ 具有连接多个站点的能力，最多可以连接 30 台变频器。

二、西门子 MM420 变频器

MicroMaster420 变频器简称 MM420 变频器，是用于控制三相交流电动机速度的变频器系列，本系列有多种型号供用户选用。MM420 变频器系列如图 3-6 所示。

MM420 变频器的控制、输出方式、运行性能、保护功能等与 MM440 相同，在此不再赘述。

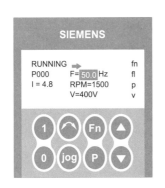

图 3-5　高级操作面板（AOP）

图 3-6　MM420 变频器系列

1. MM420 变频器的技术规格

在选择使用 MM420 变频器时，必须首先了解其技术规格。MM420 变频器的技术规格如表 3-4 所示。

表 3-4　MM420 变频器的技术规格

特性	技术规格
输入电压和功率范围	（200 ~ 240 V）±10% 单相，交流 0.12 ~ 3.0 kW（0.16 ~ 4.0 hp）
	（200 ~ 240 V）±10% 三相，交流 0.12 ~ 5.5 kW（0.16 ~ 7.5 hp）
	（380 ~ 400 V）±10% 单相，交流 0.37 ~ 11.0 kW（0.50 ~ 15.0 hp）
输入频率	47 ~ 63 Hz
输出频率	0 ~ 650 Hz
功率因数	0.98
变频器效率	96% ~ 97%
过载能力	在额定电流基础上过载 50%，持续时间 60 s，间隔周期时间 5 min
合闸冲击电流	小于额定输入电流
控制方法	线性 U/f 控制，带磁通电流控制（FCC）的线性 U/f 控制，平方 U/f 控制，多点 U/f 控制

续表

特性	技术规格
脉冲调制频率	2~16 kHz(每级调整 2 kHz)
固定频率	7 个,可编程
跳转频带	4 个,可编程
设定值的分辨率	数字输入时分辨率为 1 Hz、0.01 Hz;串行通信输入时分辨率为 0.01 Hz;模拟输入时分辨率为 0.1 Hz
数字输入	3 个可编程的输入(电气隔离的),可切换为高电平/低电平有效(PNP/NPN)
模拟输入	1 个,(0~10V)用于频率设定值输入或 PI 反馈信号,可标定或用作第 4 个数字输入
继电器输出	1 个,可编程,30 V/5 A(电阻性负载),~250 V/2 A(电感性负载)
模拟输出	1 个,可编程(0~20 mA)
串行接口	RS-485,选件 RS-232
电磁兼容性	可选 EMC 滤波器,EN55011 标准 A 或 B 级,也可选内部 A 级滤波器
制动	直流注入制动,复合制动
防护等级	IP20
温度范围	-10~+50 ℃(14~122 ℉)
存放温度	-40~+70 ℃(-40~158 ℉)
相对湿度	<95%,无结露
工作地区海拔高度	海拔 1 000 m 以下不需要降低额定值运行
保护特征	欠电压,过电压,过载,接地,短路,电动机失步,电动机锁定保护,电动机过温,变频器过温,参数联锁
标准	UL,CUL,CEC-tick
CE 标记	符合 EC 低电压规范 73/23/EEC 和电磁兼容性规范 89/336/EEC 的要求

2. MM420 变频器操作运行方式

MM420 变频器操作运行方式同 MM440 变频器。

(1) 用状态显示屏(SDP)进行操作

SDP 上有两个 LED 指示灯,用于指示变频器的运行状态,其基本操作与 MM440 相似。

(2) 用基本操作面板(BOP)进行操作

如前所述(参见 MM440)。

(3) 用高级操作面板(AOP)进行操作

如前所述(参见 MM440)。

三、变频器的铭牌及型号

1. 变频器的铭牌

变频器的铭牌如图 3-7 所示。

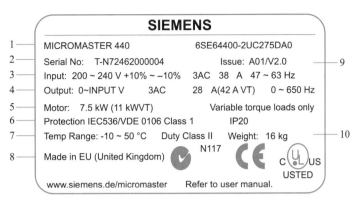

图 3-7　变频器的铭牌

1—变频器型号;2—制造序号;3—输入电源规格;4-输出电流及频率范围;

5—适用电动机及其容量;6—防护等级;7—运行温度;8—采用的标准;9—硬件/软件版本号;10—重量

2. 变频器的型号

MM4 系列变频器的型号如图 3-8 所示。

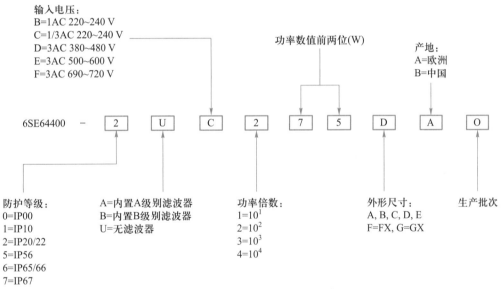

图 3-8　MM4 系列变频器的型号

四、用基本操作面板修改参数的数值

以修改参数过滤器 P0004 数值和修改设定选择命令/设定值源 P0719 数值为例,说明修改参数的步骤。

① 修改参数过滤器 P0004 数值,操作步骤如表 3-5 所示。

微课
MM4系列变频器的
参数设置

表 3-5　修改 P0004 数值操作步骤表

操作步骤	显示的结果
1. 按 ⓟ 访问参数	`r0000`

续表

操作步骤	显示的结果
2. 按 ▲ 直到显示出 P0004	P0004
3. 按 P 进入参数数值访问级	0
4. 按 ▲ 或 ▼ 达到所需要的数值	3
5. 按 P 确认并存储参数的数值	P0004

② 修改设定选择命令/设定值源 P0719 数值,操作步骤如表 3-6 所示。

表 3-6　修改 P0719 数值操作步骤表

操作步骤	显示的结果
1. 按 P 访问参数	r0000
2. 按 ▲ 直到显示出 P0719	P0719
3. 按 P 进入参数数值访问级	in000
4. 按 P 显示当前的设定值	0
5. 按 ▲ 或 ▼ 选择运行所需要的数值	12
6. 按 P 确认和存储 P0719 的设定值	P0719
7. 按 ▼ 直到显示出 r0000	r0000
8. 按 P 返回标准的变频器显示(由用户定义)	

项目实施

一、设备、工具和材料

MM440 变频器,电工工具,万用表,导线。

二、技能训练

1. 识读变频器铭牌
2. 将变频器与电源正确连接
3. 操作变频器操作面板

① 设置变频器参数 P0010 = 30, P0970 = 1, 观测记录现象。
② 设置 P0003 = 1, P1040 = 30, 观测记录现象。
③ 设置 P0004 = 7, P1058 = 5, 观测记录现象。
④ 设置 P0003 = 3, P0004 = 0, P2010. 0 = 5, P2011. 0 = 8, 观测记录现象。

三、注意事项

① 要确保变频器电源接线正确, 以防接线错误而烧坏变频器。
② 变频器进行参数设定操作时, 应认真观察 LED 监视窗的内容。
③ 在送电和停电过程中要注意安全。

专题 3.2　MM4 系列变频器的给定功能

3.2.1　变频器的频率给定方式

要调节变频器的输出频率, 必须首先向变频器提供改变频率的信号, 这个信号, 称为给定信号。所谓给定方式, 就是调节变频器输出频率的具体方法, 也就是提供给定信号的方式。

1. 面板给定方式

通过面板上的键盘或电位器进行频率给定(即调节频率)的方法, 称为面板给定方式。面板给定又有两种情况:

(1) 键盘给定

频率的大小通过键盘上的升键(■键)和降键(■键)来进行给定。键盘给定属于数字量给定, 精度较高。

(2) 电位器给定

部分变频器在面板上设置了电位器, 频率大小也可以通过电位器来调节。电位器给定属于模拟量给定, 精度稍低。

多数变频器在面板上并无电位器, 故说明书中所说的“面板给定”, 实际上就是键盘给定。

变频器的面板通常可以取下, 通过延长线安置在用户操作方便的地方, 如图 3-9 所示。同时变频器的操作面板的显示功能十分齐全, 可直接显示运行过程中的各种参数, 以及故障代码等, 故一般优先选择面板给定。

2. 外部给定方式

通过外部输入频率给定信号, 来调节变频器输出频率的大小。主要的外部给定方式有:

(1) 外接模拟量给定

通过外接给定端子从变频器外部输入模拟量信号(电压或电流)进行给定, 并通过调节给定信号的大小来调节变频器的输出频率。模拟量可能是单极性或双极性的。模拟量给定信号的种类有:

① 电压信号。以电压大小作为给定信号。给定信号的范围有: 0～10 V、2～10 V、0～±10 V、0～5 V、1～5 V、0～±5 V 等。

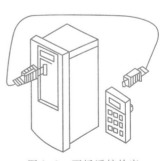

图 3-9　面板遥控给定

② 电流信号。以电流大小作为给定信号。给定信号的范围有:0～20 mA、4～20 mA 等。

为了消除干扰信号对频率给定信号的影响,在变频器接收模拟量给定信号时,通常先要进行数字滤波。

（2）外接数字量给定

通过外接开关量端子输入开关信号进行给定。这里也有两种方法。一是把开关做成频率的增大或减小键,开关闭合时给定频率不断增加或减少,开关断开时给定频率保持。二是用开关的组合选择已设定好的固有频率,即多频段控制。

（3）外接脉冲给定

通过外接端子输入脉冲序列进行给定。

（4）通信给定

由 PLC 或计算机通过通信接口进行频率给定。

采用外接给定方式时,外接数字量给定的频率精度较高,一般数字量给定通常用按键操作,不易损坏,优先选择外接数字量给定。同时,电流信号在传输过程中,不受线路电压降、接触电阻及其电压降、杂散的热电效应以及感应噪声等的影响,抗干扰能力较强,一般优先选择电流信号。但在距离不远的情况下,仍以选用电路简单的电压给定方式居多。

3. 辅助给定的方式

当变频器有两个或多个模拟量给定信号同时从不同的端子输入时,其中必有一个为主给定信号,其他为辅助给定信号。大多数变频器的辅助给定信号都是叠加到主给定信号(相加或相减)上去的。

4. MM420 变频器给定方式设置

变频器采用哪一种给定方式,需通过功能预置来事先设定。各种变频器的预置方法各不相同,MM420 变频器是通过参数 P1000(频率设定值的选择)、P0700(选择命令源)和 P0701～P0704(数字输入 DIN1～DIN4 功能)来设置的,其部分数据码如下:

P1000 = 0	无主设定值
1	MOP 设定值
2	模拟设定值
3	固定频率
12	模拟设定值+MOP 设定值
23	固定频率+模拟设定值

举例:设定值 12 选择的是主设定值(模拟设定值),而附加设定值(MOP 设定值)。

P0700 = 0	工厂的默认设置
1	BOP(键盘)设置
2	由端子排输入

P0701～P0704 = 0	禁止数字输入
1	MOP(电动电位计)升速(增加频率)
14	MOP 降速(减少频率)
15	固定频率设定值(直接选择)
16	固定频率设定值(直接选择+ON 命令)
17	固定频率设定值(二进制编码的十进制数(BCD 码)选择+ON 命令)

3.2.2　频率给定线的设定及调整

1. 频率给定线

由模拟量进行外接频率给定时,变频器的给定信号 x 与对应的给定频率 f_x 之间的关系曲线 $f_x = f(x)$,称为频率给定线。这里的给定信号 x 既可以是电压信号 U_G,也可以是电流信号 I_G。

（1）基本频率给定线

在给定信号 x 从 0 增大至最大值 x_{max} 的过程中,给定频率 f_x 线性地从 0 增大到最大频率 f_{max} 的频率给定线称为基本频率给定线。其起点为 $(x=0, f_x=0)$;终点为 $(x=x_{max}, f_x=f_{max})$,如图 3-10 所示。

f_{max} 为最大频率,在数字量给定(包括键盘给定、外接升速/降速给定、外接多挡转速给定等)时,是变频器允许输出的最高频率;在模拟量给定时,是与最大给定信号对应的频率。在基本频率给定线上,它是与终点对应的频率。

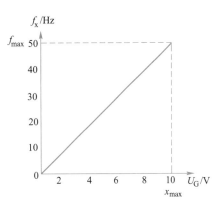

图 3-10　基本频率给定线

（2）死区的设置

用模拟量给定信号进行正、反转控制时,"0"速控制很难稳定,在给定信号为"0"时,常常出现正转相序与反转相序的"反复切换"现象。为了防止这种"反复切换"现象,需要在"0"速附近设定一个死区 Δx,如图 3-11 所示。

MM420 变频器通过参数 P0761 设置死区的宽度。

（3）有效"0"的设置

在给定信号为单极性的正、反转控制方式中,存在着一个特殊的问题,即一旦给定信号因电路接触不良或其他原因而"丢失",则变频器的给定输入端得到的信号为"0",其输出频率将跳变为反转的最大频率,电动机将从正常工作状态转入高速反转状态。

在生产过程中,这种情况的出现将是十分有害的,甚至有可能损坏生产机械。对此,变频器设置了一个有效"0"功能。也就是说,让变频器的实际最小给定信号不等于 0($x_{min} \neq 0$),而当给定信号 $x=0$ 时,变频器将输出频率降至 0Hz,如图 3-12 所示。

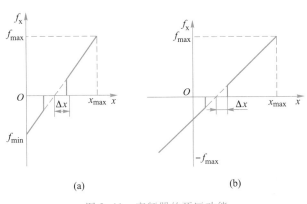

图 3-11　变频器的死区功能

（a）给定信号为单极性；（b）给定信号为双极性

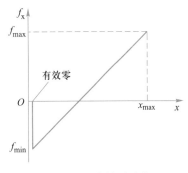

图 3-12　有效零功能

2. 频率给定线的调整方式

在生产实践中,常常遇到这样的情况:生产机械所要求的最低频率及最高频率常常不是 0 Hz 和额定频率,或者说,实际要求的频率给定线与基本频率给定线并不一致。所以,需要对频率给定线进行适当的调整,使之符合生产实际的需要。

因为频率给定线是直线,所以调整的着眼点便是:频率给定线的起点(即当给定信号为最小值时对应的频率)和频率给定线的终点(即当给定信号为最大值时对应的频率)。各种变频器的频率给定线的调整方式大致相同,一般有下面两种方式:

(1)设置偏置频率和频率增益方式

① 偏置频率。

部分变频器把给定信号为"0"时的对应频率称为偏置频率,用 f_{BI} 表示,如图 3-13 所示。偏置频率可直接用频率值 f_{BI} 表示或用百分数 $f_{BI}\%$ 表示。

$$f_{BI}\% = \frac{f_{BI}}{f_{max}} \times 100\% \tag{3-1}$$

式中,$f_{BI}\%$ ——偏置频率的百分数;

     f_{BI} ——偏置频率;

     f_{max} ——变频器实际输出的最大频率。

② 频率增益。

当给定信号为最大值 x_{max} 时,变频器的最大给定频率与预置的最大输出频率之比的百分数,用 $G\%$ 表示:

$$G\% = \frac{f_{xm}}{f_{max}} \times 100\% \tag{3-2}$$

式中,$G\%$ ——频率增益;

     f_{max} ——变频器预置的最大输出频率;

     f_{xm} ——虚拟的最大给定频率。

在这里,变频器的最大给定频率 f_{xm} 不一定与最大输出频率 f_{max} 相等。当 $G\% < 100\%$ 时,变频器的实际输出的最大频率等于 f_{xm},如图 3-14 中的曲线②所示(曲线①是基本频率给定线);当 $G\% > 100\%$ 时,变频器的实际输出的最大频率只能与 $G\% = 100\%$ 时相等,如图 3-14 中的曲线③所示。

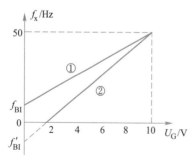

图 3-13　偏置频率

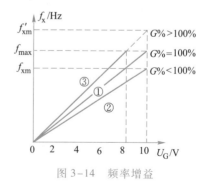

图 3-14　频率增益

(2)设置坐标方式

部分变频器的频率给定线是通过预置其起点和终点的坐标来进行调整的。

如图 3-15 所示,通过直接预置起点坐标 $(x_{\min},f_{\min})$ 与终点坐标 $(x_{\max},f_{\max})$ 来预置频率给定线,如图 3-15(a) 所示。如果要求频率与给定信号成反比,则起点坐标 $(x_{\min},f_{\max})$ 与终点坐标 $(x_{\max},f_{\min})$ 如图 3-15(b) 所示。

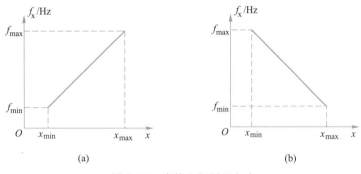

图 3-15　直接坐标预置方式

(a)频率与给定信号成正比;(b)频率与给定信号成反比

3. 频率给定线的调整实例

MM420 变频器通过两点坐标调整频率给定线,由参数 P0757、P0758、P0759、P0760 设定。

① 某用户要求,当模拟给定信号为 1～5 V 时,变频器输出频率为 0～50 Hz。试确定频率给定线。

可见与 1 V 对应的频率为 0 Hz,与 5 V 对应的频率为 50 Hz,作出频率给定线如图 3-16 所示。

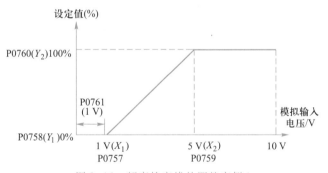

图 3-16　频率给定线的调整实例 1

可直接得出:

起点坐标:P0757 = 1 V、P0758 = 0% 。

终点坐标:P0759 = 5 V、P0760 = 100% 。

② 某用户要求,当模拟给定信号为 2～10 V 时,变频器输出频率为 -50～+50 Hz,带有中心为"0"且宽度为 0.2 V 的死区。试确定频率给定线。

可见与 2 V 对应的频率为 -50 Hz,与 10 V 对应的频率为 +50 Hz,作出频率给定线,如图 3-17 所示。

可直接得出:

起点坐标:P0757 = 2 V,P0758 = -100% 。

终点坐标:P0759 = 10 V,P0760 = 100% 。

死区电压:P0761 = 0.1 V。

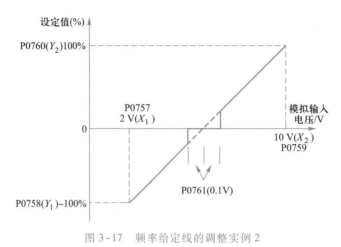

图 3-17　频率给定线的调整实例 2

项目 3.3　MM4 系列变频器 BOP 的基本操作

项目引入

通过变频器 BOP（基本操作面板）不仅可以设置变频器的参数，同时还可以实现控制电动机的起动、停止、正转、反转、点动、复位等控制操作。其中，变频器的运行涉及多项频率参数，合理地设置这些参数，才能使电动机变频调速后的特性满足生产机械的要求。

项目内容

通过变频器与电动机系统正确的硬件连接，利用变频器 BOP 进行变频器参数的设定，实现电动机的设定运行并进行运行状态的监视。

项目目的

一、熟悉变频器的接线图。

二、能够利用变频器 BOP 控制电动机进行连续运行。

三、能够利用变频器 BOP 控制电动机进行点动运行。

四、掌握变频器多项频率参数的特点。

五、掌握变频器多项频率参数的设定原则与方法。

相关知识

一、MM4 系列变频器的接线图

1. MM440 变频器的接线图

MM440 变频器的电路分两大部分：一部分是完成电能转换（整流、逆变）的主电路；另一部分是处理信息的收集、变换和传输的控制电路。其接线图如图 3-18 所示。

（1）主电路

主电路是由电源输入单相或三相恒压恒频的正弦交流电压，经整流电路转换成恒定的直流

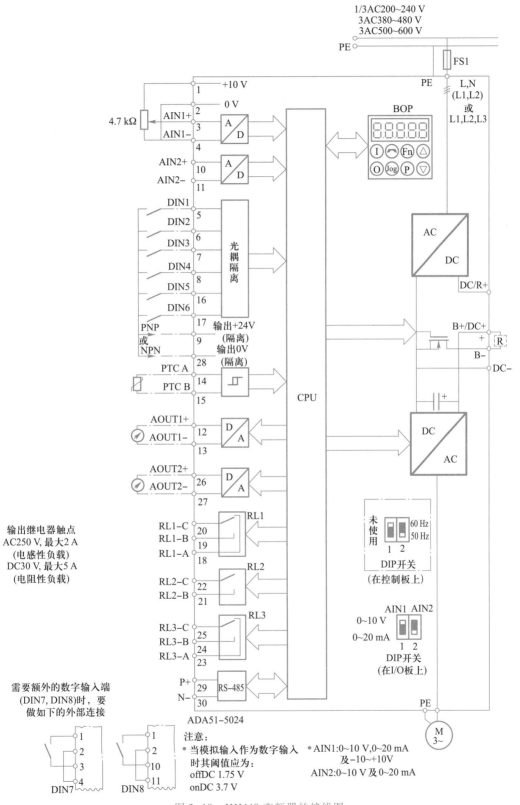

图 3-18　MM440 变频器的接线图

电压,供给逆变电路。逆变电路在 CPU 的控制下,将恒定的直流电压逆变成电压和频率均可调的三相交流电供给电动机负载。由图 3-18 可知,MM440 变频器直流环节是通过电容进行滤波的,因此属于电压型交-直-交变频器。

（2）控制电路

控制电路是由 CPU、模拟输入、模拟输出、数字输入、数字输出继电器触点、BOP 等组成,如图 3-18 所示。

端子 1、2 是变频器为用户提供的一个高精度的 10V 直流稳压电源。当采用模拟电压信号输入方式输入给定频率时,为了提高交流变频调速系统的控制精度,必须配备一个高精度的直流稳压电源作为模拟电压输入的直流电源。

模拟输入端子 3、4 和 10、11 为用户提供了两对模拟电压给定输入端作为频率给定信号,经变频器内模/数（A/D）转换器,将模拟量转换成数字量,传输给 CPU 来控制系统。

数字输入端子 5、6、7、8、16、17 端为用户提供了 6 个完全可编程的数字输入端,数字输入信号经光耦隔离输入 CPU,对电动机进行正反转、正反向点动、固定频率设定值控制等。

输入端子 9、28 是 24V 直流电源端,用户为变频器的控制电路提供 24V 直流电源。

输出端子 12、13 和 26、27 为两对模拟输出端;输出端子 18、19、20、21、22、23、24、25 为输出继电器的触点;输入端子 14、15 为电动机过热保护输入端;输入端子 29、30 为 RS-485（USS 协议）端。

2. MM420 变频器的接线图

MM420 变频器的电路分两大部分:一部分是完成电能转换（整流、逆变）的主电路;另一部分是处理信息的收集、变换和传输的控制电路。其接线图如图 3-19 所示。

（1）主电路

主电路同 MM440。

（2）控制电路

控制电路是由 CPU、模拟输入、模拟输出、数字输入、输出继电器触点、BOP 等组成,如图 3-19 所示。

端子 1、2 是变频器为用户提供的一个高精度的 10 V 直流稳压电源。当采用模拟电压信号输入方式输入给定频率时,为了提高交流变频调速系统的控制精度,必须配备一个高精度的直流稳压电源作为模拟电压输入的直流电源。

模拟输入端子 3、4 为用户提供了一对模拟电压给定输入端作为频率给定信号,经变频器内模/数（A/D）转换器,将模拟量转换成数字量,传输给 CPU 来控制系统。

数字输入端子 5、6、7 为用户提供了 3 个完全可编程的数字输入端,数字输入信号经光耦隔离输入 CPU,对电动机进行正反转、正反向点动、固定频率设定值控制等。

输入端子 8、9 是 24 V 直流电源端,用户为变频器的控制电路提供 24V 直流电源。

输出端子 12、13 为一对模拟输出端;输出端子 10、11 为输出继电器的一对触点;输入端子 14、15 为 RS-485（USB 协议）端。

二、变频器的频率参数

1. 变频器的基本频率参数

（1）给定频率

用户根据生产工艺的需求所设定的变频器输出频率。例如:原来工频供电的风机电动机现改为变频调速供电,就可设置给定频率为 50 Hz,其设置方法有两种:一种是用变频器的 BOP 来输入频率的数字量 50;另一种是从控制接线端上用外部给定(电压或电流)信号进行调节,最常见的形式就是通过外接电位器来完成。

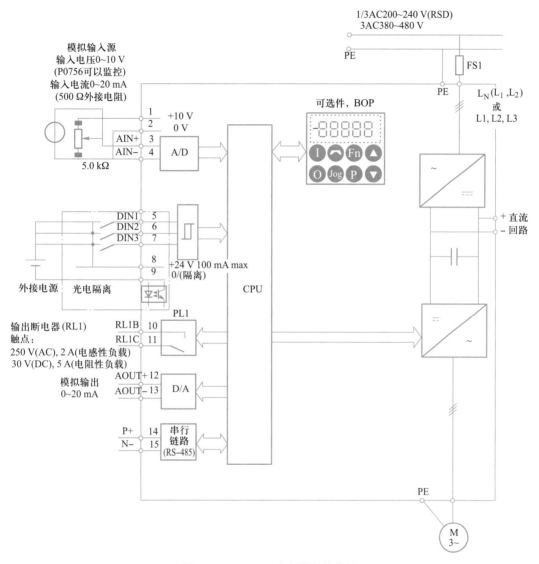

图 3-19　MM420 变频器的接线图

MM440、MM420 变频器通过参数 P1000 设定给定频率的信号源。

(2) 输出频率

输出频率即变频器实际输出的频率。当电动机所带的负载变化时,为使拖动系统稳定,此时变频器的输出频率会根据系统情况不断地调整,因此输出频率是在给定频率附近经常变化的。从另一个角度来说,变频器的输出频率就是整个拖动系统的运行频率。

(3) 基准频率

基准频率也称基本频率,用 f_b 表示。一般以电动机的额定频率 f_N 作为基准频率 f_b 的给定值。基准电压是指输出频率到达基准频率时变频器的输出电压,基准电压通常取电动机的额定

电压 U_N。基准电压和基准频率的关系如图 3-20 所示。

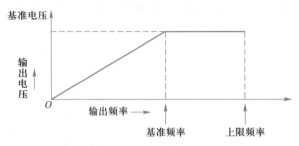

图 3-20　基准电压和基准频率的关系

MM440、MM420 变频器通过参数 P2000 设定基准频率。

（4）上限频率和下限频率

上限频率和下限频率是指变频器输出的最高、最低频率，常用 f_H 和 f_L 来表示。根据拖动系统所带的负载不同，有时要对电动机的最高、最低转速给予限制，以保证拖动系统的安全和产品的质量，另外，操作面板的误操作及外部指令信号的误动作会引起频率过高和过低，设置上限频率和下限频率可起到保护作用。常用的方法就是给变频器的上限频率和下限频率赋值。一般的变频器均可通过参数来预置其上限频率 f_H 和下限频率 f_L，当变频器的给定频率高于上限频率 f_H 或者是低于下限频率 f_L 时，变频器的输出频率将被限制在 f_H 或 f_L，如图 3-21 所示。

例如：预置 $f_H = 60\ Hz$，$f_L = 10\ Hz$。

若给定频率为 50 Hz 或 20 Hz，则输出频率与给定频率一致；

若给定频率为 70 Hz 或 5 Hz，则输出频率被限制在 60 Hz 或 10 Hz。

MM440、MM420 变频器通过参数 P1080 和 P1082 设定下限频率和上限频率。

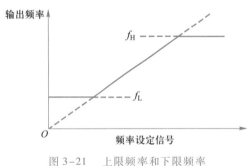

图 3-21　上限频率和下限频率

（5）跳跃频率

跳跃频率也称回避频率，是指不允许变频器连续输出的频率，常用 f_J 表示。由于生产机械运转时的振动是和转速有关的，当电动机调到某一转速（变频器输出某一频率）时，机械振动的频率和它的固有频率一致时就会发生谐振，此时对机械设备的损害是非常大的。为了避免机械谐振的发生，应当让拖动系统跳过谐振所对应的转速，所以变频器的输出频率就要跳过谐振转速所对应的频率。

变频器在预置跳跃频率时通常预置一个跳跃区间，为方便用户使用，大部分的变频器都提供了 2～4 个跳跃区间。MM440、MM420 变频器最多可设置 4 个跳跃区间，分别由 P1091、P1092、P1093、P1094 设定跳跃区间的中心点频率，由 P1101 设定跳跃频率的频带宽度，如图 3-22 所示。

2. 变频器的其他频率参数

（1）点动频率

点动频率是指变频器在点动时的给定频率。生产机械在调试以及每次新的加工过程开始前常需进行点动，以观察整个拖动系统各部分的运转是否良好。为防止意外，大多数点动运转的频率都较低。如果每次点动前都需将给定频率修改成点动频率是很麻烦的,所以一般的变频器都提供了预置点动频率的功能。如果预置了点动频率,则每次点动时,只需要将变频器的运行模式切换至点动运行模式即可,不必再改动给定频率了。

（2）载波频率（PWM 频率）

在第 2 模块中,阐述了 PWM 变频器的输出电压是一系列脉冲,脉冲的宽度和间隔均不相等,其大小取决于调制波（基波）和载波（三角波）的交点。载波频率越高,一个周期内脉冲的个数越多,也就是说脉冲的频率越高,电流波形的平滑性就越好,但是对其他设备的干扰也越大。载波频率如果预置的不合适,还会引起电动机铁心的振动而发出噪声,因此一般的

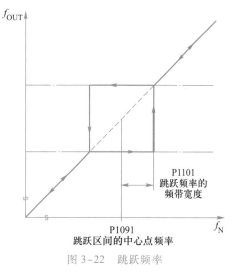

P1101 跳跃频率的频带宽度

P1091 跳跃区间的中心点频率

图 3-22　跳跃频率

变频器都提供了 PWM 频率调整的功能,使用户在一定的范围内可以调节该频率,从而使得系统的噪声最小,波形平滑性最好,同时干扰也最小。

（3）起动频率

起动频率是指电动机开始起动时的频率,常用 f_s 表示;这个频率可以从 0 开始,但是对于惯性较大或是摩擦转矩较大的负载,需加大起动转矩。此时可使起动频率加大至 f_s,起动电流也较大。一般的变频器都可以预置起动频率,一旦预置该频率,变频器对小于起动频率的运行频率将不予理睬。给定起动频率的原则是:在起动电流不超过允许值的前提下,以拖动系统能够顺利起动为宜。

（4）直流制动的起始频率

在减速的过程中,当频率降至很低时,电动机的制动转矩也随之减小。对于惯性较大的拖动系统,由于制动转矩不足,常在低速时出现停不住的爬行现象。针对这种情况,当频率降到一定程度时,向电动机绕组中通入直流电,以使电动机迅速停止,这种方法称为直流制动。设定直流制动功能时主要考虑 3 个参数:

① 直流制动电压 U_{DB} 是施加于定子绕组上的直流电压,其大小决定了制动转矩的大小。拖动系统惯性越大,U_{DB} 的设定值也应该越大。

② 直流制动时间 t_{DB} 是向定子绕组内通入直流电的时间。

③ 直流制动的起始频率 f_{DB}:当变频器的工作频率下降至 f_{DB} 时,通入直流电,如果对制动时间没有要求,f_{DB} 可尽量设定得小一些。

（5）多挡频率（多段速频率）

详见第 4 模块。

三、通过基本操作面板控制电动机的运行

1. 频率的设定

变频器面板给定方式不需要外部接线,只需操作基本操作面板上的上升、下降键,就可以实现频率的设定,该方法简单,频率设置精度高,属于数字量频率设置方式,适用于单台变频器的频率设置。

2. 控制电动机的运行

利用基本操作面板的按键可直接设置参数,实现电动机正转、反转和正向点动、反向点动控制。

3. 参数设置

① 参数复位。

在变频器停车状态下,可将变频器参数复位为工厂默认值,如表 3-7 所示。按下变频器操作面板上的 ⓟ 键,开始复位,复位过程大约需 5 s。

表 3-7　恢复变频器工厂默认值

参数号	工厂默认值	设定值	说明
P0010	0	30	参数为工厂的设定值
P0970	0	1	全部参数复位

② 设置电动机参数。

为了使电动机与变频器相匹配,需设置电动机参数。例如,选用型号为 JW7114 的电动机(交流笼型电动机:$P_N = 0.37$ kW,$U_N = 380$ V,$I_N = 1.05$ A,$n_N = 1\ 400$ r/min,$f_N = 50$ Hz),其参数设置如表 3-8 所示。

表 3-8　设置电动机参数表

参数号	工厂默认值	设定值	说明
P0003	1	1	用户访问级为标准级
P0010	0	1	快速调试
P0100	0	0	选择功率单位及频率
P0304	230	380	电动机额定电压(V)
P0305	3.25	1.05	电动机额定电流(A)
P0307	0.75	0.37	电动机额定功率(kW)
P0310	50	50	电动机额定频率(Hz)
P0311	0	1 400	电动机额定转速(r/min)

电动机参数设置完成后,设 P0010 = 0,变频器当前处于准备状态。

③ 设置电动机正转、反转和正向点动、反向点动控制参数。设置参数如表 3-9 所示。

表 3-9　基本操作面板控制参数表

参数号	工厂默认值	设定值	说明
P0003	1	1	设置用户访问级为标准级
P0004	0	7	命令,二进制 I/O
P0700	2	1	由键盘输入设定值
P0003	1	1	设置用户访问级为标准级
P0004	0	10	设定值通道和斜坡函数发生器
P1000	2	1	频率设定值为键盘设定值
* P1080	0	0	电动机运行最低频率(Hz)
* P1082	50	50	电动机运行最高频率(Hz)

续表

参数号	工厂默认值	设定值	说明
P0003	1	2	设用户访问级为扩展级
P0004	0	10	设定值通道和斜坡函数发生器
P1040	5	40	设定键盘控制的频率(Hz)
*P1058	5	10	正向点动频率(Hz)
*P1059	5	10	反向点动频率(Hz)

注:标"*"的参数可根据用户实际要求进行设置。

项目实施

一、设备、工具和材料

MM440 变频器,三相交流电动机,电工工具,万用表,导线。

二、技能训练

1. 将变频器与电源、电动机进行正确连接

2. 变频器基本操作面板的操作

练习变频器参数的基本操作面板设置方法。

3. 变频器控制电动机连续运行

① 按步骤 2 设置变频器参数 P0700 = 1,P1000 = 1,P1040。

② 按变频器基本操作面板上的 ⬤ 使变频器正向运行,监测运行频率及电动机转速。

③ 按变频器基本操作面板上的 ⬤ 使变频器反向运行,监测运行频率及电动机转速。

4. 变频器控制电动机点动运行

① 按步骤 2 设置变频器参数 P1058、P1059。

② 按变频器基本操作面板上的 ⬤ 使变频器点动运行,监测运行频率及电动机转速。

5. 变频器上限频率和下限频率的设定及运行

① 主要相关功能参数设定如下:

P1082 = 60 Hz——上限频率设定值;

P1080 = 0 Hz——下限频率设定值;

P0700 = 1——由键盘控制运行;

P1000 = 1——由键盘设定频率;

P1040 = 45 Hz——给定频率。

② 设置完成后,按变频器基本操作面板上的 ⬤ 使变频器正向运行,观察变频器的运行频率及电动机的转速。运行几秒钟后,按 ⬤ 给出停机指令。

③ 改变相关功能参数的设定值,再重复第②步,观察变频器的运行情况。

6. 变频器跳跃频率的设定及运行

① 主要相关功能参数设定如下:

P1091 = 20 Hz——跳跃频率设定值;

P1101 = 2 Hz——跳跃频率的频带宽度设定值；

P1040 = 20 Hz——给定频率。

② 设置完成后，按变频器基本操作面板上的🔘使变频器正向运行，观察变频器的运行频率及电动机的转速。运行几秒钟后，按🔘给出停机指令。

③ 改变相关功能参数的设定值，再重复第②步，观察变频器的运行情况。

7. 用基本操作面板查看信息

见项目 3.1MM4 基本操作面板按键🔘说明。

三、注意事项

① 要确保接线正确，以防接线错误而烧坏变频器。

② 电动机为星形联结。

③ 变频器进行参数设定操作时，应认真观察显示屏的内容。

④ 在送电和停电过程中要注意安全。

小结

　　MM4 系列变频器的操作运行方式有：用状态显示屏（SDP）进行操作、用基本操作面板（BOP）进行操作、用高级操作面板（AOP）进行操作。

　　变频器的频率给定方式有：面板给定方式、外部给定方式、辅助给定方式。频率给定线的调整方式有：设置偏置频率和频率增益方式、设置坐标方式。

　　通过变频器的基本操作面板不仅可以设置变频器的参数，同时还可以实现控制电动机的起动、停止、正转、反转、点动、复位等操作。其中，变频器的多项频率参数的正确设置可实现电动机的设定运行。

思考与练习

1. 简述 MM440 变频器基本操作面板按键的功能。

2. MM4 系列变频器有哪些操作方式？

3. 简述变频器基本操作面板设定功能参数的方法。

4. 变频器的频率给定方式有哪些？

5. 某控制器的输出信号为 2 ~ 8 V，要求变频器的对应频率是 0 ~ 50 Hz，如何处理？

6. 某变频器采用面板给定方式，用户要求：当外接电位器从"0"位旋到底（给定信号为 10 V）时，输出频率范围为 0 ~ 30 Hz，如何处理？

7. 某用户要求：当模拟量电流给定信号为 4 ~ 20 mA 时，变频器输出频率是 50 ~ 0 Hz，求频率偏置和频率增益，并画出频率给定线。

8. 简述变频器各项频率参数的含义。

9. 分析比较变频器给定频率、输出频率和基本频率的区别。

10. 简述变频器给定频率、上/下限频率和跳跃频率的设置方法。

11. 在变频器频率参数设置的训练项目中，试分析在下列参数设置的情况下，变频器的实际运行频率：

（1）P1082 =60 Hz——上限频率设定值；

P1080 =0 Hz——下限频率设定值；

P0700 =1——由键盘控制运行；

P1000 =1——由键盘设定频率；

P1040 =70 Hz——给定频率。

（2）P1091 =20 Hz——跳跃频率设定值；

P1101 =2 Hz——跳跃频率的频带宽度设定值；

P1040 =21 Hz（22 Hz）——给定频率为 21 Hz（22 Hz）。

项目4.1　MM4系列变频器的调试

项目引入

在生产实际中,为了保证生产的安全高效,变频器系统在正式投入运行之前,需要进行调试。其中,变频起动和制动的控制是非常重要的因素,若频率上升或下降的速度过快,可能会造成加速中的过电流故障和减速中的过电压故障;相反,若频率上升或下降的速度过慢,便延长了拖动系统的过渡过程,对某些频繁起动和制动的机械来说,将会降低生产效率。因此,在工艺允许的条件下,从保护设备的目的出发,合理设置变频器加减速过程参数,使设备可以平滑地起停,实现高效节能运行。

项目内容

利用变频器的基本操作面板进行加/减速时间、加/减速曲线的设定,进行变频器程序的快速调试。

项目目的

一、掌握加/减速时间、加/减速曲线的设定原则与方法。
二、熟悉变频器快速调试程序。

相关知识

一、变频器系统的调试

1. 断电检查

(1) 外观、结构检查

外观、结构检查包括检查变频器的型号是否有误、安装环境是否符合要求、装置有无脱落或破损、电缆直径和种类是否合适、电气接线有无松动、接线有无错误、接地是否可靠等。

(2) 绝缘电阻检查

绝缘电阻一般在产品出厂时已进行绝缘试验,因而尽量不要用绝缘电阻表测试;如必须用绝缘电阻表测试时,要按以下要求进行测试,否则接入时会损坏设备。

主电路的绝缘检测不能用万用表,只能用绝缘电阻表测试。必须把所有进线端(R、S、T 或 L1、L2、L3)和出线端(U、V、W)都连接起来后再测量其绝缘电阻。若绝缘电阻表的指示在 5 MΩ

以上就属于正常。

控制电路的绝缘检测不能用绝缘电阻表,只能用高阻量程万用表进行测试。用万用表测量各控制电路端子对地之间的绝缘电阻,测量值若在 1 MΩ 以上,就属正常。最后用万用表测试接触器、继电器等控制电路的连接是否正确。

2. 通电检查

（1）观察显示情况

各种变频器在通电后,显示屏会显示相应内容,应对照说明书,观察其通电后的显示过程是否正常。

（2）观察风扇

通电后,变频器内部风机开始运转,可在出风口处用手试探风机的风量,并注意倾听风扇的声音是否正常。

（3）测量进线电压

测量变频器的交流电源进线电压是否正常。

3. 空载测试

将变频器的输出端子与电动机相连接,电动机不带负载,主要测试以下内容:

（1）起动试验

对变频器进行一些基本操作,如起动:先将频率设为 0 Hz,然后慢慢调高频率至 50 Hz,观察电动机升速情况。同时观察电动机在运行过程中有无杂音,运转时有无振动现象,运行是否平稳等。

（2）电动机参数检测

对于应用矢量控制功能的变频器,应根据说明书的指导,在电动机的空载状态下测定电动机的参数。

4. 带负载测试

（1）低速运行试验

使电动机在生产设备所要求的最低转速下运行 1 ~ 2 h。试验的内容有:生产设备的运行是否正常,电动机在满负荷运行时,温升是否超过额定值。

（2）全速运行试验

将给定频率设定在生产设备所要求的最高转速,变频器运行后,使电动机的转速从零上升至最高转速,试验的内容有:

① 观测电动机是否可以正常起转。如果在频率很低时,电动机不能起转,说明起动困难,应设法加大起动转矩,可以适当增大 U/f 值或起动频率。

② 将显示内容切换到电流显示,观察在起动全过程中电流的变化。如果电流过大而跳闸,应适当延长升速时间。

③ 观察整个起动过程是否平稳,即观察是否在某一频率时有较大的振动。如有较大振动可以考虑预置跳跃频率。

④ 对于风机类负载,观察风叶是否因风压作用而自由旋转,甚至反转,如有此现象,可设置起动前的直流制动。

（3）全速停机试验

在停机过程中,测试以下内容:

① 把显示内容切换到直流电压显示,观察在整个降速过程中,直流电压的变化情况。如因

电压过高而跳闸,应适当延长降速时间。

② 频率降到 0 时,观察机械是否有"爬行"现象,如有此现象,可设置直流制动。

（4）高速运行试验

把频率升高到与生产设备所要求的最高转速相对应的值,运行 1 ~ 2 h,并观察电动机能否正常运行。

二、变频器的运行功能及预置

1. 加速时间

变频起动时,起动频率可以很低,加速时间可以自行给定,这样就能有效地解决起动电流大和机械冲击的问题。各种变频器都提供了在一定范围内可任意给定加速时间的功能,而且不同的变频器对加速时间的定义也不尽相同。有些变频器的加速时间是指输出频率从 0 Hz 上升至基本频率 f_b 所需要的时间,如三菱 FR-A540 变频器;也有一些变频器的加速时间是指输出频率从 0 Hz 上升至最高频率 f_H 所需要的时间,如西门子 MM4 系列变频器。用户可以根据拖动系统的情况自行给定一个加速时间。加速时间越长,起动电流就越小,起动也越平缓,但却延长了拖动系统的过渡过程,对于某些频繁起动的机械来说,将会降低生产效率。因此给定加速时间的基本原则是在电动机的起动电流不超过允许值的前提下,尽量地缩短加速时间。由于影响加速过程的因素是拖动系统的惯性,故系统的惯性越大,加速难度就越大,加速时间也应该长一些。但在具体的操作过程中,由于计算非常复杂,可以将加速时间先设置得长一些,观察起动电流的大小,然后再慢慢缩短加速时间。

2. 加速模式

不同的生产机械对加速过程的要求是不同的。根据各种负载的不同要求,变频器给出了各种不同的加速模式(曲线)供用户选择。常见的加速模式有线性方式、S 形方式和半 S 形方式等,如图 4-1 所示。

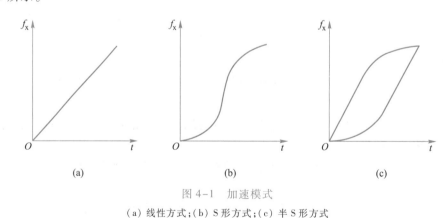

图 4-1　加速模式

（a）线性方式；（b）S 形方式；（c）半 S 形方式

（1）线性方式

在加速过程中,频率与时间呈线性关系,如图 4-1（a）所示,如果没有什么特殊要求,一般的负载大都选用线性方式。

（2）S 形方式

此方式初始阶段加速较缓慢,中间阶段为线性加速,尾段加速逐渐减为零,如图 4-1（b）所示。这种方式适用于带式输送机一类的负载。这类负载往往满载起动,传送带上的物体静摩擦力较小,刚起动时加速较慢,以防止传送带上的物体滑倒,到尾段加速减慢也是这个原因。

(3) 半 S 形方式

加速时一半为 S 形方式,另一半为线性方式,如图 4-1(c)所示。对于风机和泵类负载,低速时负载较轻,加速过程可以快一些。随着转速的升高,其阻转矩迅速增加,加速过程应适当减慢。反映在图上,就是加速的前半段为线性方式,后半段为 S 形方式。而对于一些惯性较大的负载,加速初期加速过程较慢,到加速的后期可适当加快其加速过程。反映在图上,就是加速的前半段为 S 形方式,后半段为线性方式。

3. 起动前直流制动

如果电动机在起动前,拖动系统的转速不为 0,而变频器的输出频率从 0 Hz 开始上升,则在起动瞬间,将引起电动机的过电流。常见于拖动系统以自由制动的方式停机,在尚未停住前又重新起动;风机在停机状态下,叶片由于自然通风而自行转动(通常是反转)。因此,可于起动前先在电动机的定子绕组内通入直流电流,以保证电动机在零速的状态下开始起动。

MM440、MM420 变频器用参数 P1120(斜坡上升时间)设定加速时间,由参数 P1130(斜坡上升曲线的起始段圆弧时间)和 P1131(斜坡上升曲线的结束段圆弧时间)直接设置加速模式曲线。

4. 减速时间

变频调速时,减速是通过逐步降低给定频率来实现的。在频率下降的过程中,电动机将处于再生制动状态。如果拖动系统的惯性较大,频率下降又很快,电动机将处于强烈的再生制动状态,从而产生过电流和过电压,使变频器跳闸。为避免上述情况的发生,可以在减速时间和减速方式上进行合理的选择。

同加速时间的含义类似,有些变频器的减速时间是指输出频率从基本频率 f_b 减至 0 Hz 所需要的时间,也有一些变频器的减速时间是指输出频率从最高频率 f_H 减至 0 Hz 所需要的时间,减速时间的给定方法同加速时间一样,其值的大小主要考虑系统的惯性。惯性越大,减速时间就越长。一般情况下,加、减速选择同样的时间。

5. 减速模式

减速模式设置与加速模式相似,也要根据负载情况而定,减速曲线也有线性、S 形和半 S 形等几种方式。

6. 变频停机方式

在变频调试系统中,电动机可以设定的停机方式有:

(1) 减速停机

即按预置的减速时间和减速方式停机。在减速过程中,电动机容易处于再生制动状态。

(2) 自由停机

变频器通过停止输出来停机。这时,电动机的电源被切断,拖动系统处于自由制动状态,停机时间的长短将由拖动系统的惯性决定,故又称为惯性停机。

(3) 在低频状态下短暂运行后停机

当频率下降到接近于 0 Hz 时,先在低速下短时间运行一段,然后再将频率下降为 0 Hz。在负载的惯性大时,可使用这种方式以消除滑行现象;对于附有机械制动装置的电磁制动电动机,采用这种方式可减少电磁抱闸的磨损。

　　MM440、MM420 变频器用参数 P1121(斜坡下降时间)设定减速时间,由参数 P1132(斜坡下降曲线的起始段圆弧时间)和 P1133(斜坡下降曲线的结束段圆弧时间)直接设置减速模式曲线。加减速时间及模式如图 4-2 所示。停机方式有 3 种,即 OFF1(按斜坡函数曲线停车)、OFF2(按惯性自由停车)、OFF3(按斜坡函数曲线快速停车),也有由 P0700 ~ P0708 (MM440)、P0700 ~ P0704(MM420)设置实现的。

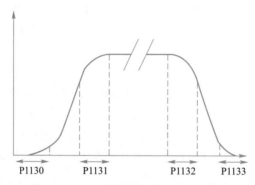

图 4-2   MM4 变频器加减速时间及模式

　　图中,总上升时间为 $1/2\mathrm{P}1130+X^{*}\mathrm{P}1120+1/2\mathrm{P}1131$;总下降时间为 $1/2\mathrm{P}1132+X^{*}\mathrm{P}1121+1/2\mathrm{P}1133$。$X^{*}$ 是频率步长 Δf 与 $f_{\max}$ 的比值。

三、变频器快速调试程序

　　MM420、MM440 变频器快速调试程序分别如图 4-3 和图 4-4 所示。

项目实施

一、设备、工具和材料

　　MM420 变频器(MM440 变频器),电工工具,万用表,三相交流电动机,导线。

二、技能训练

1. 将变频器与电源、电动机进行正确连接

2. 通过变频器基本操作面板操作运行快速调试程序

① 快速调试程序需要设置的功能参数。

包括恢复变频器工厂默认值;根据电动机铭牌设置电动机参数;变频器参数。

② 主要相关功能参数设定如下:

P0700 = 1——由键盘控制运行;　　　　　　P1000 = 1——由键盘设定频率;

P1080 = 0 Hz——下限频率设定值;　　　　　P1082 = 60 Hz——上限频率设定值;

P1120 = 10.0 s——加速时间设定值;　　　　P1121 = 10.0 s——减速时间设定值;

P1040 = 45 Hz——给定频率。

③ 设置完成后,按变频器基本操作面板上的 ① 使变频器正向运行,观察变频器的运行频率,并记下加速时间。运行几秒钟后,按 ⓞ 给出停机指令,记下变频器的减速时间。

④ 改变相关功能参数的设定值,再重复第③步,观察变频器的运行情况。

P1080 = 0　Hz——下限频率设定值；

P1082 = 50　Hz——上限频率设定值；

P1120 = 10.0　s——加速时间设定值；

P1121 = 10.0　s——减速时间设定值；

P1040 = 70　Hz——给定频率为 70　Hz。

```
P0010　开始快速调试
0　　准备运行
1　　快速调试
30　工厂默认值
说明
在电动机投入运行之前，P0010必须回到"0"。但
是，如果调试结束后选定P3900=1，那么，P0010
回零的操作是自动进行的
```

```
P0100　选择功率单位及频率默认值
0　功率单位为kW；f的默认值为50 Hz
1　功率单位为hp；f的默认值为60 Hz
2　功率单位为kW；f的默认值为60 Hz
说明
P0100的设定值0和1应该用DIP开关来更改，使
其设定的值固定不变
```

```
P0304　电动机的额定电压
10~2 000 V
根据铭牌键入的电动机额定电压(V)
```

```
P0305　电动机的额定电流
变频器额定电流的0~2倍(A)
根据铭牌键入的电动机额定电流(A)
```

```
P0307　电动机的额定功率
0~2 000 kW
根据铭牌键入的电动机额定功率(kW)
如果P0100=1，功率单位应是hp
```

```
P0310　电动机的额定频率
12~650 Hz
根据铭牌键入的电动机额定频率(Hz)
```

```
P0311　电动机的额定速度
0~40 000 r/min
根据铭牌键入的电动机额定速度
```

```
P0700　选择命令源
接通/断开/反转(on/off/reverse)
0　工厂设置值
1　基本操作面板(BOP)
2　模拟/数字输入
```

```
P1000　选择频率设定值
0　无频率设定值
1　用BOP控制频率的升降
2　模拟设定值
```

```
P1080　电动机最小频率
本参数设置电动机的最小频率(0~650 Hz)；达到这一
频率时电动机的运行速度将与频率的设定值无关。
这里设置的值对电动机的正转和反转都是适用的
```

```
P1082　电动机最大频率
本参数设置电动机的最大频率(0~650 Hz)；达到这一
频率时电动机的运行速度将与频率的设定值无关。
这里设置的值对电动机的正转和反转都是适用的
```

```
P1120　斜坡上升时间
0~650 s
电动机从静止停车加速到电动机最大频率所需的时间
```

```
P1121　斜坡下降时间
0~650 s
电动机从其最大频率减速到静止停车所需的时间
```

```
P3900　结束快速调试
0　结束快速调试，不进行电动机计算或复位为工
　　厂默认值
1　结束快速调试，进行电动机计算或复位为工
　　厂默认值(推荐的方式)
2　结束快速调试，进行电动机计算和I/O复位
3　结束快速调试，进行电动机计算，但不进行
　　I/O复位
```

图 4-3　MM420 变频器快速调试程序

快速调试的流程图(QC)　　　　　　　　　　　访问级

P0003　用户访问级
1　标准级
2　扩展级
3　专家级
[1]

P0010　开始快速调试
0　准备运行
1　快速调试
30　工厂的默认设置值
[1]

P0100　选择功率单位及频率默认值
0　功率单位为kW；f 的默认值为50 Hz
1　功率单位为hp；f 的默认值为60 Hz
2　功率单位为kW；f 的默认值为60 Hz

说明：
P0100的设定值0和1应该用DIP开关来更改，使其设
定的值固定不变。DIP开关用来建立固定不变的设
定值。在电源断开后，DIP开关的设定值优先于参数
的设定值
[1]

P0205　变频器的应用对象
0　恒转矩
1　变转矩

说明：
P0205=1时，只能用于 U/f 特性(水泵，风机)
的负载
[3]

P0300　选择电动机的类型
1　异步电动机
2　同步电动机
说明：
P0300=2时，控制参数被禁止
[2]

P0304　额定电动机电压
设定值的范围：10~2 000 V
根据铭牌键入的电动机额定电压(V)
[1]

P0305　电动机的额定电流
设定值的范围：0~2倍变频器额定电流(A)
根据铭牌键入的电动机额定电流(A)
[1]

P0307　电动机的额定功率
设定值的范围：0~2 000 kW
根据铭牌键入的电动机额定功率(kW)
如果P0100=1，功率单位应是hp
[1]

P0308　电动机的额定功率因数
设定值的范围：0.000~1.000
根据铭牌键入电动机额定功率因数(cos φ)
只有在P0100=0或2的情况下(电动机的功率单位是
kW时)才能看到
[2]

P0309　电动机的额定效率
设定值的范围：0.0%~99.9%
根据铭牌键入以%值表示的电动机额定效率
只有在P0100=1的情况下(电动机的功率单位
是hp时)才能看到
[2]

P0310　电动机的额定频率
设定值的范围：12~650 Hz
根据铭牌键入的电动机额定频率(Hz)
[1]

P0311　电动机的额定速度
设定值的范围：0~40 000 r/min
根据铭牌键入的电动机额定速度
[1]

P0320　电动机的磁化电流
设定值的范围：0.0%~99.9%
是以电动机额定电流(P0305)的%值表示的磁化
电流
[3]

P0335　电动机的冷却
0　自冷
1　强制冷却
2　自冷和内置风机冷却
3　强制冷却和内置风机冷却
[2]

P0640　电动机的过载因子
设定值的范围：10.0%~400.0%
电动机过载电流的限定值，以电动机额定电流
(P0305)的%值表示
[2]

P0700　选择命令源
0　工厂默认值
1　基本操作面板(BOP)
2　端子(数字输入)
说明：
如果选择P0700=2，数字输入的功能决定于P0701
至P0708。P0701至P0708=99时，各个数字输入端
按照BICO功能进行参数化
[1]

图 4-4　MM440 变频器快速调试程序

3. 加/减速曲线的预置

（1）S 形方式

① 相关功能参数。

P1130——斜坡上升曲线的起始段圆弧时间,范围为 0.0～40 s;

P1131——斜坡上升曲线的结束段圆弧时间,范围为 0.0～40 s;

P1132——斜坡下降曲线的起始段圆弧时间,范围为 0.0～40 s;

P1133——斜坡下降曲线的结束段圆弧时间,范围为 0.0～40 s。

② 功能参数设置。

P1082 = 60 Hz——上限频率设定值;

P1120 = 10.0 s——加速时间设定值;

P1121 = 10.0 s——减速时间设定值;

P1040 = 30 Hz——给定频率为 30 Hz;

P1130 = 5.0 s——斜坡上升曲线的起始段圆弧时间设定值;

P1131 = 5.0 s——斜坡上升曲线的结束段圆弧时间设定值;

P1132 = 5.0 s——斜坡下降曲线的起始段圆弧时间设定值;

P1133 = 5.0 s——斜坡下降曲线的结束段圆弧时间设定值。

③ 设置完成后,按变频器基本操作面板上的 ◉ 使变频器正向运行,观察变频器的运行频率,并记下加速时间。运行几秒钟后,按 ◉ 给出停机指令,记下变频器的减速时间。

（2）半 S 形方式

① 功能参数设置。

P1082 = 60 Hz——上限频率设定值;

P1120 = 10.0 s——加速时间设定值;

P1121 = 10.0 s——减速时间设定值;

P1040 = 30 Hz——给定频率为 30 Hz;

P1130 = 5.0 s——斜坡上升曲线的起始段圆弧时间设定值;

P1133 = 5.0 s——斜坡下降曲线的结束段圆弧时间设定值。

② 设置完成后,按变频器基本操作面板上的 ◉ 使变频器正向运行,观察变频器的运行频率,并记下加速时间。运行几秒钟后,按 ◉ 给出停机指令,记下变频器的减速时间。

三、注意事项

① 要确保接线正确,以防接线错误而烧坏变频器。

② 电动机为星形联结。

③ 变频器进行参数设定操作时,应认真观察 LED 监视窗的内容。

④ 在送电和停电过程中要注意安全。

项目 4.2　MM4 系列变频器的外端子控制运行

项目引入

在工业生产中,生产现场与操作室之间经常需要两地控制,即用外部接线控制电动机的起停,用外部信号控制电动机的运行频率。正确进行外部接线和合理设置变频器的参数对于电动机的正常运行至关重要。

项目内容

一台三相异步电动机,功率为 0.37 kW,额定电流为 1.05 A,额定电压为 380 V。现用 MM440 变频器进行外端子控制,即由变频器的外端子控制电动机的起停和升、降速。

项目目的

一、正确进行变频器的外部接线。
二、正确设置变频器的相关参数。
三、能够独立进行变频器的外部操作。

相关知识

一、变频器的标准接线与端子功能

各种变频器都有其标准的接线端子,虽然这些接线端子与其自身功能的实现密切相关,但都大同小异。变频器接线有两部分:主电路接线,控制电路接线。

1. 主电路端子

参见第 3 模块图 3-18 所示 MM440 变频器的接线图。

① L1、L2、L3(L、N):交流电源输入端,交流电源与变频器之间一般是通过低压断路器相连接。
② U、V、W(电动机 M):变频器输出端。
③ B+、B-:连接制动单元。
④ PE:电源、电动机电缆屏蔽层的接线端子。

2. 控制电路接线端子

接线端子如图 4-5 所示。

二、变频器的外端子控制

变频器可由数字端口控制电动机的正反转方向,由模拟输入端控制电动机转速的大小。

1. 变频器的外端子控制电动机正反转

① 变频器的外端子控制电动机正反转接线,如图 4-6 所示。
② MM440 变频器的开关量运行。

MM440 变频器有 6 个数字输入端口,用户可根据需要设置每个端口的功能。从 P0701 ~ P0706 为数字输入 1 功能至数字输入 6 功能,每一个数字输入功能设置参数值范围均为 0 ~ 99,工厂默认值为 1,下面列出其中几个参数值,并说明其含义。

a. 参数值为 1:ON 接通正转,OFF1 停车。
b. 参数值为 2:ON 接通反转,OFF1 停车。
c. 参数值为 3:OFF2(停车命令 2),按惯性自由停车。
d. 参数值为 4:OFF3(停车命令 3),按斜坡函数曲线快速降速。
e. 参数值为 9:故障确认。

f. 参数值为 10：正向点动。

g. 参数值为 11：反向点动。

h. 参数值为 17：固定频率设定值。

i. 参数值为 25：直流注入制动。

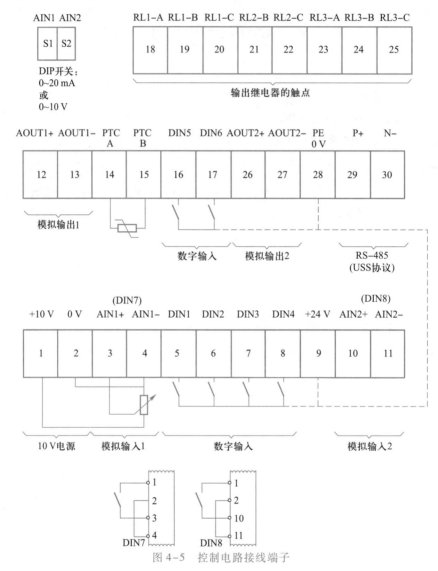

图 4-5　控制电路接线端子

在图 4-6 中 S1、S2、SB1、SB2 分别为两个开关和两个按钮，分别控制数字输入 5～8 端口。端口 5 设置为正转控制，其功能由 P0701 的参数值设置。端口 6 设为反转控制，其功能由 P0702 的参数值设置。端口 7 设为正向点动控制，其功能由 P0703 的参数值设置。端口 8 设为反向点动控制，其功能由 P0704 的参数值设置。频率和时间各参数在变频器的基本操作面板上直接设置。

2. 模拟输入端控制电动机转速

① 变频器的外端子控制电动机转速接线，如图 4-7 所示。

② MM440 变频器模拟量运行。

MM440 变频器可以通过 6 个数字输入端口对电动机进行正反转运行、正反转点动运行方向控制,可通过基本操作面板(BOP)或高级操作面板(AOP)来设置正反向转速的大小;也可以由数字输入端口控制电动机的正反转方向,由模拟输入端控制电动机转速的大小。MM440 变频器为用户提供了两对模拟输入端口,即端口 3、4 和端口 10、11,如图 4-7 所示。

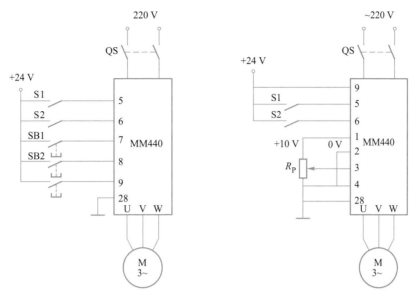

图 4-6　外端子控制电动机正反转接线　　　　　图 4-7　外端子控制电动机转速接线

在图 4-7 中,通过设置 P0701 的参数值,使数字输入端口 5 具有正转控制功能;通过设置 P0702 的参数值,使数字输入端口 6 具有反转控制功能;模拟输入端口 3、4 外接电位器,通过端口 3 输入大小可调的模拟电压信号,控制电动机转速的大小,即由数字输入端控制电动机运行的方向,由模拟输入端控制转速的大小。

由图 4-7 可知,MM440 变频器的输出端 1、2 为转速调节电位器 R_P 提供+10 V 直流稳压电源。为了确保交流调速系统的控制精度,MM440 变频器通过输出端 1、2 为使用的给定单元提供了一个高精度的直流稳压电源。

项目实施

一、设备、工具和材料

MM440 变频器,三相交流电动机,+24 V 电压板,电工工具,万用表,按钮,导线。

二、技能训练

1. 将变频器与电动机正确连接

2. 通过变频器的外端子控制电动机正反转运行控制

系统操作步骤如下:

① 进行正确电路接线后,合上变频器电源低压断路器。

② 恢复变频器工厂默认值。按下 P 键,变频器开始复位到工厂默认值。

③ 设置电动机参数,然后设 P0010＝0,变频器当前处于准备状态,可正常运行。

④ 设置数字输入控制端口开关操作运行参数。

⑤ 数字输入控制端口开关操作运行控制。

a. 电动机正向运行。

闭合开关 S1,变频器数字输入端口 5 为"ON",电动机按 P1120 所设置的 5 s 斜坡上升时间正向起动,经 5 s 后正向运行在 560 r/min 的转速上。转速与 P1040 所设置的 20 Hz 频率对应。断开开关 S1,数字输入端口 5 为"OFF",电动机按 P1121 所设置的 5 s 斜坡下降时间停车,经5 s 后电动机停止运行。

b. 电动机反向运行。

操作运行情况与正向运行类似。

c. 电动机正向点动运行。当按下正向点动按钮 SB1 时,变频器数字输入端口 7 为"ON",电动机按 P1060 所设置的 5 s 点动斜坡上升时间正向点动运行,经 5 s 后正向稳定运行在 280 r/min 的转速上。此转速与 P1058 所设置的 10 Hz 频率对应。当松开按钮 SB1 时,数字输入端口 7 为"OFF",电动机按 P1061 所设置的 5 s 点动斜坡下降时间停车。

d. 电动机反向点动运行。

操作运行情况与正向点动运行类似。

3. 变频器的外端子控制电动机转速

系统操作步骤如下:

① 连接电路,检查接线正确后合上变频器电源低压断路器。

② 恢复变频器工厂默认值。按下 P 键,变频器开始复位到工厂默认值。

③ 设置电动机参数。设 P0010 = 0,变频器当前处于准备状态,可正常运行。

④ 设置模拟信号操作控制参数。

⑤ 模拟信号操作控制。

a. 电动机正转:

闭合电动机正转开关 S1,数字输入端口 5 为"ON",电动机正转运行,转速由外接电位器 R_P 来控制,模拟电压信号从 0 ~ +10 V 变化,对应变频器的频率从 0 ~ 50 Hz 变化,通过调节电位器 R_P 改变 MM440 变频器端口 3 模拟输入电压信号的大小,可平滑无级地调节电动机转速的大小。当断开开关 S1 时,电动机停止。通过 P1120 和 P1121 参数,可设置斜坡上升时间和斜坡下降时间。

b. 电动机反转:

当闭合电动机反转开关 S2 时,数字输入端口 6 为"ON",电动机反转运行,与电动机正转相同,反转转速的大小仍由外接电位器 R_P 来调节。当断开开关 S2 时,电动机停止。

三、注意事项

① 要确保接线正确,以防接线错误而烧坏变频器。

② 电动机为星形联结。

③ 变频器进行参数设定操作时,应认真观察显示屏的内容。

④ 在送电和停电过程中要注意安全。

⑤ 变频器由正转切换为反转状态时,加减速时间可根据电动机功率和工作环境条件不同而定。

项目 4.3　MM4 系列变频器的多段速运行

项目引入

在工业生产中,由于工艺的要求,很多生产机械在不同的转速下运行。例如,车床主轴变频、龙门刨床主运动、高炉加料料斗的提升、矿井提升机的运行等,针对这种情况,一般变频器都有多段速度控制功能,满足工业生产的要求。

项目内容

一、利用 MM440 变频器控制实现电动机 3 段速频率运转。3 段速度设置如下:

第 1 段:输出频率为 10 Hz;

第 2 段:输出频率为 25 Hz;

第 3 段:输出频率为 50 Hz。

二、利用 MM440 变频器控制实现电动机 7 段速频率运转。7 段速度设置如下:

第 1 段:输出频率为 10 Hz;

第 2 段:输出频率为 20 Hz;

第 3 段:输出频率为 50 Hz;

第 4 段:输出频率为 30 Hz;

第 5 段:输出频率为 −10 Hz;

第 6 段:输出频率为 −20 Hz;

第 7 段:输出频率为 −50 Hz。

项目目的

一、掌握变频器多段速频率控制方式。

二、正确进行变频器的外部接线。

三、正确设置变频器的相关参数。

相关知识

MM440 变频器的 6 个数字输入端口 5、6、7、8、16、17 可通过 P0701～P0706 设置实现多频段控制。每一段的频率可分别由 P1001～P1015 参数设置,最多可实现 15 频段控制。在多频段控制中,电动机转速方向可以由 P1001～P1015 参数所设置的频率正负决定。6 个数字输入端口,哪一个作为电动机运行、停止控制,哪些作为多段频率控制,是可以由用户任意确定的。一旦确定了某一数字输入端口控制功能,其内部参数的设置值必须与端口的控制功能相对应。

一、变频器实现 3 段固定频率控制

如果要实现 3 段固定频率控制,需要 3 个数字输入端口,图 4-8 为 3 段固定频率控制接线图。

微课
MM4系列变频器的多段速运行1(理论)

MM440 变频器的数字输入端口 7 设为电动机运行/停止控制,由 P0703 参数设置。数字输入端口 5 和 6 设为 3 段固定频率控制端,由带锁按钮 SB1 和 SB2 组合成不同的状态控制 5 和 6 端口,实现 3 段固定频率控制。第一段频率设为 10 Hz,第二段频率设为 25 Hz,第三段频率设为 50 Hz,频率变化曲线如图 4-9 所示。3 段固定频率控制状态如表 4-1 所示。

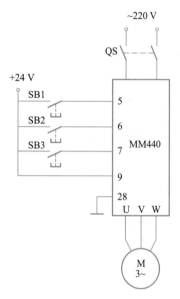

图 4-8   3 段固定频率控制接线图

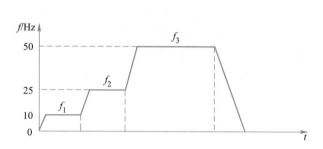

图 4-9   频率变化曲线

表 4-1   3 段固定频率控制状态表

固定频率	6 端口(SB2)	5 端口(SB1)	对应频率所设置的参数	频率/Hz	电动机转速/(r/min)
1	0	1	P1001	10	280
2	1	0	P1002	25	700
3	1	1	P1003	50	1 400
OFF	0	0		0	0

二、变频器实现 7 段固定频率控制

要实现 7 段固定频率控制,需要 4 个数字输入端口,图 4-10 为 7 段固定频率控制接线图。其中,MM440 变频器的数字输入端口 8 设为电动机运行、停止控制端口,数字输入端口 5、6、7 设为 7 段固定频率控制端口,由带锁按钮 SB1、SB2 和 SB3 按不同通断状态组合,实现 7 段固定频率控制。第 1 段频率设为 10 Hz,第 2 段频率设为 20 Hz,第 3 段频率设为 50 Hz,第 4 段频率设为 30 Hz,第 5 段频率设为-10 Hz,第 6 段频率设为-20 Hz,第 7 段频率设为-50 Hz。频率变化曲线如图 4-11 所示。7 段固定频率控制状态如表 4-2 所示。

项目实施

一、设备、工具和材料

MM440 变频器,三相交流电动机,+24 V 电压板,电工工具,万用表,按钮,导线。

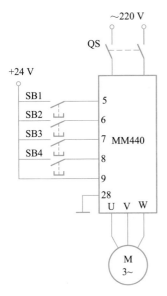

图 4-10　7 段固定频率控制接线图

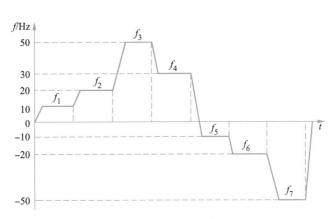

图 4-11　频率变化曲线

表 4-2　7 段固定频率控制状态表

固定频率	7 端口（SB3）	6 端口（SB2）	5 端口（SB1）	对应频率所设置的参数	频率/Hz	电动机转速/（r/min）
1	0	0	1	P1001	10	280
2	0	1	0	P1002	20	560
3	0	1	1	P1003	50	1 400
4	1	0	0	P1004	30	840
5	1	0	1	P1005	−10	−280
6	1	1	0	P1006	−20	−560
7	1	1	1	P1007	−50	−1 400
OFF	0	0	0		0	0

二、技能训练

1. 将变频器与电动机正确连接

2. 利用变频器控制电动机 3 段固定频率运行

操作步骤如下：

① 进行正确的电路接线后，合上变频器电源低压断路器。

② 恢复变频器工厂默认值。按下 P 键，变频器开始复位到工厂默认值。

③ 设置电动机参数，然后设 P0010＝0，变频器当前处于准备状态，可正常运行。

④ 设置 3 段固定频率控制参数，如表 4-3 所示。

⑤ 3 段固定频率控制：

当按下带锁按钮 SB3 时，数字输入端口 7 为 "ON"，允许电动机运行。

表 4-3　设置 3 段固定频率控制参数表

参　　数	工厂默认值	设　置　值	说　　　明
P0003	1	1	设置用户访问级为标准级
P0004	0	7	命令,二进制 I/O
P0700	2	2	由端子排输入
P0003	1	2	设用户访问级为扩展级
P0004	0	7	命令,二进制 I/O
P0701	1	17	选择固定频率
P0702	1	17	选择固定频率
P0703	1	1	ON 接通正转,OFF 停止
P0003	1	1	设置用户访问级为标准级
P0004	0	10	设定值通道和斜坡函数发生器
P1000	2	3	选择固定频率设定值
P0003	1	2	设用户访问级为扩展级
P0004	0	10	设定值通道和斜坡函数发生器
* P1001	0	10	设置固定频率 1(Hz)
* P1002	5	25	设置固定频率 2(Hz)
* P1003	10	50	设置固定频率 3(Hz)

注:标"*"的参数可根据用户实际要求进行设置。

第 1 频段控制。当 SB1 按钮接通、SB2 按钮断开时,变频器数字输入端口 5 为"ON",端口 6 为"OFF",变频器工作在由 P1001 参数所设定的频率为 10 Hz 的第 1 频段上,电动机运行在 10 Hz 所对应的转速上。

第 2 频段控制。当 SB1 按钮断开,SB2 按钮接通时,变频器数字输入端口 5 为"OFF",端口 6 为"ON",变频器工作在由 P1002 参数所设定的频率为 25 Hz 的第 2 频段上,电动机运行在 25 Hz 所对应的转速上。

第 3 频段控制。当 SB1 按钮接通、SB2 按钮接通时,变频器数字输入端口 5、6 均为"ON",变频器工作在由 P1003 参数所设定的频率为 50 Hz 的第 3 频段上,电动机运行在 50 Hz 所对应的转速上。

电动机停车。当 SB1、SB2 按钮都断开时,变频器数字输入端口 5、6 均为"OFF",电动机停止运行。或在电动机正常运行的任何频段,将 SB3 断开使数字输入端口 7 为"OFF",电动机也能停止运行。

⑥ 注意的问题。3 个频段的频率值可根据用户要求通过 P1001、P1002 和 P1003 参数来修改。当电动机需要反向运行时,只要将相对应频段的频率值设定为负就可以实现。例如在第二频段,要求电动机运行在反向转速上,只要将表 4-3 中的 P1002 参数值 25 Hz 修改为-25 Hz 即可。

3. 变频器控制电动机 7 段固定频率运行

① 设置 7 段固定频率控制参数,如表 4-4 所示。

微课
MM4系列变频器的多
段速运行2(实操)

表 4-4 设置 7 段固定频率控制参数表

参　　数	工厂默认值	设　置　值	说　　　明
P0003	1	1	设置用户访问级为标准级
P0004	0	7	命令,二进制 I/O
P0700	2	2	由端子排输入
P0003	1	2	设用户访问级为扩展级
P0004	0	7	命令,二进制 I/O
P0701	1	17	选择固定频率
P0702	1	17	选择固定频率
P0703	9	17	选择固定频率
P0704	15	1	ON 接通正转,OFF 停止
P0003	1	1	设置用户访问级为标准级
P0004	0	10	设定值通道和斜坡函数发生器
P1000	2	3	选择固定频率设定值
P0003	1	2	设用户访问级为扩展级
P0004	0	10	设定值通道和斜坡函数发生器
* P1001	0	10	设置固定频率 1(Hz)
* P1002	5	20	设置固定频率 2(Hz)
* P1003	10	50	设置固定频率 3(Hz)
* P1004	15	30	设置固定频率 4(Hz)
* P1005	20	-10	设置固定频率 5(Hz)
* P1006	25	-20	设置固定频率 6(Hz)
* P1007	30	-50	设置固定频率 7(Hz)

注:标“ * ”的参数可根据用户实际要求进行设置。

② 电动机的运行控制步骤可参照 3 段固定频率控制,这里不再重复。

③ 注意的问题。

7 个频段的频率值可根据用户要求通过 P1001 ~ P1007 参数来修改,当频率值设定为负时,电动机反转。或者将两个开关量输入分别设定为“ON 接通正转,OFF 停止”和“ON 接通反转,OFF 停止”,从而可以减少相关固定频率参数的设置。如果采用此种设置方法,则表 4-4 中 P1005 ~ P1007 的设置可以省略。

三、注意事项

① 要确保接线正确,以防接线错误而烧坏变频器。

② 电动机为星形联结。

③ 变频器进行参数设定操作时,应认真观察显示屏的内容。

④ 在送电和停电过程中要注意安全。

⑤ 变频器由正转状态切换为反转状态时,加减速时间可根据电动机功率和工作环境条件不同而定。

项目 4.4　MM4 系列变频器的变频-工频切换运行

项目引入

在生产实践中,经常遇到对原有的工频调速系统进行变频调速的改造,为了保证当变频器发生故障时,不影响生产的正常进行,需将系统切换到工频运行状态;同时,若一台电动机变频运行,当频率上升到 50 Hz(工频)并保持长时间运行时,应将电动机切换到工频电网供电,这就涉及变频器的变频-工频切换问题。

项目内容

利用 MM440 变频器设计变频-工频切换控制电路。控制要求如下:

一、用户可根据工作需要选择工频运行或变频运行。

二、在变频运行时,一旦变频器因故障而跳闸时,可自动切换为工频运行方式,同时进行声光报警。

微课
MM4系列变频器的
变频-工频切换运行

项目目的

一、正确进行变频器的外部接线。

二、正确设置变频器的相关参数。

三、熟练利用变频器实现变频-工频的切换。

相关知识

一、变频与工频切换控制

变频与工频切换控制原理图如图 4-12 所示。

MM440 变频器为用户提供+24 V 电源;

MM440 变频器为用户提供两对模拟电压给定输入端作为频率给定信号,经变频器内模/数转换器将模拟量转换成数字量,传输给 CPU 来控制系统:AIN1+、AIN1-,AIN2+、AIN2-;

MM440 变频器具有 8 个继电器触点:RL1-A、RL1-B、RL1-C、RL2-B、RL2-C、RL3-A、RL3-B、RL3-C。

二、主电路

三相工频电源通过断路器 QF 接入,接触器 KM1 用于将电源接至变频器的输入端 L1、L2、L3;接触器 KM2 用于将变频器的输出端 U、V、W 接至电动机;接触器 KM3 用于将工频电源直接接至电动机。注意接触器 KM2 和 KM3 绝对不允许同时接通,否则会造成损坏变频器的后果,因此,接触器 KM2 和 KM3 之间必须有可靠的互锁。热继电器 FR 用于工频运行时的过载保护。

三、控制电路

控制电路如图 4-13 所示。

为便于对电动机进行"变频运行"和"工频运行"的切换,控制电路采用三位开关 SA 进行选择。

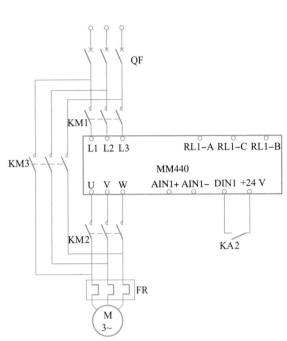

图 4-12　变频与工频切换控制原理图

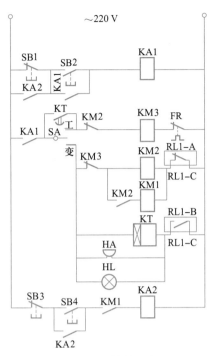

图 4-13　控制电路

项目实施

一、设备、工具和材料

MM440 变频器,三相交流电动机,继电器,熔断器,接触器,低压断路器,电工工具,万用表,按钮,导线。

二、技能训练

1. 将变频器与电动机正确连接
2. 操作步骤
① 进行正确的电路接线后,合上变频器电源低压断路器。
② 恢复变频器工厂默认值。按下 P 键,变频器开始复位到工厂默认值。
③ 设置电动机参数,然后设 P0010＝0,变频器当前处于准备状态,可正常运行。
④ 设置变频器参数,如表 4-5 所示。

表 4-5　设置变频器参数表

参　　数	工厂默认值	设　置　值	说　　明
P0003	1	1	设置用户访问级为标准级
P0004	0	7	命令,二进制 I/O
P0304	230	380	电动机额定电压(V)
P0305	3.25	1.05	电动机额定电流(A)
P0307	0.75	0.37	电动机额定功率(kW)
P0310	50	50	电动机额定频率(Hz)

续表

参　数	工厂默认值	设　置　值	说　明
P0311	0	1 400	电动机额定转速(r/min)
P0700	2	2	由端子排输入
P0003	1	2	设用户访问级为扩展级
P0004	0	7	命令,二进制 I/O
P0701	1	1	ON/OFF1
P0003	1	1	设置用户访问级为标准级
P0004	0	10	设定值通道和斜坡函数发生器
P1000	2	2	模拟设定值
﹡P1080	0	0	电动机运行最低频率(Hz)
﹡P1082	50	50	电动机运行最高频率(Hz)
﹡P1120	10	5	斜坡上升时间(s)
﹡P1121	10	5	斜坡下降时间(s)

注:标"﹡"的参数可根据用户实际要求进行设置。

⑤ 变频-工频切换运行。

当 SA 合至"工"位置时,按下起动按钮 SB2,中间继电器 KA1 动作并自锁,进而使接触器 KM3 动作,电动机进入工频运行状态。按下停止按钮 SB1,中间继电器 KA1 和接触器 KM3 均断电,电动机停止运行。

当 SA 合至"变"位置时,按下起动按钮 SB2,中间继电器 KA1 动作并自锁,进而使接触器 KM2 动作,将电动机接至变频器的输出端。接触器 KM2 动作后使接触器 KM1 也动作,将工频电源接至变频器的输入端,并允许电动机起动。同时使连接到接触器 KM3 线圈控制电路中的接触器 KM2 的动断触点断开,确保接触器 KM3 不能接通。

按下按钮 SB4,中间继电器 KA2 动作,电动机开始加速,进入"变频运行"状态。中间继电器 KA2 动作后,停止按钮 SB1 失去作用,以防止直接通过切断变频器电源使电动机停机。

在变频运行中,如果变频器因故障而跳闸,则变频器的"RL1-A、RL1-C"保护触点断开,接触器 KM1 和 KM2 线圈均断电,其主触点切断了变频器与电源之间,以及变频器与电动机之间的连接。同时"RL1-B、RL1-C"触点闭合,接通报警扬声器 HA 和报警灯 HL 进行声光报警。同时,时间继电器 KT 得电,其触点延时一段时间后闭合,使 KM3 动作,电动机进入工频运行状态。

三、注意事项

① 要确保接线正确,以防接线错误而烧坏变频器。
② 必须在断电以后才能进行变频器的外围电路的连接。
③ 在送电和停电过程中要注意安全。

项目 4.5　MM4 系列变频器的 PID 闭环控制

项目引入

PID 控制是闭环控制中的一种常见形式。图 4-14 为变频器 PID 调节的空气压缩机系统示意图,空气压缩机(简称空压机)出口的实际压力由压力传感器转换成电量(电压或电流),反馈到 PID 调节器的输入端,反馈信号取自拖动系统的输出端,当输出量偏离所要求的给定值时,反馈信号成比例地变化。在输入端,给定信号 x_t 与反馈信号 x_f 相比较,存在一个偏差值 Δx。对该偏差值,经过 PID 调节,变频器通过改变其输出频率,迅速、准确地消除拖动系统的偏差,恢复到给定值,振荡和误差都比较小。

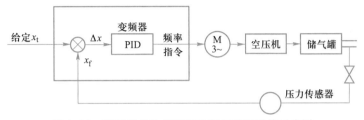

图 4-14　变频器 PID 调节的空气压缩机系统示意图

项目内容

　　MM4 系列变频器内部有 PID 调节器,利用 MM420 变频器可以构成 PID 闭环控制。有一台空气压缩机,现用变频器进行 PID 自动控制操作,通过变频器参数设置和外端子接线来实现变频器的运行,输出值与给定值之间自动调节以达到被控对象的相对稳定。

项目目的

　　一、掌握设定目标值的方法及参数设置。
　　二、掌握反馈信号的接线方式及参数设置。
　　三、熟悉 P、I、D 参数调试方法。

相关知识

　　PID 就是比例(P)、积分(I)、微分(D)控制,PID 控制属于闭环控制,是使控制系统的被控制量在各种情况下都能够迅速而准确地无限接近控制目标的一种手段。具体地说,随时将传感器测得的实际信号(称为反馈信号)与被控量的目标信号(又称给定信号)相比较,以判断是否已经达到预定的控制目标;如尚未达到,则根据两者的差值进行调整,直至达到预定的控制目标为止。通过变频器实现 PID 控制有两种情况:一是变频器内置的 PID 控制功能,给定信号以不同方式输入变频器,反馈信号也反馈给变频器的控制端,在变频器内部进行 PID 调节以改变输出频率;二是外部的 PID 调节器将给定信号与反馈信号比较后输出给变频器,加到控制端子作为控制信号,现在,大多数变频器都已经配置了 PID 控制功能。

一、PID 控制系统的构成

系统构成如图 4-14 所示。

1. 反馈信号与目标信号

(1)反馈信号 x_f

反馈信号就是用压力传感器实际测得的压力信号。因为变频调速系统的控制对象是空气的压力,现在又把空气压力的信号反送给变频器,故称为反馈信号。

（2）目标信号 x_t

目标信号（又称给定信号）就是与所要求的空气压力相对应的信号。目标信号的大小,总是和所选用的压力传感器的量程相联系的。例如,要求储气罐的空气压力保持在 0.6 MPa,如压力传感器的量程为 0 ~ 1 MPa,则目标值为 60%;如压力传感器的量程为 0 ~ 2 MPa,则目标值为 30%。

因为目标信号是一个固定的百分数,所以在多数情况下,目标信号是通过键盘来进行给定的。但有时由于有特别的需要,也可以通过外部信号进行给定。

2. PID 控制的工作过程

（1）比较与判断

首先为 PID 调节器给定一个电信号 x_t,当压力传感器将空压机系统的实际压力变成电信号 x_f 并送回 PID 调节器输入端时,调节器首先将其与压力给定电信号 x_t 相比较,得到的偏差信号为 Δx,即

$$\Delta x = x_t - x_f$$

如果 $\Delta x < 0$:储气罐压力超过给定值,变频器的输出频率 $f_x \downarrow$,电动机转速 $n \downarrow$,储气罐压力 $P \downarrow$,直至与所要求的目标压力相符 $(x_t \approx x_f)$ 为止。反之,如果 $\Delta x > 0$:储气罐压力低于给定值,变频器的输出频率 $f_x \uparrow$,电动机转速 $n \uparrow$,储气罐压力 $P \uparrow$,直至与所要求的目标压力相符 $(x_t \approx x_f)$ 为止。

（2）问题的提出

上述工作过程明显地存在着一个矛盾:一方面,要求储气罐的实际压力（其大小由反馈信号 x_f 来体现）应无限接近于目标压力,也就是说,要求 $x_t - x_f \rightarrow 0$;另一方面,变频器的输出频率 f_x 又是由 x_t 和 x_f 相减的结果来决定的。可以想象,如果 $x_t - x_f = 0$ 时,f_x 也必等于 0,变频器就不可能维持一定的输出频率,储气罐的压力无法维持,系统将达不到预想的目的。

也就是说,为了维持储气罐有一定的压力,变频器必须维持一定的输出频率 f_x,这就要求有一个与此相对应的给定信号 x_g。这个给定信号既需要有一定的值,又要和 $x_t - x_f$ 相联系,这就是矛盾所在。

（3）PID 调节功能

① 比例增益环节（P）。

解决上述问题的方法是将 $x_t \rightarrow x_f$ 进行放大后再作为频率给定信号 x_g,如图 4-15 所示。即引入比例增益环节（P）,P 功能就是将 Δx 的值按比例进行放大（放大 K_P 倍）,这样尽管 Δx 的值很小,但是经放大后再来调整空压机的转速也会比较准确、迅速。放大后,Δx 的值大大增加,静差在 Δx 中占的比例也相对减少,从而使控制的灵敏度增大,误差减小,如图 4-16（a）所示。可见,如果 K_P 值设的过大,Δx 的值变得很大,系统的实际压力调整到给定值的速度很快。但由于拖动系统的惯性原因,很容易引起超调。于是控制又必须反方向调节,这样就会使系统的实际压力在给定值（恒压值）附近来回振荡,如图 4-16（b）所示。

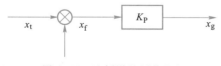

图 4-15   比例增益环节（P）

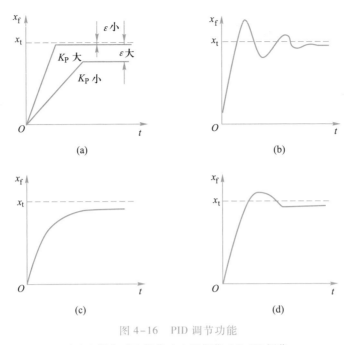

图 4-16　PID 调节功能

（a）P 调节；（b）振荡；（c）PI 调节；（d）PID 调节

　　分析产生振荡现象的原因：主要是加、减速过程都太快的缘故，为了缓解因 P 功能给定过大而引起的超调振荡，可以引入积分功能。

　　② 积分环节（I）。

　　积分环节就是对偏差信号 Δx 取积分后输出，其作用是延长加速和减速的时间，以缓解因 P（比例）功能设置过大而引起的超调。P 功能与 I 功能结合，就是 PI 功能，图 4-16（c）就是经 PI 调节后系统实际压力的变化波形。

　　从图中可以看出，尽管增加积分功能后使得超调减少，避免了系统的压力振荡，但是也延长了压力重新回到给定值的时间。为了克服上述缺陷，又增加了微分功能。

　　③ 微分环节（D）。

　　微分环节就是对偏差信号 Δx 取微分后再输出。也就是说当实际压力刚开始下降时，$\mathrm{d}p/\mathrm{d}t$ 最大，此时 Δx 的变化率最大，D 输出也就最大。随着空压机转速的逐渐升高，空气压力会逐渐恢复，$\mathrm{d}p/\mathrm{d}t$ 会逐渐减小，D 输出也会迅速衰减，系统又呈现 PI 调节。图 4-16（d）即为 PID 调节后，空气压力的变化情况。

　　可以看到，经 PID 调节后的空气压力，既保证了系统的动态响应速度，又避免了在调节过程中的振荡，因此 PID 调节功能在空压机系统中得到了广泛的应用。

　　（4）PID 功能参数的选择

　　现代大部分的通用变频器都自带了 PID 调节功能。用户在选择了 PID 功能后，通常需要输入下面几个参数。

　　P 参数：比例值增益。

　　I 参数：积分时间。

　　D 参数：微分时间。

二、变频器中 PID 调节功能的预置和调整

1. PID 功能预置与目标值给定

（1）PID 功能预置

即预置变频器的 PID 功能有效。当变频器完全按 P、I、D 调节的规律运行时，其工作特点是：

① 变频器的输出频率(f_x)只根据储气罐的实际压力(x_f)与目标压力(x_t)比较的结果进行调整，所以，频率的大小与被控量（压力）之间并无对应关系。

② 变频器的加、减速过程将完全取决于由 P、I、D 数据所决定的动态响应过程，而原来预置的"加速时间"和"减速时间"将不再起作用。

③ 变频器的输出频率(f_x)始终处于调整状态，因此，其显示的频率常常不稳定。

（2）目标值的给定

① 键盘给定法。由于目标信号是一个百分数，所以可由键盘直接给定。

② 电位器给定法。目标信号从变频器的频率给定端输入。但这时，由于变频器已经预置为 PID 运行方式，所以，在通过调节电位器来调节目标值时，显示屏上显示的仍是百分数。

③ 变量目标值给定法。在生产过程中，有时要求目标值能够根据具体情况进行适当调整。例如中央空调的循环冷却水进行变频调速时，其目标值是变化的。

2. P、I、D 参数的调试

（1）逻辑关系的预置

在自动控制系统中，电动机的转速与被控量的变化趋势有时是相反的，称为负反馈，例如空气压缩机的恒压控制中，压力越高，要求电动机的转速越低。

如电动机的转速与被控量的变化趋势是相同的，则称为正反馈。例如在空调机中，温度越高，要求电动机转速也越高。用户应根据具体情况进行预置，下面的调试过程都是以负反馈（正逻辑）为例的。

（2）比例增益与积分时间的调试

① 手动模拟调试。在系统运行之前，可以先用手动模拟的方法对 PID 功能进行初步调试。首先，将目标值预置到实际需要的数值；将一个手控的电压或电流信号接至变频器的反馈信号输入端。缓慢地调节目标信号，正常的情况是：当目标信号超过反馈信号时，变频器的输入频率将不断地上升，直至最高频率；反之，当反馈信号高于目标信号时，变频器的输入频率将不断下降，直至频率为 0 Hz。上升或下降的快慢，反映了积分时间的大小。

② 系统调试。由于 P、I、D 的取值与系统的惯性大小有很大的关系，因此，很难一次调定。

首先将微分功能 D 调为 0。在许多要求不高的控制系统中，微分功能 D 可以不用，在初次调试时，P 可按中间偏大值来预置；保持变频器的工厂默认值不变，使系统运行起来，观察其工作情况：如果在压力下降或上升后难以恢复，说明反应太慢，则应加大比例增益 K_P，在增大 K_P 后，虽然反应快了，但却容易在目标值附近波动，说明应加大积分时间，直至基本不振荡为止。

总之，在反应太慢时，应调大 K_P，或减小积分时间；在发生振荡时，应调小 K_P 或加大积分时间。在有些对反应速度较高的系统中，可考虑加微分环节 D。

（3）外接 PID 调节功能的 P、I、D 控制

变频器本身没有 PID 调节功能的情况下,有必要配用外接的 PID 调节器。

项目实施

一、设备、工具和材料

MM420 变频器,三相交流电动机,0 ~ 10 V 信号发生器,24 V 直流电源,压力变送器,继电器,熔断器,低压断路器,电工工具,万用表,按钮,导线。

二、技能训练

1. 按电路图接线

空气压缩机 PID 控制系统接线图如图 4-17 所示。

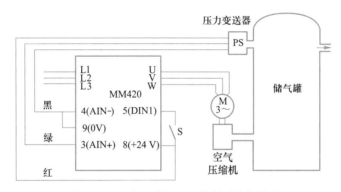

图 4-17　空气压缩机 PID 控制系统接线图

（1）反馈信号的接入

图 4-17 中,PS 是压力变送器。将红线和黑线分别接至变频器的"+24 V"和"0 V"之间,则在绿线与黑线之间即得到与被测压力成正比的电压信号,把绿线接到变频器的 3 端,变频器就得到了压力反馈信号。

（2）目标信号的确定

MM420 变频器只有一个给定频率输入端 3,已作为反馈信号的输入,这里采用由变频器基本操作面板设定目标值。

2. 操作步骤

① 连接好电路。

② 恢复变频器工厂默认值。按下 P 键,变频器开始复位到工厂默认值。

③ 设置电动机参数,然后设 P0010 = 0,变频器当前处于准备状态,可正常运行。

④ 设置变频器参数。

a. 控制参数,如表 4-6 所示。

表 4-6　控制参数表

参　数	工厂默认值	设　置　值	说　明
P0003	1	2	设置用户访问级为扩展级
P0004	0	0	参数过滤显示全部参数
P0700	2	2	由端子排输入
* P0701	1	1	端子 DIN1 功能为 ON/OFF
* P0702	12	0	端子 DIN2 禁用
* P0703	9	0	端子 DIN3 禁用
* P0704	0	0	端子 DIN4 禁用
P0725	1	1	端子 DIN 输入为高电平有效
P1000	2	1	频率设定由 BOP 设置
P0004	0	7	命令,二进制 I/O
* P1080	0	20	电动机运行最低频率(Hz)
* P1082	50	50	电动机运行最高频率(Hz)
P2200	0	1	PID 控制功能有效

注:标"*"的参数可根据用户实际要求进行设置。

　　b. 设置目标参数,如表 4-7 所示。

表 4-7　目标参数表

参　数	工厂默认值	设　置　值	说　明
P0003	1	3	设置用户访问级为专家级
P0004	0	0	参数过滤显示全部参数
P2253	0	2 250	已激活的 PID 设定值
* P2240	10	60	由 BOP 设定的目标值(%)
* P2254	0	0	无 PID 微调信号源
* P2255	100	100	PID 设定值的增益系数
* P2256	100	0	PID 微调信号增益系数
* P2257	1	1	PID 设定值斜坡上升时间
* P2258	1	1	PID 设定值斜坡下降时间
* P2261	0	0	PID 设定值无滤波

注:标"*"的参数可根据用户实际要求进行设置。

　　c. 设置反馈参数,如表 4-8 所示。

表 4-8　反馈参数表

参　数	工厂默认值	设　置　值	说　明
P0003	1	3	设置用户访问级为专家级
P0004	0	0	参数过滤显示全部参数
P2264	755.0	755.0	PID 反馈信号由 AIN+设定

续表

参　　　数	工厂默认值	设　置　值	说　　　明
*P2265	0	0	PID 反馈信号无滤波
*P2267	100	100	PID 反馈信号的上限值(%)
*P2268	0	0	PID 反馈信号的下限值(%)
*P2269	100	100	PID 反馈信号的增益(%)
*P2270	0	0	不用 PID 反馈器的数学模型
*P2271	0	0	PID 传感器的反馈形式为正常

注:标"*"的参数可根据用户实际要求进行设置。

d. 设置 PID 参数,如表 4-9 所示。

表 4-9　PID 参数表

参　　　数	工厂默认值	设　置　值	说　　　明
P0003	1	3	设置用户访问级为专家级
P0004	0	0	参数过滤显示全部参数
*P2280	3	0.5	PID 比例增益系数
*P2285	0	5	PID 积分时间
*P2291	100	100	PID 输出上限值(%)
*P2292	0	0	PID 输出下限值(%)
*P2293	1	1	PID 限幅的斜坡上升/下降时间(s)

注:标"*"的参数可根据用户实际要求进行设置。

⑤ 控制操作。

a. 接通开关 S 时,变频器数字输入端 DIN1 为"ON",变频器起动电动机。当反馈的电压信号发生改变时,将会引起电动机速度发生变化。

若反馈的电压信号小于目标值 6 V(即 P2240 值),变频器将驱动电动机升速;电动机速度上升又会引起反馈的电压信号变大。当反馈的电压信号大于目标值 6 V 时,变频器又将驱动电动机降速,从而又使反馈的电压信号变小;当反馈的电压信号小于目标值 6 V 时,变频器又将驱动电动机升速。如此反复,能使变频器达到一种动态平衡状态,变频器将驱动电动机以一个动态稳定的速度运行。

b. 如果需要,则目标设定值(P2240 值)可直接通过按基本操作面板上的▲、▼键来改变。当设置 P2231 = 1 时,由▲、▼键改变了的目标设定值将被保存在内存中。

c. 断开开关 S,数字输入端 DIN1 为"OFF",电动机停止运行。

三、注意事项

① 确保接线正确,特别是主电源电路。

② 变频器内部端子接线时,用力不得过猛,以防损坏端子。

③ 在送电和停电过程中要注意安全,特别是在停电过程中必须待基本操作面板上的 LED 全部熄灭后可打开盖板。

④ 变频器进行参数设定时,要根据生产工艺的要求进行 PID 操作正、反动作的选择。操作时应认真观察显示屏的内容及光标所在位置,以免发生错误,争取一次试验成功。

⑤ 在采用变频器内部 PID 的功能时,加、减速时间由积分时间的预置值决定,当不采用变频器内部 PID 的功能时,加、减速时间由相应的参数决定。

⑥ 在运行过程中要认真观测变频器的 PID 控制功能及电动机工作状态。

小结

变频器系统在投入运行之前,需要进行调试,调试过程有断电检查、通电检查、空载测试、带负载测试等环节。其中合理设置变频器快速调试参数是保证变频器系统调试工作的前提。

MM4 系列变频器的基本运行包括:变频器基本操作面板控制电动机正反转运行、变频器外端子控制电动机正反转运行、变频器的多段速控制运行、工/变频切换控制运行、变频器 PID 控制运行等。要求通过本模块的学习,应当具备以下知识和技能:

① 能够根据要求进行变频器系统硬件接线。

② 能够合理设置变频器参数。

③ 能够进行变频器系统快速调试、电动机正反转运行、多段速运行、工/变频切换运行、PID 控制运行操作。

思考与练习

1. 变频器系统的调试内容有哪些?

2. 简述变频器基本操作面板控制电动机运行的步骤。

3. 简述变频器基本操作面板设定加/减速时间、加/减速曲线参数的方法。

4. 简述变频器快速调试程序的相关功能参数。

5. 简述变频器主电路各端子的功能。

6. 简述变频器控制电路各端子的功能。

7. 分析变频器外端子控制运行的主要功能参数。

8. 分析变频器 PID 控制主要功能参数。

9. 有一个包装生产线驱动变频器,用户要求实现以下功能:

(1) 正反转运行;

(2) 由按钮控制升、降速度调节;

(3) 能够急停。

10. 用两种方法实现变频器控制电动机 7 段固定频率(5 Hz、20 Hz、45 Hz、10 Hz、–5 Hz、–20 Hz、–45 Hz)运行。

11. 用自锁按钮控制变频器实现电动机 10 段速频率运转。10 段速频率分别为 5 Hz,10 Hz、15 Hz、20 Hz、–5 Hz、–25 Hz、25 Hz、40 Hz、50 Hz、30 Hz。画出变频器外部接线图,完成参数设置。

项目 5.1　PLC-MM4 系列变频器外端子联机实现电动机的正反转

项目引入

可编程序控制器(PLC)是一种数字运算和操作的电子控制装置。PLC 取代继电器,执行顺序控制功能,已广泛用于工业控制的各个领域。由于它可通过软件来改变控制过程,且具有体积小、组装灵活、编程简单、抗干扰能力强及可靠性高等优点,故非常适合于在恶劣工作环境下运行,因而深受欢迎。

当利用变频器构成自动控制系统进行控制时,许多情况是和 PLC 配合使用。即采用 PLC 控制变频器,进而变频器再控制电动机的运行,以适应生产自动化的要求。

在生产实践应用中,电动机的正反转是比较常见的,例如使用继电器-接触器的正反转控制以及在第 4 模块中讨论的用变频器实现电动机交流变频调速的相关操作,为了提高自动控制水平,需要进一步掌握用 PLC 控制变频器端口开关的操作实现电动机正反转运行。

项目内容

微课

PLC-MM4系列变频器外端子联机实现电动机的正反转

PLC 和变频器通过外端子连接,实现电动机的正反转。控制要求如下:

一、通过 PLC 的正确编程、变频器参数的正确设置,实现电动机的正反转运行。

当电动机正向运行时,正向起动时间为 8 s,电动机正向运行转速为 840 r/min,对应频率为 30 Hz。当电动机反向运行时,反向起动时间为 8 s,电动机反向运行转速为 840 r/min,对应频率为 30 Hz。当电动机停止时,发出停止指令 8 s 内电动机停止。

二、通过 PLC 的正确编程、变频器参数的正确设置,实现电动机的正反向点动运行。电动机正向反向点动转速为 560 r/min,对应频率为 20 Hz。点动斜坡上升或下降时间为 6 s。

项目目的

一、能够进行 PLC 与变频器的正确接线。
二、能够根据要求设置 MM440 变频器有关参数。
三、能够正确进行系统调试。

相关知识

一、PLC 与变频器的连接方式

PLC 与变频器一般有三种连接方法。

1. 开关量连接

PLC 的开关输出量一般可以与变频器的开关量输入端直接相连,如图 5-1 所示。这种控制方式的接线简单,抗干扰能力强。利用 PLC 的开关量输出可以控制变频器的起动/停止、正/反转、点动、转速等,能实现较为复杂的控制要求,但只能有级调速。

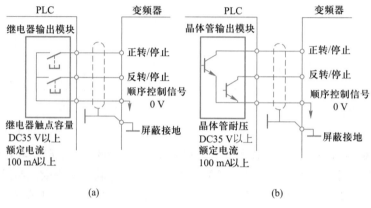

图 5-1　PLC 与变频器的开关量连接

(a) PLC 的继电器触点与变频器的连接;(b) PLC 的晶体管与变频器的连接

使用继电器触点进行连接时,有时存在因接触不良而误操作现象;使用晶体管进行连接时,则需要考虑晶体管自身的电压、电流容量等因素,保证系统的可靠性。另外,在设计变频器的输入信号电路时还应该注意到,输入信号电路连接不当,有时也会造成变频器的误动作。例如,当输入信号电路采用继电器带电感性负载,继电器开闭时,产生的浪涌电流带来的噪声有可能引起变频器的误动作,应尽量避免。

2. 模拟量连接

PLC 的模拟量输出模块输出 0~5 V 电压信号或 4~20 mA 电流信号,可以直接作为变频器的模拟量输入信号,控制变频器的输出频率,如图 5-2 所示。

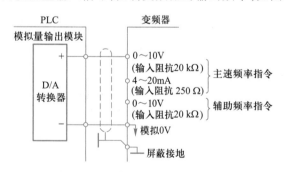

图 5-2　PLC 与变频器的模拟量连接

这种控制方式接线简单,但需要选择与变频器输入阻抗匹配的 PLC 输出模块,且 PLC 的模拟量输出模块价格较为昂贵,此外还需采取分压措施使变频器适应 PLC 的电压信号范围,即当变频器和 PLC 的电压信号范围不同时,例如,变频器的输入信号范围为 0~10 V,而 PLC 的输出电压信号范围为 0~5 V 时,或 PLC 的输出信号电压范围为 0~10 V,而变频器的输入信号电压范围为 0~5 V 时,由于变频器和晶体管的允许电压、电流等因素的限制,则需以串联电阻分压,以保证进行开关时不超过 PLC 和变频器相应部分的容量。此外,在连线时还应该注意将布线分开,保证主电路一侧的噪声不传至控制电路。

3. 通过 RS-485 通信接口连接

传统的 PLC 和变频器之间大多采用 PLC 的开关量输出控制变频器的启停、正反转等命令,PLC 的模拟量输出控制变频器的速度,这种联机方式对于一般的变频调速系统以及没有通信基础的工程人员是比较适合的。但也同时存在以下问题：

① 控制系统在设计时采用较多硬件,增加成本。

② 硬件接线复杂,容易引起噪声和干扰。

③ PLC 和变频器之间传输的信息受硬件的限制,交换的信息量少。

④ 硬件及控制方式影响了控制精度。

如果 PLC 与变频器之间通过通信来进行信息交换,可以有效地解决上述问题。另外,通过网络可以连续地对多台变频器进行监控,实现多台变频器之间的联动控制和同步控制。

所有的标准西门子变频器都有一个 RS-485 串行接口(有的也提供 RS-232 串行接口),采用双线连接,其设计标准适用于工业环境的应用对象。单一的 RS-485 链路中需要有一个主控制器(主站),而各个变频器则是从属的控制对象(从站)。

采用串行接口有以下优点：

① 大大减少布线的数量。

② 无须重新布线,即可更改控制功能。

③ 可以通过串行接口设置和修改变频器的参数。

④ 可以连续对变频器的特性进行监测和控制。

西门子变频器和 PLC 之间有两种通信协议:USS 协议和 Profibus-DP 协议。这些协议有关信息的详细说明将在后续项目中详细介绍。

二、PLC 与变频器接线图

PLC 与 MM440 变频器的接线图如图 5-3 所示。

三、PLC 的变量约定

1. 数字输入端

I124.1——电动机正转,SB1 为正转按钮;

I124.2——电动机停止,SB2 为停止按钮;

I124.3——电动机反转,SB3 为反转按钮;

I124.4——电动机正向点动,SB4 为正向点动按钮;

I124.5——电动机反向点动,SB5 为反向点动按钮。

2. 数字输出端

Q124.1——电动机正转/停止,至 MM440 变频器的端口 5;

Q124.2——电动机反转/停止,至 MM440 变频器的端口 6;

Q124.3——电动机正向点动,至 MM440 变频器的端口 7;

Q124.4——电动机反向点动,至 MM440 变频器的端口 8。

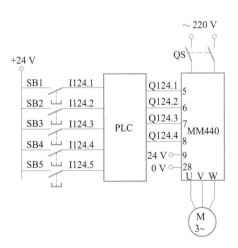

图 5-3　PLC 与 MM440 变频器的接线图

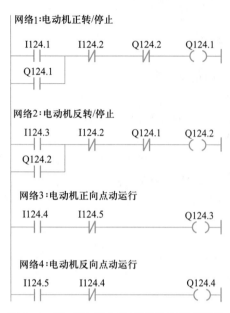

图 5-4　S7-300 PLC 和 MM440 变频器联机实现电动机正反转运行的控制梯形图

四、PLC 程序设计

按照电动机正反向运行和正反向点动运行控制要求及对 MM440 变频器数字输入接口、S7-300 PLC 数字输入/输出接口所作的变量约定,PLC 程序应实现下列控制:

① 当按下正转起动按钮 SB1 时,电动机正转;当按下停止按钮 SB2 时,电动机停止。

② 当按下反转起动按钮 SB3 时,电动机反转;当按下停止按钮 SB2 时,电动机停止。

③ 当按下正向点动按钮 SB4 时,电动机正向点动运行;当放开按钮 SB4 时,电动机停止。

④ 当按下反向点动按钮 SB5 时,电动机反向点动运行;当放开按钮 SB5 时,电动机停止。

S7-300 PLC 和 MM440 变频器联机实现 MM440 变频器控制接口开关操作,梯形图程序如图 5-4 所示。将梯形图程序下载到 PLC 中。

五、变频器的参数设置

变频器的参数设置如表 5-1 所示。

表 5-1　变频器的参数设置

参　数	工厂默认值	设 置 值	说　明
P0003	1	1	设置用户访问级为标准级
P0004	0	7	命令,二进制 I/O
P0700	2	2	由端子排输入
P0003	1	2	设用户访问级为扩展级
P0004	0	7	命令,二进制 I/O
*P0701	1	1	ON/OFF1
*P0702	1	2	ON/OFF1
*P0703	9	10	正向点动
*P0704	15	11	反向点动
P0003	1	1	设置用户访问级为标准级
P0004	0	10	设定值通道和斜坡函数发生器
P1000	2	1	频率设定值为键盘(MOP)设定值
P1080	0	0	电动机运行最低频率(Hz)
P1082	50	50	电动机运行最高频率(Hz)
*P1120	10	8	斜坡上升时间(s)
*P1121	10	8	斜坡下降时间(s)
P0003	1	2	设用户访问级为扩展级
P0004	0	10	设定值通道和斜坡函数发生器

续表

参　　数	工厂默认值	设　置　值	说　　　明
*P1040	5	30	设定键盘控制的频率
*P1060	10	6	点动斜坡上升时间(s)
*P1061	10	6	点动斜坡下降时间(s)
*P1058	5	20	正向点动频率(Hz)
*P1059	5	20	反向点动频率(Hz)

注:标"*"的参数可根据用户实际要求进行设置。

项目实施

一、设备、工具和材料

MM440 变频器,S7-300 PLC,三相交流电动机,直流 24 V 电源,接触器,低压断路器,电工工具,万用表,按钮,导线。

二、技能训练

1. 将 PLC、变频器、电动机正确接线

2. 操作步骤

① 进行正确的电路接线后,合上变频器电源低压断路器。

② 恢复变频器工厂默认值。按下 P 键,变频器开始复位到工厂默认值。

③ 设置电动机参数,然后设 P0010=0,变频器当前处于准备状态,可正常运行。

④ 设置变频器参数。

⑤ S7-300 PLC 和 MM440 变频器联机实现 MM440 变频器控制端口开关操作。

a. 电动机正向运行。

当按下正转按钮 SB1 时,S7-300 PLC 输入继电器 I124.1 的动合触点闭合,输出继电器 Q124.1 接通,MM440 变频器的端口 5 为"ON",电动机按 P1120 所设置的 8 s 斜坡上升时间正向起动,经 8 s 后电动机正向稳定运行在由 P1040 所设置的 30 Hz 对应的 840 r/min 的转速上。同时 Q124.1 动合触点闭合实现自保。

b. 电动机反向运行。

操作运行情况与正向运行类似。

为了保证正转和反转不同时进行,即 MM440 变频器的端口 5 和 6 不同时为"ON",在程序设计中利用输出继电器 Q124.1 和 Q124.2 的动断触点实现互锁。

c. 电动机停车。

无论电动机当前处于正向还是反向工作状态,当按下停止按钮 SB2 时,输入继电器 I124.2 动断触点断开,使输出继电器 Q124.1(或 Q124.2)失电,MM440 变频器的端口 5(或 6)为"OFF",电动机按 P1121 所设置的 8 s 斜坡下降时间正向(或反向)停车,经 8 s 后电动机停止运行。

d. 电动机正向点动运行。

当按下正向点动按钮 SB4 时,S7-300 PLC 输入继电器 I124.4 得电,其动合触点闭合,输出继电器 Q124.3 得电,使 MM440 变频器的数字端口 7 为"ON",电动机按 P1060 所设置的 6 s 点动斜坡上升时间正向点动运行,经 6 s 后电动机运行在由 P1058 所设置的 20 Hz 正向点动频率对应的 560 r/min 的转速上。

当放开正向点动按钮 SB4 时,S7-300 PLC 输入继电器 I124.4 失电,其动合触点断开,输出继电器 Q124.3 失电,使 MM440 变频器的数字端口 7 为"OFF",电动机按 P1061 所设置的 6 s 点动斜坡下降时间停车。

e. 电动机反向点动运行。

操作运行情况与正向点动运行类似。

三、注意事项

① PLC 的输出端子只相当于一个触点,不能接电源,否则会烧坏电源。

② PLC 的数字输入/输出变量约定不是唯一的,一旦输入/输出端口的功能和外围设备接线图确定后,PLC 程序设计要与外围设备硬件的连接相对应。

③ 电动机为星形联结。

项目 5.2   PLC-MM4 系列变频器联机实现电动机的模拟信号连续控制

项目引入

PLC 的模拟输出模块可以作为变频器的模拟输入,通过 PLC 和变频器的联机可以控制电动机的变频运行。

项目内容

利用 S7-300 PLC 的正确编程和 MM440 变频器参数的正确设置,实现如下控制要求:

控制系统不但能够控制电动机的正反转、停止,而且能够平滑无级地调节电动机的转速大小。

项目目的

一、能够进行 PLC 与变频器的正确接线。

二、能够根据要求设置 MM440 变频器有关参数。

三、能够正确进行系统调试。

相关知识

一、PLC 与变频器接线图

通过 S7-300 PLC 和 MM440 变频器联机,按控制要求完成对电动机的控制。S7-300 PLC 与 MM440 变频器的接线图如图 5-5 所示。

二、PLC 的变量约定

1. 数字输入

I124.1——电动机正转,SB1 为正转按钮;

I124.2——电动机停止,SB2 为停止按钮;

I124.3——电动机反转,SB3 为反转按钮。

2. 数字输出

Q125.1——电动机正转/停止,至 MM440 变频器的端口 5;

Q125.2——电动机反转/停止,至 MM440 变频器的端口 6。

3. 模拟输入端

PIW256——PLC 模拟量输入地址,对应模拟量输入端口 2、3。

4. 模拟输出端

PQW256——PLC 模拟量输出地址,对应模拟量输出端口 14、15。

三、PLC 程序设计

按照电动机的控制要求及对 MM440 变频器输入端口、S7-300 PLC 输入/输出端口所做的变量约定,PLC 程序应实现下列控制:

① 当按下正转按钮 SB1 时,电动机允许正转,调节电位器 R_P,可平滑无级地调节电动机正转转速的大小。

当按下停车按钮 SB2 时,电动机停车。

② 当按下反转按钮 SB3 时,电动机允许反转,调节电位器 R_P,可平滑无级地调节电动机反转转速的大小。

当按下停车按钮 SB2 时,电动机停车。

S7-300 PLC 和 MM440 变频器联机实现模拟信号操作控制梯形图程序,如图 5-6 所示。将梯形图程序下载到 PLC 中。

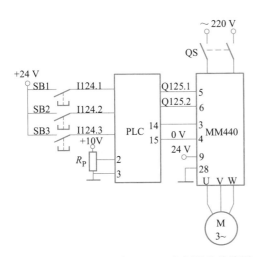

图 5-5　S7-300 PLC 和 MM440 变频器的接线图

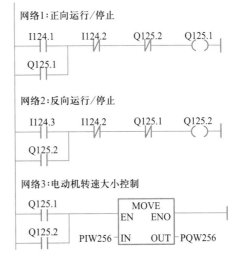

图 5-6　S7-300 PLC 和 MM440 变频器联机实现模拟信号操作控制梯形图程序

四、变频器的参数设置

变频器的参数设置如表 5-2 所示。

表 5-2　变频器的参数设置表

参　　　数	工厂默认值	设　置　值	说　　　明
P0003	1	1	设置用户访问级为标准级
P0004	0	7	命令,二进制 I/O
P0700	2	2	由端子排输入
P0003	1	2	设用户访问级为扩展级
P0004	0	7	命令,二进制 I/O
* P0701	1	1	ON/OFF1
* P0702	1	2	ON/OFF1
P0003	1	1	设置用户访问级为标准级
P0004	0	10	设定值通道和斜坡函数发生器
P1000	2	2	频率设定值选择为"模拟输入"
P1080	0	0	电动机运行最低频率(Hz)
P1082	50	50	电动机运行最高频率(Hz)
* P1120	10	5	斜坡上升时间(s)
* P1121	10	5	斜坡下降时间(s)

注:标" * "的参数可根据用户实际要求进行设置。

项目实施

一、设备、工具和材料

MM440 变频器,S7-300 PLC,三相交流电动机,直流 24 V 电源,接触器,低压断路器,电工工具,万用表,按钮,导线。

二、技能训练

1. 将 PLC、变频器、电动机正确接线

2. 操作步骤

① 进行正确的电路接线后,合上变频器电源低压断路器。

② 恢复变频器工厂默认值。按下 P 键,变频器开始复位到工厂默认值。

③ 设置电动机参数,然后设 P0010 = 0,变频器当前处于准备状态,可正常运行。

④ 设置变频器参数。

⑤ S7-300 PLC 和 MM440 变频器联机实现模拟信号操作控制。

a. 电动机正向运行。

当按下正转按钮 SB1 时,PLC 输入继电器 I124.1 得电,其动断触点闭合。输出继电器 Q125.1 得电,一方面使 MM440 变频器的端口 5 为"ON",允许电动机正转;另一方面 Q125.1 的动合触点闭合,赋值指令 MOVE 将在输入端 IN 的特定地址 PIW256 中的内容复制到输出端 OUT

上的特定地址 PQW256 中。即将 PIW256 地址中模拟输入端口 2、3 可调的电压信号复制到由 PQW256 地址所对应的模拟输出端口 14、15 中,再输入 MM440 变频器的模拟输入端口 3、4 中,从而通过调节 R_P 来调节电动机正向转速的大小。

b. 电动机反向运行。

操作运行情况与正向运行类似。

可见,转速的方向是由 MM440 变频器的数字输入端口 5、6 对应的参数 P0701 和 P0702 设置值来决定的,转速的大小是由电位器 R_P 所控制的模拟输入信号大小来决定的。

c. 电动机停车。

有两种方法可以使电动机停车:一种方法是调节电位器 R_P,使其可调输出端电压为 0,电动机正向(或反向)停车;另一种方法是按下停止按钮 SB2,S7–300 PLC 输入继电器 I124.2 得电,其动断触点断开,使输出继电器 Q125.1 和 Q125.2 同时失电,MM440 变频器的数字输入端口 5 和 6 均为"OFF",电动机停止运行。

三、注意事项

① 注意的问题。S7–300 PLC 的模拟和数字输入/输出端口变量约定不是唯一的,MM440 变频器模拟和数字输入端口变量约定也不是唯一的,所以实现同样的电动机控制过程可有不同的软、硬件设计方案,读者可灵活掌握。

② 电动机为星形联结。

项目 5.3　　PLC–MM4 系列变频器联机实现电动机的多段速运行控制

项目引入

某型号精密车床,其主轴转速共分 7 挡。通过前面的学习,可知变频器的调速可以连续进行,也可分段进行。很显然,此生产机械只需分段调速即可。那么变频器的分段频率给定可以通过 PLC 结合变频器的多挡转速功能来实现,即可以采用程序控制来实现电动机的多段速运行控制。

项目内容

微课

PLC–MM4系列变频器联机实现电动机的多段速运行控制

利用 S7–300 PLC 的正确编程和 MM440 变频器参数的正确设置,实现如下控制要求:

一、S7–300 PLC 和 MM440 变频器联机实现 3 段速固定频率控制。

按下电动机运行按钮,电动机起动并运行在 10 Hz 频率所对应的 280 r/min 转速上;延时 10 s 后电动机升速,运行在 25 Hz 频率所对应的 700 r/min 转速上;再延时 10 s 后电动机继续升速,运行在 50 Hz 频率所对应的 1 400 r/min 转速上;按下停车按钮,电动机停止运行。

二、S7–300 PLC 和 MM440 变频器联机实现 7 段速固定频率控制。

按下电动机运行按钮,电动机起动运行在 10 Hz 频率所对应的 280 r/min 转速上。延时 10 s 后,电动机升速运行在 20 Hz 频率所对应的 560 r/min 转速上,再延时 10 s 后电动机继续升速运行在 50 Hz 频率对应的 1 400 r/min 转速上。再延时 10 s 后电动机降速到 30 Hz 频率所对应的 840 r/min 转速上。再延时 10 s 后电动机正向减速到 0 并反向加速运行在 −10 Hz 所对应的 −280 r/min 转速上。再延时 10 s 后电动机继续反向加速运行在 −20 Hz 频率对应的 −560 r/min 转速上，再延时 10 s，电动机进一步反向加速到 −50 Hz 频率所对应的 −1 400 r/min 转速上。按下停止按钮，电动机停止运行。

项目目的

一、能够进行 PLC 与变频器的正确接线。

二、掌握实现多段速调速的方法。

三、能够根据要求设置 MM440 变频器有关参数。

四、能够正确进行系统调试。

相关知识

一、3 段速固定频率控制

1. 3 段速固定频率控制曲线

控制曲线如图 5-7 所示。

2. PLC 与变频器接线图

通过 S7-300 PLC 和 MM440 变频器联机，按控制要求完成对电动机的控制。S7-300 PLC 与 MM440 变频器的接线图如图 5-8 所示。

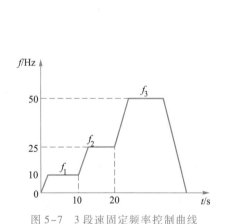

图 5-7　3 段速固定频率控制曲线

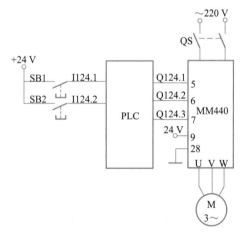

图 5-8　S7-300 PLC 和 MM440 变频器的接线图

3. PLC 的变量约定

（1）数字输入

I124.1——电动机运行，SB1 为电动机运行按钮；

I124.2——电动机停止，SB2 为电动机停止按钮。

（2）数字输出

Q124.1——固定频率设置，至 MM440 变频器的端口 5；

Q124.2——固定频率设置，至 MM440 变频器的端口 6；

Q124.3——电动机运行/停止控制,至 MM440 变频器的端口 7。

4. PLC 程序设计

按照电动机控制要求及对 MM440 变频器数字输入端口、S7-300 PLC 数字输入/输出端口所做的变量约定,S7-300 PLC 和 MM440 变频器联机实现 3 段速固定频率控制梯形图程序,如图 5-9 所示。将梯形图程序下载到 S7-300 PLC 中。

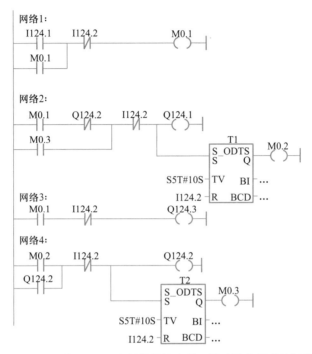

图 5-9　S7-300 PLC 和 MM440 变频器联机实现 3 段速固定频率控制梯形图程序

5. MM440 变频器数字输入变量约定

MM440 变频器数字输入端口 5、6 通过 P0701、P0702 参数设为 3 段速固定频率控制端,每一频段的频率可分别由 P1001、P1002 和 P1003 参数设置。变频器数字输入端口 7 设为电动机运行、停止控制端,可由 P0703 参数设置。

3 段速固定频率控制状态如表 5-3 所示。

表 5-3　3 段速固定频率控制状态表

固定频率	Q124.2 端口 6	Q124.1 端口 5	对应频率所设置参数	频率/Hz	转速/(r·min⁻¹)
1	0	1	P1001	10	280
2	1	0	P1002	25	700
3	1	1	P1003	50	1 400
OFF	0	0		0	0

6. 变频器的参数设置

变频器的参数设置如表 5-4 所示。

表 5-4　变频器的参数设置表

参　　数	工厂默认值	设　置　值	说　　　明
P0003	1	1	设置用户访问级为标准级
P0004	0	7	命令,二进制 I/O
P0700	2	2	由端子排输入
P0003	1	2	设用户访问级为扩展级
P0004	0	7	命令,二进制 I/O
*P0701	1	17	选择固定频率
*P0702	1	17	选择固定频率
*P0703	1	1	ON/OFF
P0003	1	1	设置用户访问级为标准级
P0004	0	10	设定值通道和斜坡函数发生器
P1000	2	3	选择固定频率设定值
P0003	1	2	设置用户访问级为扩展级
P0004	0	10	设定值通道和斜坡函数发生器
*P1001	0	10	设置固定频率 1(Hz)
*P1002	5	25	设置固定频率 2(Hz)
*P1003	10	50	设置固定频率 3(Hz)

注:标" * "的参数可根据用户实际要求进行设置。

二、7 段速固定频率控制

1. 7 段速固定频率控制曲线

7 段速固定频率控制曲线如图 5-10 所示。

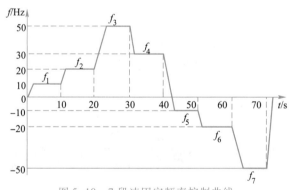

图 5-10　7 段速固定频率控制曲线

2. PLC 与变频器接线图

通过 S7-300 PLC 和 MM440 变频器联机,按控制要求完成对电动机的控制。S7-300 PLC 与 MM440 变频器的接线图如图 5-11 所示。

3. PLC 的变量约定

(1) 数字输入

I124.1——电动机运行,SB1 为电动机运行按钮;

I124.2——电动机停止,SB2 为电动机停止按钮。

（2）数字输出

Q124.1——固定频率设置,至 MM440 变频器的端口 5；

Q124.2——固定频率设置,至 MM440 变频器的端口 6；

Q124.3——固定频率设置,至 MM440 变频器的端口 7；

Q124.4——电动机运行/停止控制,至 MM440 变频器的端口 8。

4. PLC 程序设计

按照电动机控制要求及对 MM440 变频器数字输入端口、S7–300 PLC 数字输入/输出端口所做的变量

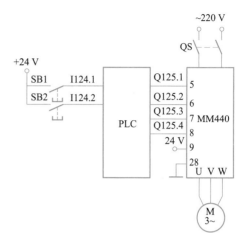

图 5–11 S7–300 PLC 和 MM440
变频器的接线图

约定,编制好 7 段固定频率控制梯形图程序并下载到 PLC 中。

5. MM440 变频器数字输入变量约定

MM440 变频器数字输入端口 5、6、7 通过 P0701、P0702、P0703 参数设为 7 段速固定频率控制端,每一频段的频率可分别由 P1001、P1002、P1003、P1004、P1005、P1006、P1007 参数设置。变频器数字输入端口 8 设为电动机运行、停止控制端,可由 P0704 参数设置。

7 段速固定频率控制状态读者可自行分析。

6. 变频器的参数设置

读者可参照 3 段速固定频率进行相关参数设置。

项目实施

一、设备、工具和材料

MM440 变频器,S7–300 PLC,三相交流电动机,直流 24 V 电源,接触器,低压断路器,电工工具,万用表,按钮,导线。

二、技能训练

1. 将 PLC、变频器、电动机正确接线

2. 操作步骤

① 进行正确的电路接线后,合上变频器电源低压断路器。

② 恢复变频器工厂默认值。按下 P 键,变频器开始复位到工厂默认值。

③ 设置电动机参数,然后设 P0010＝0,变频器当前处于准备状态,可正常运行。

④ 设置变频器参数。

⑤ S7–300 PLC 和 MM440 变频器联机实现 3 段速固定频率控制。

a. 当按下正转起动按钮 SB1 时,S7–300 PLC 数字输出端 Q124.3 为 **1**,MM440 变频器端口 7 为"ON",允许电动机运行。同时 Q124.1 为 **1**,Q124.2 为 **0**,MM440 变频器端口 5 为"ON",端口 6 为"OFF",电动机运行在第 1 固定频段。延时 10 s 后,S7–300 PLC 输出端 Q124.1 为 **0**,Q124.2 为 **1**,

MM40 变频器端口 5 为"OFF",端口 6 为"ON",电动机运行在第 2 固定频段。再延时 10 s,S7-300
PLC 输出端 Q124.1 为 **1**,Q124.2 也为 **1**,MM440 变频器端口 5 为"ON",端口 6 也为"ON",电动机运
行在第 3 固定频段。

b. 当按下停止按钮 SB2 时,S7-300 PLC 输出端 Q124.3 为 **0**,MM440 变频器数字输入 7 端
口为"OFF",电动机停止运行。

⑥ S7-300 PLC 和 MM440 变频器联机实现 7 段速固定频率控制。

操作运行情况与 3 段速固定频率类似,这里不再重复。

三、注意事项

① S7-300 PLC 的输入/输出端口变量约定不是唯一的,MM440 变频器输入端口变量约定也
不是唯一的,所以实现同样的电动机控制过程可有不同的设计方案,用户可灵活掌握。

② 电动机为星形联结。

项目 5.4　PLC-MM4 系列变频器通过 USS 通信协议
实现电动机变频控制

项目引入

USS 是西门子专为驱动装置开发的通信协议,多年来经历了一个不断发展完善的过程。最
初 USS 用于对驱动装置进行参数化操作,即更多地面向参数设置。在驱动装置和操作面板、调试
软件的连接中得到了广泛的应用。近年来 USS 因其协议简单、硬件要求较低,也越来越多地用于
和控制器(如 PLC)的通信,实现一般的通信控制。

项目内容

S7-200 PLC 与 MM420 变频器通过 USS 通信实现电动机起停、正反转及变速运行控制,控制
要求如下:

一、MM420 变频器不需要外端子接线,仅通过 RS-485 电缆与 S7-200 PLC 连接。

二、通过 PLC 的正确编程、变频器参数的正确设置,实现电动机的正反向运行及变速控制。

项目目的

一、熟悉 PLC 与变频器间的通信连接方法。

二、熟悉 PLC 与变频器相连接的触点与接口。

三、了解西门子通用变频器的通信协议:USS 协议。

相关知识

使用 USS 通信协议,用户可以通过程序调用的方式实现 S7-200 PLC 和 MicroMaster(MM)系列
变频器之间的通信,编程的工作量小,通信网络由 PLC 和变频器内置的 RS-485 通信口和双绞线组
成,一台 S7-200 PLC 最多可以和 31 台变频器进行通信,这是一种费用低、使用方便的通信方式。

一、USS 通信协议简介

USS 通信协议的功能:所有的西门子变频器都带有一个 RS-485 通信口,PLC 作为主站,最多允许 31 个变频器作为通信链路中的从站,根据各变频器的地址或者采用广播方式,可以访问需要通信的变频器,只有主站才能发出通信请求报文,报文中的地址字符指定要传输数据的从站,从站只有在接到主站的请求报文后才可以向从站发送数据,从站之间不能直接进行数据交换。在使用 USS 通信协议之前,需要先安装西门子的指令库。USS 通信协议指令在 STEP7-MICRO/WIN32 指令树的库文件夹中,STEP7-Micro/WIN32 指令库提供 14 个子程序、3 个中断程序和 8 条指令来支持 USS 通信协议。调用一条指令时,将会自动地增加一个或几个子程序。

变频器的通信与 CPU 的扫描是异步的,完成一次变频器的通信通常需要几个 CPU 的扫描周期,通信时间和链路上变频器的台数、波特率和扫描周期有关。

二、S7-200 PLC 的 USS 指令库

S7-200 PLC 的 USS 指令库最初是针对 MicroMaster 3(MM3)系列产品的,经过一段时间的发展,现在已经能够完全支持 MM3 系列和 MicroMaster 4(MM4)系列产品,以及 SINAMICS G110 系列产品。目前此 USS 指令库还能对 MasterDrive 等产品提供有限的支持,这些产品包括 6SE70/6RA70 等。使用 USS 通信协议的步骤:

① 安装指令库后在 STEP7-Micro/WIN32 指令树/指令/库文件夹中将出现 8 条指令,用它们来控制变频器的运行和变频器参数的读写操作,这些子程序是西门子公司开发的,用户不需要关注这些指令的内部结构,只需要在程序中调用即可。

② 需要说明的是,调用 USS_INIT 初始化,改变 USS 的通信参数,只需要调用一次即可;在用户程序中每一个被激活的变频器也只能用一条 USS-DRIVE-CTRL 指令,可以任意使用 USS-RPM-X 或 USS-WPM-X 指令,但是每次只能激活其中的一条指令。

(1)调用 USS 初始化指令

安装完成后的 USS 指令库在 S7-200 PLC 的编程软件 STEP7-Micro/WIN 指令树中的"库"指令分支,如图 5-12 所示。

西门子的标准 USS 通信协议库以浅蓝色图标表示。如果未找到浅蓝色图标的指令库,说明系统中没有安装西门子标准指令库。必须先安装标准指令库。

每个 USS 库应用都要先进行 USS 通信的初始化。使用 USS_INIT 指令初始化 USS 通信功能,如图 5-13 所示。

(2)USS 驱动装置控制功能块

USS_CTRL 指令用于对单个驱动装置进行运行控制。这个功能块利用了 USS 通信协议中的 PZD 数据传输,控制和反馈信号更新较快。

网络上的每一个激活的 USS 驱动装置从站,都要在程序中调用一个独占的 USS_CTRL 指令,而且只能调用一次。需要控制的驱动装置必须在 USS 初始化指令运行时定义为"激活"。

S7-200 PLC 提供的 USS_INIT 和 USS_CTRL 指令的梯形图格式见表 5-5,USS_INIT 指令参数的含义见表 5-6,USS_CTRL 指令参数的含义见表 5-7。

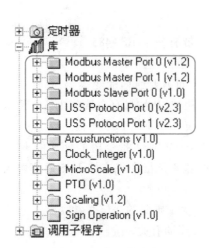

图 5-12　USS 指令库

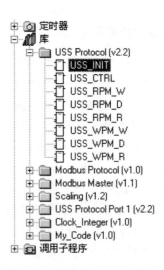

图 5-13　选择 USS_INIT 指令

表 5-5　S7-200 PLC 的 USS_INIT 和 USS_CTRL 指令

	USS 初始化指令	USS 驱动控制指令
梯形图格式	USS_INIT EN USS　DONE BAUD　ERR ACTIVE	DRV_CTRL EN　RSP_R RUN　ERR OFF2　STATUS OFF3　SPEED F_ACK RUN_EN DIR　DIR_CW DRIVE INHIBIT SPD_SP FAULT

表 5-6　USS_INIT 指令参数的含义

EN	使能输入端
USS	选择通信协议：USS = 1，激活 USS 通信协议；USS = 0，禁止 USS 通信协议
BAUD	设置波特率(bps)：1 200,2 400,4 800,9 600 或 19 200
ACTIVE	指出与之通信的变频器的站地址。该参数为一个双字，$D_0 \sim D_{31}$ 的每一位对应一个站，该位为 1 时的数值即该站的 ACTIVE 值。如 0 号站的 ACTIVE = 1,3 号站的 AC-TIVE = 8,5 号站的 ACTIVE = 32
DONE	当 USS 初始化指令执行完毕，该参数被置为 1
ERR	错误返回代码，该参数为一个字节

表 5-7　USS_CTRL 指令参数的含义

EN	使能输入端
RUN	RUN = 1,启动；RUN = 0,关闭
OFF2	该参数对应自由停车
OFF3	该参数对应快速停车
F_ACK	错误应答位，当该参数从 0 变为 1 时，变频器清除错误
DIR	运行方向位：DIR = 1,顺时针旋转；DIR = 0,逆时针旋转

续表

DRIVE	指出与之通信的变频器的站地址,该参数有效值为 0 ~ 31
SPD_SP	调速设置(-200% ~ +200%),该参数为一个百分数
RSP_R	刷新位
ERR	错误返回代码,该参数为一个字节
STATUS	变频器返回的状态字的原始值
SPEED	速度值(-200% ~ +200%)
RUN_EN	指出变频器运行或停止状态:RUN_EN = 1,运行;RUN_EN = 0,停止
DIR_CW	运行方向:DIR_CW = 1,顺时针旋转;DIR_CW = 0,逆时针旋转
INHIBIT	指出变频器阻止位的状态:INHIBIT = 1,阻止;INHIBIT = 0,未阻止
FAULT	指出错误位的状态:FAULT = 0,无错误;FAULT = 1,有错误

三、分配库存储区地址

USS 指令库需要大概 400 个字节的 V 存储区用于支持其工作。调用 USS_INIT 指令后就可以为 USS 指令库分配库存储区,也可以在编程的稍后阶段分配存储区地址,但这一步是必不可少的,否则程序无法通过编译。

根据 S7-200 PLC 中的数据存储区分配原则,分配给库指令的数据区绝对不能与其他程序使用的数据区有任何重叠,否则会造成出错。

四、MM420 变频器地址映射

USS_CTRL 指令中 DRIVE 地址必须与变频器参数 P2011 中设定的 USS 站地址对应,USS_INIT 指令中 ACTIVE 参数用来表示网络上哪些 USS 从站要被主站访问,即在主站的轮询表中激活。USS_INIT 指令用一个 32 位长的双字来映射 USS 从站有效地址表,MM420 变频器的从站地址映射见表 5-8。

表 5-8　MM420 变频器的从站地址映射

位号	MSB31	30	29	28	...	03	02	01	LSB00
对应从站地址	31	30	29	28	...	3	2	1	0
从站激活标志	0	0	0	0	...	1	0	0	0
取十六进制无符号整数值	0				...	8			
Active =	16#00000008								

在表 5-8 的例子中,将使用站地址为 3 的 MM420 变频器,则需在位号为 03 的位单元格中填入二进制"1"。其他不需要激活的地址对应的位设置为"0"。取整数,计算出的 ACTIVE 值为 00000008 h,即 16#00000008,也等于十进制数 8。建议使用十六进制数,这样可以每 4 位一组进行加权计算出十六进制数,并组合成一个整数。

项目实施

一、设备、工具和材料

MM420 变频器,S7-200 PLC,通信适配器,通信电缆,三相交流电动机,直流 24 V 电源,接触器,低压断路器,接线端子,电工工具,万用表,按钮,导线。

二、技能训练

1. 接线

S7-200 PLC 和 MM420 变频器的接线图如图 5-14 所示。使用一根标准的 RS-485 电缆接在 S7-200 PLC 的 CPU 的 COM0 通信口上,电缆另一端是无插头的,对应的三根线分别接到变频器的端口 PE、14、15 上。

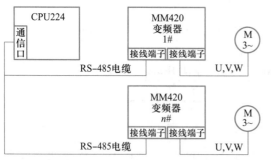

图 5-14   S7-200 PLC 和 MM420 变频器的接线图

S7-200 PLC 的 CPU 最多可以接 31 个变频器,每个变频器要有唯一的站地址,通过变频器的参数进行设置。

2. 操作步骤

（1）正确连接电路

（2）参数组态及编程

S7-200 PLC 应用 USS 通信协议与变频器通信时,首先要对变频器的参数进行设置。其次,为 USS 指令分配 400 字节的存储空间,用户需给出 USS 内部空间的起始地址。最后,编写程序通过变频器控制电动机的运行。

① 设置变频器参数。

通过变频器基本操作面板(BOP)设置变频器参数见表 5-9,其中波特率设置值与波特率对应关系见表 5-10。

表 5-9   变频器的参数设置

参数	设置值	说　　明	参数	设置值	说　　明
P2010	7	将波特率设置为 19 200 bps	P0700	5	对应来自 USS 的控制字
P2011	1	变频器站地址为 1	P1000	5	对应来自 USS 的设定值

表 5-10   波特率设置值与波特率对应关系

波特率设置值	波特率/bps	波特率设置值	波特率/bps
3	1 200	6	9 600
4	2 400	7	19 200
5	4 800		

② 为 USS 指令库分配 V 存储区。

启动 SETP7 编程软件,在用户程序中调用 USS 指令后,单击指令书中的程序块图标,在弹出的菜单中执行"库内存"命令,使用"建议地址"为 USS 指令库使用的 400 字节的 V 存储区。

③ 编写程序。

编写程序并下载到 S7-200 PLC 的 CPU 中,程序如下:变频器驱动控制,当 I0.0 =1 时,起动变频器;当 I0.1 =1 时,为自由停车;当 I0.2 =1 时,为快速停车;I0.3 为故障应答信号;I0.4 控制方向,0 为逆时针转动,1 为顺时针转动;对站号为 1 的变频器进行通信控制;由 MD20 设置控制速度。程序如图 5-15 所示。

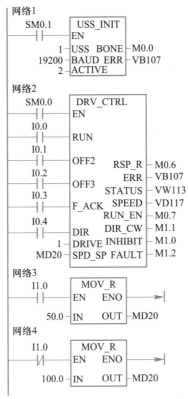

图 5-15　S7-200 PLC 与站号为 1 的变频器通信控制梯形图

项目 5.5　PLC–MM4 系列变频器通过 PROFIBUS 实现电动机变频运行

项目引入

　　PROFIBUS 是不依赖生产厂家的、开放式的现场总线。PROFIBUS 是用于车间级监控和现场层的通信系统。S7-300/400 PLC 可以通过通信处理器或集成在 CPU 上的 PROFIBUS-DP 接口连接到 PROFIBUS-DP 网上,MM420 变频器也可以通过 DP 通信板连接到 PROFIBUS – DP 网上,从而实现 PROFIBUS 通信。PROFIBUS 的物理层是 RS-485 接口,最大传输速率为 12 Mbit/s,最多可以与 127 个节点进行数据交换。PROFIBUS 通信示意图如图 5-16 所示。

微课
PLC-MM4系列变频器通过PROFIBUS实现电动机变频运行

图 5-16　PROFIBUS 通信示意图

项目内容

利用 STEP7 编程软件对现场总线设备进行硬件组态,配置 S7-300 PLC 和 MM420 变频器间 PPO3 格式 PROFIBUS 通信,通过 PROFIBUS 实现对 MM420 变频器的起停控制及运行频率设置。

项目目的

一、熟悉利用 STEP7 编程软件进行 S7-300 PLC 项目管理。

二、熟悉 MM420 变频器 PROFIBUS 通信的参数设置。

三、了解 S7-300 PLC 和 MM420 变频器间 PPO 类型 3 格式 PROFIBUS 通信协议。

四、了解 S7-300 PLC 与 MM420 变频器 PROFIBUS 通信的 S7 控制程序的编写。

相关知识

一、STEP 7 项目创建

在 SIMATIC 管理器管理 STEP 7 项目,如图 5-17 所示。在 SIMATIC S7 系列 PLC 中,所有自动化过程的硬件和软件要求在项目中管理,项目包括必需的硬件（+组态）、网络（+组态）,以及所有程序和自动化解决方案的数据管理。

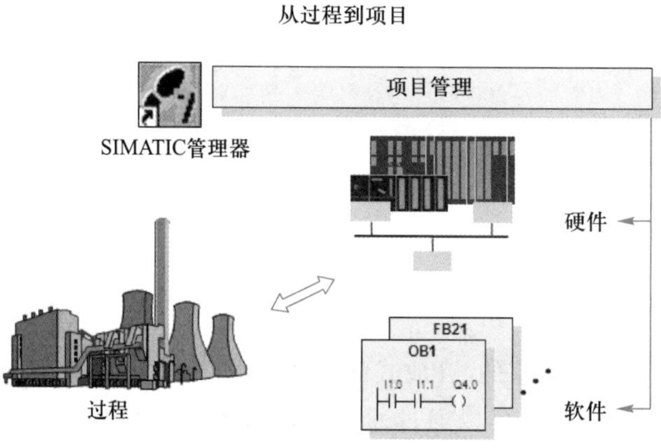

图 5-17　STEP 7 项目

1. 用新项目向导创建项目

双击桌面上的 SIMATIC Manager 图标,打开 SIMATIC Manager 窗口,弹出标题为"STEP 7 Wizard:New Project"（新项目向导）的小窗口,过程如图 5-18 所示。

● 单击 Next 按钮,在下一对话框中选择 CPU 模块的型号,设置 CPU 在 MPI 网络中的站地址（默认值为 2）。CPU 的型号与订货号应与实际硬件相同。

● 单击 Next 按钮,在下一对话框中选择需要生成的组织块,默认的只生成作为主程序的组织块 OB1。还可以选择块使用的编程语言。

● 单击 Next 按钮,可以在"Project name"文本框修改默认的项目的名称,单击 Finish 按钮,开始创建项目。

2. 直接创建项目

在 SIMATIC 管理器中执行菜单命令"File→New…"或者右击新项目图标,将出现如图 5-19

所示的新建项目对话框,在该对话框中分别输入"新项目名称""项目存储路径"等内容,并单击
"OK"按钮确定,完成一个新项目的创建。

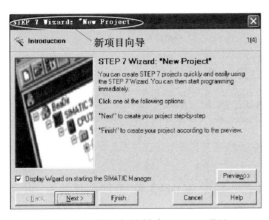

图 5–18　利用向导创建 STEP 7 项目

图 5–19　新建项目对话框

用鼠标右击项目管理器中的新项目图标,用
弹出的快捷菜单中的命令插入一个新的 S7–300
站,按图 5–20 所示操作插入 S7–300 站点。

二、MM420 变频器 PROFIBUS 通信的报文说明

用于进行周期性数据交换的用户数据结构称
为参数过程数据对象(Parameter Process data Ob-
ject,PPO)。对于 MM420 变频器允许使用 PPO 类
型 1 或 PPO 类型 3。PPO 类型 3 允许进行简单的数
据交换编程。PPO 类型 3 将控制字从 SIMATIC CPU
发送至 MM420 变频器,同时也可发送主设定值。在

图 5–20　新项目中插入 S7–300 站点

响应报文中,MM420 变频器返回状态字和主实际值,除速度设定值外,其他参数都不允许修改。改变
所有参数只适用于 PPO 类型 1。PPO 类型 3 报文通信示意图如图 5–21 所示。

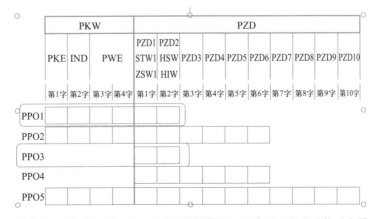

图 5–21　S7–300 PLC 与 MM420 变频器的 PPO 类型 3 报文通信示意图

用于控制驱动设备(ON/OFF、电动机转向)的控制字由 16 位二元信号组成。在参数分配中,使用指令"T QD 56"将这些信号传送至 MM420 变频器,PLC 的 CPU 与 MM420 变频器间数据传送关系如图 5-22 所示,控制字结构如图 5-23 所示。

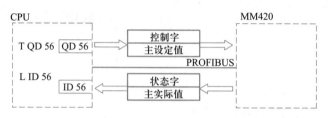

图 5-22　PLC 的 CPU 与 MM420 变频器间数据传送关系

ON/OFF1:起动时,必须有一个边沿变化,并且不能激活 OFF2 和 OFF3。停止时,电动机沿加速传感器的减速曲线逐步制动。然后,关闭变频器。

	Bit	功能
QB57	0	ON/OFF 1
	1	OFF 2
	2	OFF 3
	3	脉冲使能
	4	RFG使能
	5	RFG开始
	6	设定值使能
	7	故障确认
QB56	8	点动向右
	9	点动向左
	10	PLC控制
	11	反向(设定值取反)
	12	- - - -
	13	电动机电位计(MOP)增大
	14	电动机电位计(MOP)减小
	15	CDS bit 0

图 5-23　控制字结构

	Bit	功能
IB57	0	驱动就绪
	1	驱动就绪,等待运行
	2	驱动正在运行
	3	驱动故障
	4	OFF2激活
	5	OFF3激活
	6	激活禁止合闸状态
	7	驱动警告激活
IB56	8	设定值/实际值偏差
	9	PZD控制
	10	达到最大频率
	11	电动机最大电流警告
	12	电动机保持制动激活
	13	电动机过载
	14	电动机顺时针运行
	15	变频器过载

图 5-24　状态字结构

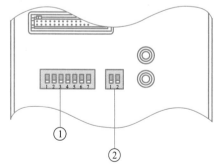

图 5-25　MM420 变频器的 DIP 开关

注:① PROFIBUS 地址开关(DIP 开关),
DIP 开关设定优先于 P0918;
②(仅西门子内部使用)

OFF2:电动机不经制动(逐步减速至停止)就直接停转,变频器立即关闭,该位 0 有效。

OFF3:电动机沿着输出信号的后沿制动。变频器保持运行,该位 0 有效。

MM420 变频器反馈的状态字结构如图 5-24 所示。

三、MM420 变频器的 PROFIBUS 地址

MM420 变频器有两种 PROFIBUS 总线地址的设置方法:借助通信模块的 7 个 DIP 开关(如图 5-25 所示)或借助 P0918。

PROFIBUS 地址能够设置从 1 到 125,如表 5-11 所示。

表 5-11　MM420 PROFIBUS 地址设置

DIP 开关编号	1	2	3	4	5	6	7
开关代表的地址数字	1	2	4	8	16	32	64
例1:地址=3=1+2	ON	ON	OFF	OFF	OFF	OFF	OFF
例2:地址=88=8+16+64	OFF	OFF	OFF	ON	ON	OFF	ON
地址	含义						
0	PROFIBUS 地址由参数 P0918 来决定						
1,…,125	有效的 PROFIBUS 地址						
126,127	无效的 PROFIBUS 地址						

项目实施

一、设备、工具和材料

带 DP 通信板的 MM420 变频器、S7-300 PLC,相关 SM 模块通信电缆、三相交流电动机,直流 24 V 电源,接触器,低压断路器,电工工具,万用表,按钮,导线。

二、技能训练

1. 按电路图接线

接线示意图如图 5-26 所示。使用标准的 PROFIBUS 电缆接在 S7-300 PLC 的 CPU 的 DP 通信口,电缆的另一头接在 MM420 变频器的 DP 通信板上。

图 5-26　接线示意图

2. 操作步骤

① 硬件组态

硬件组态的任务就是在 STEP 7 项目中生成一个与实际的硬件系统完全相同的系统,例如要生成网络、网络中各个站的导轨和模块,以及设置各硬件组成部分的参数,即给参数赋值。

● 在 SIMATIC 项目管理器左边的浏览树中选择"SIMATIC 300 Station"对象,双击右边窗口中的"Hardware"图标,打开"HW Config"窗口。

● 在"HW Config"窗口的左部硬件目录中打开"SIMATIC 300"→"RACK 300"→"Rail",用鼠标左键将"Rail"拖放到右上部的硬件组态窗口(硬件目录窗口可以用菜单命令"View"→"Catalog"打开或关闭)。

● 在硬件目录中打开"SIMATIC 300"→"PS-300"→"PS 307 5A",订货号为 6ES7 307-1EA00-0AA0,将其用鼠标左键拖放到右上部"Rail"中的 1 号槽。

● 在硬件目录中打开"SIMATIC 300"→"CPU-300"→"CPU 315F-2PN/DP",订货号为 6ES7 315-2FJ14-0AB0,将其用鼠标左键拖放到右上部"Rail"中的 2 号槽。在拖放后弹出的网络接口属性设置对话框中选择"Cancle",稍后再进行网络参数设置。

● 在硬件目录中打开"SIMATIC 300"→"SM-300"→"DI/DO-300"→"SM 323 DI16/DO16x24V/0.5A",订货号为 6ES7 323-1BL00-0AA0,将其用鼠标左键拖放到右上部"Rail"中的 4 号槽。

● 在硬件目录中打开"SIMATIC 300"→"SM-300"→"AI/AO-300"→"SM 334 AI4/AO2x8/8bit",订货号为 6ES7 334-0CE01-0AA0,将其用鼠标左键拖放到右上部"Rail"中的 5 号槽。

硬件组态完后的画面如图 5-27 所示。选择工具栏中的"🏛",进行硬件组态的编译并保存。

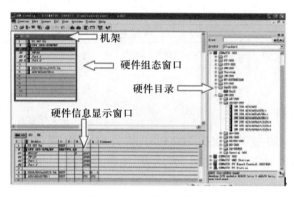

图 5-27　硬件组态窗口

② PROFIBUS-DP 网络组态

● 双击硬件组态窗口中 CPU 的"MPI/DP"项,打开"Properties-MPI/DP"属性设置窗口。

● 在"General"→"Interface→Type"选项卡中选择"PROFIBUS",如图 5-28 所示。在打开的 PROFIBUS 属性设置窗口中单击"New",打开新建 PROFIBUS 网络属性设置窗口。

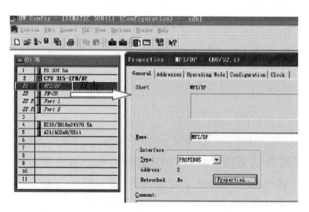

图 5-28　DP 网络属性设置

● 选中"Network Settings"选项卡配置 DP 网络参数,如图 5-29 所示。参数配置完成后,单击"OK"回到硬件组态环境。

● 在硬件目录窗口中,打开"PROFIBUS DP"→"SIMOVERT"→"MICROMASTER4",将 MICROMASTER4 拖放到 PROFIBUS 网络,在弹出的对话框中,将"Address"修改为 3(注:地址设置与 MM420 变频器的 PROFIBUS 硬件地址设置必须一致)。再选中硬件目录中的"🚪 O PKW, 2 PZD (PPO 3)"拖到左侧硬件组态窗口的"MICROMASTER4"中。双击下面的地址栏,修改"PKW/PZD"的 I/O 起始地址均修改为 56。组态后的界面如图 5-30 所示。网络组态好之后选择工具栏中的"🖳",进行硬件组态的编译并保存,之后退出硬件组态环境。

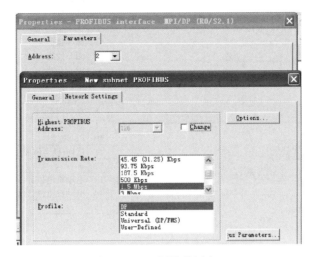

图 5-29　DP 网络设置窗口

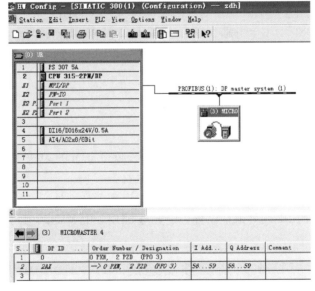

图 5-30　DP 网络组态

③ MM420 变频器参数设置
● 变频器恢复工厂默认值,即 P0010 = 30, P0970 = 1(P0970 = 1,执行后 P0010 = 0,否则手动设置 P0010 = 0)。
● 根据电动机负载快速调试参数(所配电动机不同,参数不同)。
● 设置 P0700 = 6, P1000 = 6。
④ 编写基于 PPO 类型 3 报文格式的 MM420 变频器驱动传送带电动机控制程序
参考程序如图 5-31 所示。

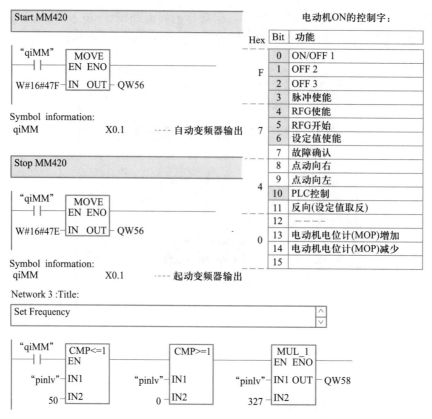

图 5-31　MM420 变频器驱动控制 S7 程序

三、注意事项

① PROFIBUS-DP 开关设置,若要重新设置地址,必须将 MM420 变频器断电后再设置拨码开关,DP 地址改变后需 MM420 变频器重新上电才生效。

② S7-300 PLC 的 CPU 和所带模块不同,硬件组态和 I/O 地址变量约定不唯一。

③ MM420 变频器的 DP 硬件地址设置一定要与 STEP7 中 MM420 变频器的网络配置一致。

项目 5.6　PC-MM4 系列变频器通过 DriveMonitor 软件联机实现电动机变频控制

项目引入

随着变频器功能的强大,变频器的参数也越来越多,几百个甚至上千个参数都很普遍,如果用传统的手动面板输入或 PLC 编程输入就会费时或容易产生错误,而通过 DriveMonitor 软件可以将 PC 和变频器联机,快捷准确地进行计算机参数传送,并且实现电动机起动、停止、变频运行。

项目内容

PC 与 MM420 变频器通过 DriveMonitor 软件实现电动机起停、正反转及变速运行控制,控制要求如下:

一、MM420 变频器不需要外端子接线,仅通过 RS-485 电缆与 PC 连接。

二、通过 DriveMonitor 软件的正确使用、变频器参数的正确设置,实现 PC 与站地址为 2 的变频器通信,控制电动机的正反向运行及变速。

项目目的

一、熟悉 PC 与变频器间的连接方法。

二、熟悉 DriveMonitor 软件的使用。

三、正确进行变频器参数的设置。

相关知识

一、DriveMonitor 软件简介

DriveMonitor 软件是实现对西门子传动设备现场调试的一个工具软件,具有参数设定、参数备份和刷新、参数比较、故障分析和跟踪记录等功能。

DriveMonitor 软件的适用对象包括 MM4 系列、MasterDrives(6SE70 系列)、SIMOVERT 等变频器。它的操作模式分为在线和离线两种,可以直接在线修改参数(立即有效),也可离线完成。参数的形式有:所有参数表、自由参数列表和图形参数(包括基本参数和工艺参数)。

二、DriveMonitor 软件的获得和安装

DriveMonitor 软件常用的版本是:V5.3.2.0 即 V5.3+SP2,可以通过 SIEMENS 网站下载或在设备随机资料光盘中获得。

三、PC 与 MM4 系列变频器的通信

DriveMonitor 软件基于 USS 串口通信协议可以有两种接口:RS-232 和 RS-485,能够实现与传动装置之间的在线连接,完成参数设定等现场调试功能。

1. 通过 RS-232 接口连接

通过 RS-232 接口连接 MM4 系列变频器,需要选用 BOP 接口选件模块(订货号为:SE6400-1PC00-0AA0),RS-232 的设计适用于相距不远的设备之间通信,设备之间的 TX 线和 RX 互连。典型的电压等级是±12V。参数设置如下:

P0003=3(专家级)

P2009.1=1(使能 USS 串行通信)

P2010.1=6(设置通信波特率, 9600 bps)

P2011.1=0(设置 USS 地址)

P2012.1=2(USS 协议的 PZD 长度)

P2013.1=127(USS 协议的 PKW 长度)

2. 通过 RS-485 接口连接

RS-485 的通信适用范围大, 可用于多台设备之间通信,较高的抗噪功能,通信距离可达

1 000 m,采用差分电压,在 0~5V 之间切换。

如图 5-32 所示,RS-485 硬件接线需要采用 RS-232/RS-485 转换适配器才能与变频器进行连接,具体为:连接端口 14、15(MM420),19、20(MM440)。

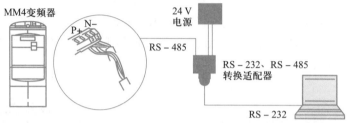

图 5-32 通过 RS-485 接口连接

参数设置如下:

P0003=3(专家级)

P2009.0=1(使能 USS 串行通信)

P2010.0=6(设置通信波特率,9600 bps)

P2011.0=0(设置 USS 地址)

P2012.0=2(USS 协议的 PZD 长度)

P2013.0=127(USS 协议的 PKW 长度)

四、DriveMonitor 软件的使用

(1) 与变频器建立通信

如图 5-33 所示,双击 DriveMonitor 图标,打开 DriveMonior 主界面。提示建立一个新文件,如图 5-34 所示。

图 5-33 DriveMonitor 图标

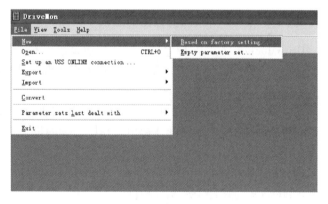

图 5-34 建立新文件

单击"Based on factory setting",会出现如图 5-35、图 5-36 所示窗口。需要正确选择变频器的 Unit type(类型)、Unit version(版本)和 Bus Address(站地址)。选择完成后,保存名为 COM-BIMASTER_tmp 的文件,如图 5-37 所示。

文件保存后,出现名为 COMBIMASTER_tmp 的文件主界面,如图 5-38 所示。在这个界面单击相应的内容可以看到完整的参数列表、自由参数表、通信设置等信息。

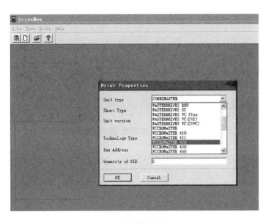

图 5-35　选择变频器的类型（MM420）

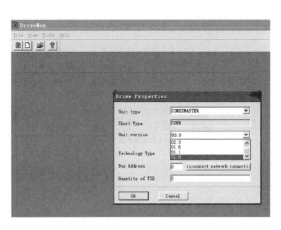

图 5-36　选择版本和站地址

图 5-37　文件保存

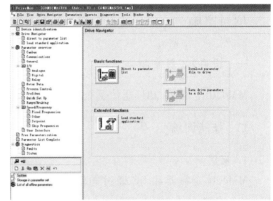

图 5-38　文件主界面

（2）建立在线连接

打开 tools（工具），单击"Online Setting"，选择"USS"通信、"COM1"通信口，波特率设为 9600 bps，如图 5-39 所示。

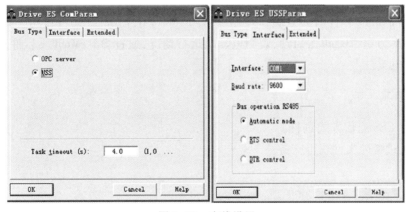

图 5-39　在线设置

单击"Online RAM"或是"Online EEPROM"在线连接。在线成功后，位于页面下部的"Device status"状态标识由如图 5-40 所示的蓝色 ⬤（装置离线进行参数设置）变为绿色 🔲（接线和装置

OK)。通过设定运行速度和给出运行命令,变频器可以实现变频运行。

图 5-40   在线标识

（3）参数的备份和下载

选择 File / Upload(Download)/Basic Device Complete OR Basic Device Change Only,可以进行参数备份或下载。

项目实施

一、设备、工具和材料

MM420 变频器,PC,通信适配器,通信电缆,三相交流电动机,电工工具,万用表,按钮,导线。

二、技能训练

1. 接线

MM420 变频器和 PC 通过通信适配器连接。通信适配器 RS-232 一端连接 PC,另一端通过 RS-485 连接 MM420 变频器。

2. 操作步骤

（1）正确连接电路

（2）参数设置

P0700 = 5,P1000 = 5,P2010 = 6,P2011 = 2。

（3）调试

通过 DriveMonitor 软件写入变频器控制参数:P1080 = 0,P1082 = 50,P1120 = 10,P1121 = 10。设定变频器频率为 30 Hz,单击启动,观测电动机运行情况,通过 DriveMonitor 软件读出变频器输出电压和输出电流。

三、注意事项

① 必须用 USS 通信方式进行。

② 可以通过帮助文件获得支持。

小结

PLC 与变频器联机常用于实际生产的控制过程。PLC 与变频器的连接方法有:利用 PLC 的开关量输出模块控制变频器;利用 PLC 的模拟量输出模块控制变频器;PLC 通过 RS-485 通信接口控制变频器。

　　利用 PLC 与变频器的外端子接线能够实现电动机的正反转、模拟信号连续控制、电动机的多段速运行控制等。

　　西门子变频器和 PLC 之间有两种通信协议：USS 通信协议和 PROFIBUS–DP 通信协议。USS 通信协议因其协议简单、硬件要求较低，能够实现一般水平的通信控制。采用 PROFIBUS 通信最大传输速率为 12 Mbps，最多可以与 127 个节点进行数据交换。同时具备可靠性高、开放性好、抗干扰能力强等优点。

　　通过 DriveMonitor 软件可以将 PC 和变频器联机，快捷准确地进行计算机参数传送，并且实现电动机起动、停止、变频运行。

思考与练习　■■■■■■

　　1. PLC 与变频器的连接方式有哪些？连接时应注意什么问题？

　　2. 有一台升降机，用变频器控制，要求有正反转指示，正转运行频率为 45 Hz，反转运行频率为 25 Hz。试用 PLC 与变频器联合控制，进行接线、设置变频器有关参数、编写 PLC 程序，并进行调试。

　　3. 某传感器输出为 4～20 mA 电流信号，通过输入至 PLC 模拟量模块来控制 MM440 变频器频率给定，要求输出频率范围为 0～50 Hz，设计电路图，设置变频器有关参数，编写 PLC 程序。

　　4. 总结 PLC 与变频器联机实现电动机多段速运行控制的 PLC 程序编制方法，变频器的功能参数的设置内容。

　　5. 有一个传送带应用，用户要求变频器能提供以下功能：

　　(1) PLC 控制单向正转运行；

　　(2) 传送带速度用 PLC 远程给定；

　　(3) 控制台急停开关应能急停生产线传送带。

　　6. PLC 利用 USS 通信协议控制一台变频器的起动/停止、正反转、消除故障、两段设定频率 (30 Hz、45 Hz)；用写指令设定加速时间 (8 s)，减速时间 (8 s)，上限频率 (40 Hz)，下限频率 (0 Hz)，给定频率 (40 Hz)；用读指令查看变频器的实际运行频率，并能对相关的状态进行指示。

　　7. 总结 PLC 与变频器通过 PROFIBUS–DP 协议实现电动机起停控制及运行频率调节的步骤。

　　8. 通过 DriveMonitor 软件如何实现电动机变频运行。

项目6.1　　G120系列变频器的认识

项目引入

西门子G120系列变频器是在MM4系列变频器基础上做了一些改变,采用的是控制单元(control unit,CU)和功率模块(power module,PM)分离的设计,功率最大到250 kW。由于控制单元和功率模块分开,使得同一控制单元可适应不同容量的功率模块,因此可以把它放在办公室做一些调试(设置BICO),而不一定都要在现场调试。同时提供更多的I/O口,使得其功能更强、灵活性更高。G120系列变频器可以用Starter和TIA StartDrive软件调试,不再支持DriverMonitor。

G120系列变频器控制电动机运行时,各种性能和运行方式的实现均需要设定变频器参数,正确地理解并设置这些参数,是应用变频器的基础。

微课
初识G120系列变频器

项目内容

感知G120系列变频器的外形及面板,识读变频器的铭牌及变频器的接线图,进行变频器电动机系统接线,参数设置。

项目目的

一、认识变频器的外形及主电路接线端子。

二、熟悉变频器的操作面板各按键的功能。

三、掌握用操作面板设定变频器参数的操作方法。

相关知识

一、西门子G120系列变频器外形及主电路接线端子

西门子G120系列变频器简称G120变频器,是通用型变频器,是用于控制三相交流电动机速度的变频器。功率模块用来为电动机和控制模块提供电能,实现电能的整流与逆变功能,其铭牌上有额定电压、额定电流等技术数据。功率模块适用于功率范围在0.37 kW~250 kW之间的电动机。控制单元可以控制和监测功率模块和与它相连的电动机,控制单元可以在本地或中央控制变频器。控制单元有很多类型,可以通过不同的现场总线(比如:Modubus-RTU,Profibus-DP,ProfiNet,DeviceNet等)与上层控制器(PLC)进行通信;G120功率模块和控制单元的外观图如图6-1所示。

在功率模块的铭牌处可以查阅名称、技术参数、订货号、版本号等数据。在控制单元的铭牌处可以查阅名称、订货号、版本号等数据。如果控制单元集成了故障安全功能,则会在名称后面加上 F。G120 的功率模块包括 PM230、PM240 和 PM250。功率模块根据其功率的不同,可以分为不同的尺寸类型:编号从 FSA ~ FSF。其中 FS 表示"Frame Size",即"模块尺寸",A ~ F 代表功率的大小(依次递增)。

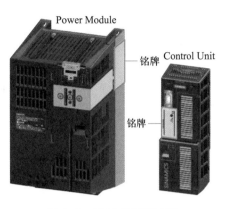

图 6-1　G120 功率模块和
控制单元的外观

1. G120 变频器功率模块的技术规格

在选择使用 G120 变频器时,必须首先了解其技术规格。G120 变频器功率模块 PM240 的技术规格如表 6-1 所示。

表 6-1　功率模块 PM240 的技术规格

特性		技术规格
输入电压		3AC(380 ~ 480)(1±10%) V
输入频率		47 ~ 63 Hz
输出频率 U/f 控制 矢量控制		0 ~ 650 Hz 0 ~ 200 Hz
基波功率因数		0.95
脉冲频率		0.37 ~ 45 kW 轻载(LO):默认 4 kHz,最小 4 kHz,最大 16 kHz 55 ~ 90 kW 轻载(LO):默认 4 kHz,最小 4 kHz,最大 8 kHz 110 ~ 250 kW 轻载(LO):默认 4 kHz,最小 2 kHz,最大 4 kHz
变频器效率		95% ~ 97%
过载能力	轻载(LO)	1.1×额定输出电流(即 110% 过载)57 s,工作周期 300 s 1.5×额定输出电流(即 150% 过载)3 s,工作周期 300 s
	重载(HO)	0.37 ~ 45 kW 1.5×额定输出电流(即 150% 过载)57 s,工作周期 300 s 2×额定输出电流(即 200% 过载)3 s,工作周期 300 s 90 ~ 200 kW 1.36×额定输出电流(即 136% 过载)57 s,工作周期 300 s 1.6×额定输出电流(即 160% 过载)3 s,工作周期 300s
电磁兼容		可选符合 EN55011 标准的 A 级和 B 级滤波器
制动方式		直流制动、复合制动、能耗制动(FSA ~ FSF 尺寸变频器集成制动单元)
防护等级		IP20

特性		技术规格
工作温度	轻载(LO)	FSA ~ FSF 尺寸变频器 0 ~ 40 ℃(32 ~ 104 ℉)不降容,40 ~ 60 ℃(104 ~ 140 ℉)需要降容 FSGX 尺寸变频器 0 ~ 40 ℃(32 ~ 104 ℉)不降容,40 ~ 55 ℃(104 ~ 131 ℉)需要降容
	重载(HO)	FSA ~ FSF 尺寸变频器 0 ~ 50 ℃(32 ~ 122 ℉)不降容,50 ~ 60 ℃(122 ~ 140 ℉)需要降容 FSGX 尺寸变频器 0 ~ 40 ℃(32 ~ 104 ℉)不降容,40 ~ 55 ℃(104 ~ 131 ℉)需要降容
存储温度		−40 ~ +70 ℃(−40 ~ 158 ℉)
相对湿度		<95% RH,无结露
冷却方式		内置风扇强制风冷
保护功能		欠电压、过电压、过载、接地故障、短路、堵转、电动机抱闸保护、电动机过温、变频器过温、参数互锁
符合的标准		UL,CUL,CE,C-tick

2. G120 变频器控制单元的技术规格

G120 变频器控制单元有 CU240B-2、CU240E-2、CU240C、CU240S 等,下面以 CU240E-2 为例介绍其技术规格,如表 6-2 所示。

表 6-2　控制单元 CU240E-2 的技术规格

特性	技术规格
工作电压	由功率模块供电,或由外部 DC24 V 电源(20.4 ~ 28.8 V,0.5 A)通过控制端子 31 和 32 供电;
功耗	5.0 W+输出电压的功耗
输出电压	18 ~ 30 V(最大 200 mA) 10 V±0.5 V(最大 10 mA)
设定值分辨率	0.01 Hz
数字量输入	·6 路隔离的数字量输入 DI0 ~ DI5 ·低电平<5 V,高电平>11 V,最大输入电压为 30 V,电流消耗为 5.5 mA ·信号响应时间:10 ms,无防抖时间(p0724)
脉冲输入	数字量输入 3,最大脉冲频率为 32 kHz
模拟量输入(差分输入,分辨率 12 位)	AI0,AI1:12 位分辨率,差分输入,0 ~ 10 V,0 ~ 20 mA 和−10 ~ +10 V,信号响应时间:13 ms±1 ms; 还可以配置为辅助的数字量输入,低电平<1.6 V,高电平>4.0 V 信号响应时间:13 ms±1 ms,无防抖时间(p0724)

续表

特性	技术规格
数字量输出/继电器输出	·DO0:继电器输出,电阻性负载下 DC30 V/最大 0.5 A; ·DO1:晶体管输出,电阻性负载下 DC30 V/最大 0.5 A; ·DO2:继电器输出,电阻性负载下 DC30 V/最大 0.5 A; 所有 DO 的更新时间:2 ms; 在一些要求 UL 认证的应用中,DO0 和 DO2 上的电压不允许超出 DC30 V(对地电压),而且必须由一个接地的 2 类电源供电
模拟量输出	AO0,AO1:0 ~ 10 V 或 0 ~ 20 mA,参考地:GND,分辨率:16 位,更新时间:4 ms
温度传感器	·PTC:短路监控 22 Ω,动作阈值 1 650 Ω ·KTY84 ·Thermoclick 传感器,具有隔离触点
故障安全数字量输入 (Basic Safety)	·DI4 和 DI5 形成一个故障安全数字量输入 ·最大输入:30 V,5.5 mA ·信号响应时间: 典型:5 ms+防抖时间 p9651(6 ms,当 p9651=0) 最坏情况:15 ms+防抖时间 p9651(16 ms,当 p9651=0)
USB 接口	Mini-B
外形尺寸(宽×高×深)	73 mm×199 mm×46 mm
存储卡	MMC(建议的订货号为 6SL3254-0AM00-0AA0); SD(安全数字存储卡,推荐的订货号为 6ES7954-8LB00-0AA0); SDHC(大容量 SD 卡)不能使用
工作温度	0 ~ +55 ℃(没有插入操作面板); 0 ~ +50 ℃(插入了操作面板)
重量	0.49 kg

3. G120 变频器控制单元上的接口

无须任何工具就可以将控制单元插入功率模块中或将其从中取出。将控制单元上方和下方的小门向右打开后,就可以操作端子排。端子排是弹簧接线端子。以 CU240E-2 为例,控制单元上的接口、连接器、开关、端子排和 LED 如图 6-2 所示。

4. 控制单元 CU240E-2 上的端子排

CU240E-2 的端子排如图 6-3 所示

模拟量输入既可以使用内部 10 V 电源,也可以使用外部电源。模拟量输入可以转换为附加的数字量输入。

图中① 使用内部电源时的接线。此时开关闭合后,数字量输入变为高电平。

② 使用外部电源时的接线。此时开关闭合后,数字量输入变为高电平。

③ 使用内部电源时的接线。此时开关闭合后,数字量输入变为低电平。

④ 使用外部电源时的接线。此时开关闭合后,数字量输入变为低电平。

端子排的功能在基本调试中设置,变频器可以为输入与输出以及现场总线接口提供不同的预定义(p0015 宏命令)。

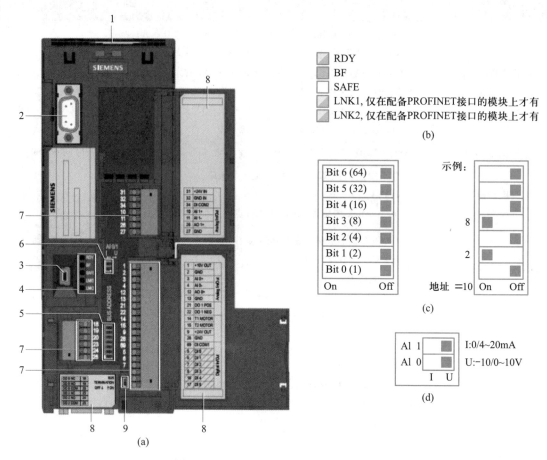

图 6-2　CU240E-2 控制单元上的接口

1—存储卡插槽(MMC 卡或 SD 卡);2—操作面板(IOP 或 BOP-2)接口;3—USB 接口;4—状态 LED;
5—DIP 开关(用于设置现场总线地址);6—模拟量输入的 DIP 开关(用于选择电流或电压);7—端子排;8—端子标识;9—终端电阻
(a) 控制单元;(b) 状态 LED(4);(c) DIP 开关(5);(d) 模拟量输入的 DIP 开关

二、变频器的操作面板功能

　　G120 变频器的操作面板用于调试、诊断和控制变频器,控制单元可以安装两种不同的操作面板:BOP 和 IOP。

　　BOP 是英文"basic operator panel"的缩写,中文翻译为"基本操作面板"。BOP 有一块小的液晶显示屏,用来显示参数、诊断数据等信息。BOP 的下方有"自动/手动""确认/退出"等按键,可以用来设置变频器的参数并进行简单的功能测试。常用的 BOP-2 的外观如图 6-4 所示:

　　IOP 是英文"intelligent operator panel"的缩写,中文翻译为"智能操作面板"。IOP 的显示液晶屏比 BOP 的大,采用文本和图形显示,界面提供参数设置、调试向导、诊断及上传\下载功能,有助于直观地操作和诊断变频器。IOP 可直接卡紧在变频器上或者作为手持单元通过一根电缆和变频器相连,可通过 IOP 上的手动/自动按钮及菜单导航按钮进行功能选择,操作简单方便。常用的 IOP-2 的外观如图 6-5 所示。

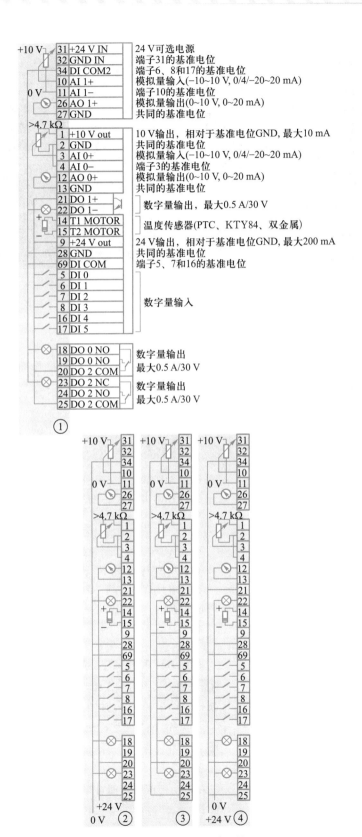

图 6-3　CU240E-2 端子排

图 6-4　BOP-2 的外观

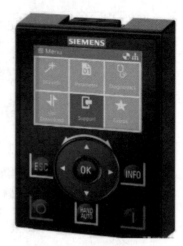
图 6-5　IOP-2 的外观

下面以 BOP-2 为例介绍 G120 变频器的操作板功能。

1. 基本操作面板（BOP-2）各按键的功能

利用基本操作面板（BOP-2）可以改变变频器的各个参数。基本操作面板（BOP-2）上的按键及其功能说明如表 6-3 所示。

表 6-3　基本操作面板（BOP-2）上的按键功能说明

按键	功能	功能的说明
I	起动变频器	· 在"AUTO"模式下,该按键不起作用; · 在"HAND"模式下,标识启动命令
〇	停止变频器	· 在"AUTO"模式下,该按键不起作用; · 在"HAND"模式下,若连续按两次,将"OFF2"停车; · 在"HAND"模式下,若按一次,将"OFF1"即按 P1121 的下降时间停车
HAND AUTO	BOP（HAND）与总线或端子（AUTO）切换按键	· 在"HAND"模式下,按下该键,切换到"AUTO"。 **I** 和 **〇** 按键不起作用。若自动模式的启动命令在,变频器自动切换到"AUTO"模式下的速度给定值; · 在"AUTO"模式下,按下该键,切换到"HAND"。 **I** 和 **〇** 按键将起作用。切换到"HAND"模式时,速度给定值保持不变; 在电动机运行期间可以实现"HAND"和"AUTO"模式的切换

续表

按键	功能	功能的说明
ESC	退出操作	·若按该按键 2 s 以下，标识返回上一级菜单，或标识不保存所有修改的参数值； ·若按该按键 3 s 以上，将返回监控画面； 注意，在参数修改模式下，此按键表示不保存所修改的参数值，除非之前已经按 OK 键
OK	确认	·菜单选择时，表示确认所选的菜单项； ·当参数选择时，表示确认所选的参数和参数值设置，并返回上一级画面； ·在故障诊断画面，使用该按键可以清除故障信息
▲	选择修改	·在菜单选择时，表示返回上一级的画面； ·当参数修改时，表示改变参数号或参数值； ·在"HAND"模式下，电动机运行方式下，长时间同时按 ▲ 和 ▼ 键可以实现以下功能： ·若在正向运行状态下，则将切换到反向状态； ·若在停止状态下，则将切换到运行状态
▼	选择修改	·在菜单选择时，表示进入下一级的画面； ·当参数修改时，表示改变参数号或参数值

注：如要锁住或解锁按键，只需同时按住 ESC 和 OK 键 3 s 以上即可。

2. 基本操作面板（BOP-2）液晶屏上的图标功能

基本操作面板（BOP-2）液晶屏上的图标功能如表 6-4 所示。

表 6-4　基本操作面板（BOP-2）液晶屏上的图标功能

图标	功能	状态	描述
	控制源	手动模式	"HAND"模式下会显示，"AUTO"模式下没有
	变频器状态	运行状态	表示变频器处于运行状态，有该图标表示变频器运行，无该图标表示变频器停止
JOG	"JOG"功能	点动功能激活	点动模式的显示
 ✖	故障和报警	静止表示报警 闪烁表示故障	故障状态下，会闪烁，变频器会自动停止。静止图标表示处于报警状态。

3. 基本操作面板（BOP-2）的菜单结构

BOP-2 有六个功能菜单，并具有以下菜单结构，如图 6-6 所示。

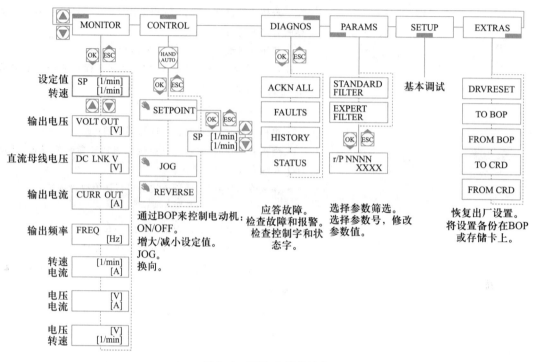

图 6-6　BOP-2 菜单结构

BOP-2 菜单的功能描述如表 6-5 所示。

表 6-5　BOP-2 菜单的功能描述

菜单	功能描述
MONITOR	监视菜单：运行速度、电压和电流值显示
CONTROL	控制菜单：使用 BOP-2 控制变频器
DIAGNOS	诊断菜单：故障报警和控制字、状态字的显示
PARAMS	参数菜单：查看或修改参数
SETUP	调试向导：快速调试
EXTRAS	附加菜单：设备的工厂复位和数据备份

三、用 BOP-2 修改参数的数值

修改参数值时，可以在菜单"PARAMS"和"SETUP"中进行。通过"PARAMS"可以自由选择参数号，通过"SETUP"可以进行参数基本调试。

借助 BOP-2 可以选择所需参数号、修改参数并调整变频器的设置，具体操作如图 6-7 所示：下面以修改 P700[0]参数为例详细介绍修改参数的操作步骤，如表 6-6 所示。

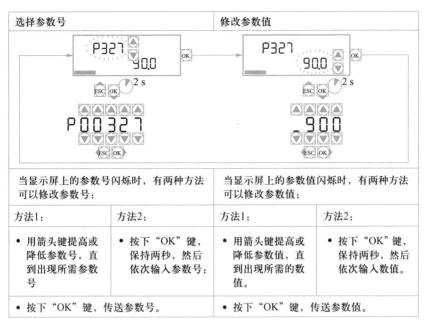

选择参数号　　　　　修改参数值

当显示屏上的参数号闪烁时，有两种方法可以修改参数号：

方法1：	方法2：
• 用箭头键提高或降低参数号，直到出现所需参数号	• 按下"OK"键，保持两秒，然后依次输入参数号；
• 按下"OK"键，传送参数号。	

当显示屏上的参数值闪烁时，有两种方法可以修改参数值：

方法1：	方法2：
• 用箭头键提高或降低参数值，直到出现所需的数值。	• 按下"OK"键，保持两秒，然后依次输入数值。
• 按下"OK"键，传送参数值。	

图 6-7　BOP-2 更改参数设置

表 6-6　修改 P700[0]参数的操作步骤

序号	操作步骤	面板显示
1	按 ▲ 和 ▼ 键将光标移动到"PARAMS"	PARAMS
2	按 OK 键进入"PARAMS"菜单	STANDARD FILtEr
3	按 ▲ 或 ▼ 键选择"EXPERT FILTER"功能	EXPERT FILtEr

续表

序号	操作步骤	面板显示
4	按 OK 键进入，面板显示 R 或 P 参数，并且参数号不断闪烁，按 ▲ 或 ▼ 键选择所需的参数 P700	MONITORING　CONTROL　DIAGNOSTICS P700　[00] 6 PARAMETER　SETUP　EXTRAS
5	按 OK 键将焦点移动到参数下标 [00]，[00] 不断闪烁，按 ▲ 或 ▼ 键可以选择不同的下标。本例选择下标 [00]	MONITORING　CONTROL　DIAGNOSTICS P700　[00] 6 PARAMETER　SETUP　EXTRAS
6	按 OK 键将焦点移动到参数值，参数值不断闪烁，按 ▲ 或 ▼ 键调整参数数值	MONITORING　CONTROL　DIAGNOSTICS P700　[00] 6 PARAMETER　SETUP　EXTRAS
7	按 OK 键保存参数值，画面返回到步骤 4 的状态	MONITORING　CONTROL　DIAGNOSTICS P700　[00] 6 PARAMETER　SETUP　EXTRAS

项目实施

一、设备、工具和材料

G120 变频器，三相交流电动机，电工工具，万用表，导线。

二、技能训练

1. 将变频器与电源正确连接
2. 变频器键盘面板操作

设置变频器参数 P0304 = 380，P0305 = 1.12，P0307 = 1.5，P1120 = 10，P1121 = 10。

三、注意事项

① 要确保变频器电源接线正确,以防接线错误而烧坏变频器。
② 变频器进行参数设定操作时,应认真观察显示屏的内容。
③ 在送电和停电过程中要注意安全。

项目 6.2　　G120 系列变频器 BOP-2 的基本操作

项目引入

通过 G120 变频器的基本操作面板不仅可以设置变频器的参数,同时还可以实现电动机的启动、停止、正转、反转、点动、复位等控制操作和运行监控,便捷地满足生产机械的不同要求。

项目内容

通过 G120 变频器与电动机正确的硬件连接,利用变频器的键盘面板进行变频器参数的设定和确认,并进行运行状态的监视。

项目目的

一、能够利用 G120 变频器 BOP-2 控制电动机进行连续运行。
二、能够利用 G120 变频器 BOP-2 控制电动机进行点动运行。
三、能够利用 G120 变频器 BOP-2 进行电动机运行参数监控。

微课
BOP-2的基本操作

相关知识

一、BOP-2 控制电动机的运行

变频器面板给定方式不需要外部接线,只需操作面板,就可以实现频率的设定,该方法简单,频率设置精度高,属于数字量频率设置方式,适用于单台变频器的频率设置。

1. 恢复出厂设置

有些情况会导致变频器调试出现异常,例如:调试期间电源中断,使调试无法结束;不清楚变频器是否已经使用过,已经修改过某些参数等,这些情况下需要将变频器恢复到出厂设置。

利用 BOP-2 恢复出厂设置的操作步骤如表 6-7 所示。

表 6-7　利用 BOP-2 恢复出厂设置操作步骤

序号	操作步骤	面板显示
1	在访问任何功能前,变频器必须为手动模式。如果没有选择手动模式,屏幕会显示变频器未启动手动模式的信息。 按 HAND/AUTO 键选择手动模式	MONITORING　　CONTROL　　DIAGNOSTICS NO HAND- PARAMETER　　SETUP　　EXTRAS

续表

序号	操作步骤	面板显示
2	按 ▲ 或 ▼ 键将光标移动到"EXTRAS"	MONITORING　CONTROL　DIAGNOSTICS **EXTRAS** PARAMETER　SETUP　EXTRAS
3	按 OK 键进入"EXTRAS"菜单,按 ▲ 或 ▼ 键找到"DRVRESET"功能	MONITORING　CONTROL　DIAGNOSTICS **DRVRESET** PARAMETER　SETUP　EXTRAS
4	按 OK 键激活恢复出厂设置(按 ESC 取消恢复出厂设置)	MONITORING　CONTROL　DIAGNOSTICS **ESC / OK** PARAMETER　SETUP　EXTRAS
5	按 OK 键开始恢复参数,BOP-2 上会显示"BUSY"	MONITORING　CONTROL　DIAGNOSTICS **- BUSY -** PARAMETER　SETUP　EXTRAS
6	复位完成后 BOP-2 显示完成 DONE,按 OK 或 ESC 键返回"EXTRAS"菜单	MONITORING　CONTROL　DIAGNOSTICS **- DONE -** PARAMETER　SETUP　EXTRAS
7	切断变频器的电源,等待片刻,直到变频器上所有的 LED 灯都熄灭。之后再重新给变频器上电。有些参数只有在重新上电后,所作设置才生效	

微课
BOP-2的快速调试

2. 快速调试

快速调试是在 P0010 = 1 时进行的。使用 BOP-2 进行快速调试的流程框图如图 6-8 所示。

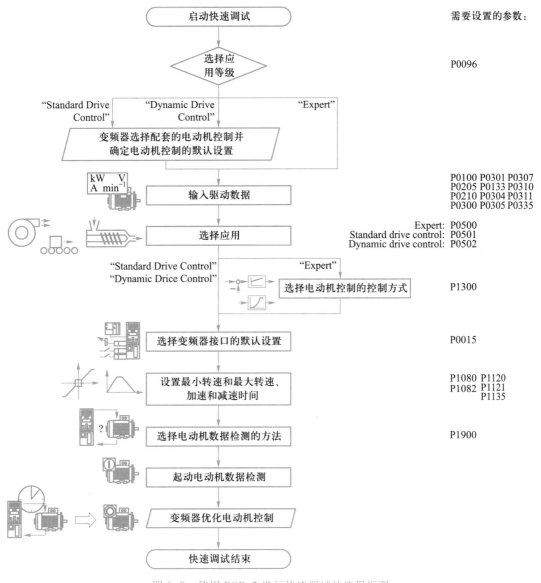

需要设置的参数：

流程	参数
启动快速调试	
选择应用等级	P0096
变频器选择配套的电动机控制并确定电动机控制的默认设置	
输入驱动数据	P0100 P0301 P0307 P0205 P0133 P0310 P0210 P0304 P0311 P0300 P0305 P0335
选择应用	Expert: P0500 Standard drive control: P0501 Dynamic drive control: P0502
选择电动机控制的控制方式	P1300
选择变频器接口的默认设置	P0015
设置最小转速和最大转速、加速和减速时间	P1080 P1120 P1082 P1121 P1135
选择电动机数据检测的方法	P1900
起动电动机数据检测	
变频器优化电动机控制	
快速调试结束	

图 6-8　使用 BOP-2 进行快速调试的流程框图

使用 BOP-2 进行快速调试的操作步骤如表 6-8 所示。

表 6-8　使用 BOP-2 面板进行快速调试的操作步骤

序号	操作步骤	面板显示
1	在 BOP-2 上选择菜单"SETUP"，按 OK 键确认	MONITORING　　CONTROL　　DIAGNOSTICS SETUP PARAMETER　　SETUP　　EXTRAS

续表

序号	操作步骤	面板显示
2	显示工厂复位功能,如果需要复位按 [OK] 键,按 [▲] 或 [▼] 键选择"YES",按 [OK] 键开始工厂复位,面板显示"BUSY";如果不需要工厂复位,按下 [▼] 键	MONITORING　CONTROL　DIAGNOSTICS RESET PARAMETER　SETUP　EXTRAS
3	按 [OK] 键进入 P1300 参数设置,按 [▲] 或 [▼] 键选择参数值,按 [OK] 键确认参数 P1300 0 线性 U/f 控制 2 抛物线 U/f 控制 20 无传感器矢量控制—转速控制 22 无传感器矢量控制—转矩控制	MONITORING　CONTROL　DIAGNOSTICS CTRL MOD P1300 PARAMETER　SETUP　EXTRAS
4	按 [OK] 键进入 P100 参数设置,按 [▲] 或 [▼] 键选择参数值,按 [OK] 键确认参数。通常国内使用的电动机为 IEC 电动机,该参数设置为 0 P100 0 IEC(50 Hz,kW) 1 NEMA(60 Hz,hp) 2 NEMA (60 Hz,kW)	MONITORING　CONTROL　DIAGNOSTICS EUR/USA P100 PARAMETER　SETUP　EXTRAS
5	设置电动机额定电压(查看电动机铭牌)。按 [OK] 键进入 P304 参数设置,按 [▲] 或 [▼] 键选择参数值,按 [OK] 键确认参数	MONITORING　CONTROL　DIAGNOSTICS MOT VOLT P304 PARAMETER　SETUP　EXTRAS
6	设置 P305 电动机额定电压(查看电动机铭牌)。按 [OK] 键进入 P305 参数设置,按 [▲] 或 [▼] 键选择参数值,按 [OK] 键确认参数	MONITORING　CONTROL　DIAGNOSTICS MOT CURR P305 PARAMETER　SETUP　EXTRAS

续表

序号	操作步骤	面板显示
7	设置 P307 电动机额定功率（查看电动机铭牌）。按 OK 键进入 P307 参数设置，按 ▲ 或 ▼ 键选择参数值，按 OK 键确认参数	MONITORING　CONTROL　DIAGNOSTICS MOT POW P307 PARAMETER　SETUP　EXTRAS
8	设置 P311 电动机额定转速（查看电动机铭牌）。按 OK 键进入 P311 参数设置，按 ▲ 或 ▼ 键选择参数值，按 OK 键确认参数	MONITORING　CONTROL　DIAGNOSTICS MOT RPM P311 PARAMETER　SETUP　EXTRAS
9	按 OK 键进入 P1900 参数设置，按 ▲ 或 ▼ 键选择参数值，按 OK 键确认参数。（此处 P1900 = 1，执行静态电机数据检测）	MONITORING　CONTROL　DIAGNOSTICS MOT ID P1900 PARAMETER　SETUP　EXTRAS
10	P15 预定义接口宏，按 OK 键进入 P15 参数设置，按 ▲ 或 ▼ 键选择参数值，按 OK 键确认参数。如设置 P15 = 3，执行相应的宏文件	MONITORING　CONTROL　DIAGNOSTICS MAc PRr P15 PARAMETER　SETUP　EXTRAS
11	P1080 定义电动机最低转速，按 OK 键进入 P1080 参数设置，按 ▲ 或 ▼ 键选择参数值，按 OK 键确认参数	MONITORING　CONTROL　DIAGNOSTICS MIN RPM P1080 PARAMETER　SETUP　EXTRAS

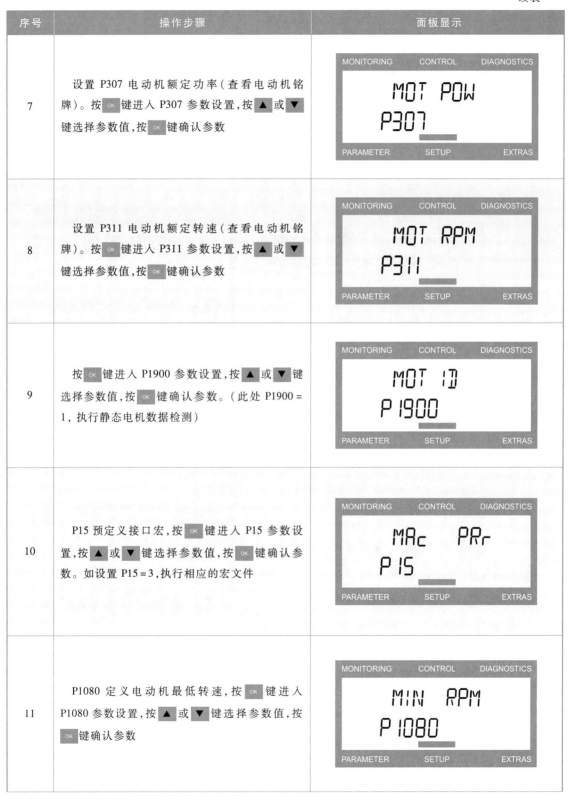

续表

序号	操作步骤	面板显示
12	P1120 定义斜坡上升时间,按 OK 键进入 P1120 参数设置,按 ▲ 或 ▼ 键选择参数值,按 OK 键确认参数。默认设置 P1120 = 10 s	MONITORING　CONTROL　DIAGNOSTICS RAMP UP P1120 PARAMETER　SETUP　EXTRAS
13	P1121 定义斜坡下降时间,按 OK 键进入 P1121 参数设置,按 ▲ 或 ▼ 键选择参数值,按 OK 键确认参数。默认是设置 P1120 = 10 s	MONITORING　CONTROL　DIAGNOSTICS RAMP DWN P1121 PARAMETER　SETUP　EXTRAS
14	参数设置完毕后进入结束快速调试画面	MONITORING　CONTROL　DIAGNOSTICS FINISH PARAMETER　SETUP　EXTRAS
15	按 OK 键,然后按 ▲ 或 ▼ 键选择"YES",再按 OK 键确认结束快速调试	MONITORING　CONTROL　DIAGNOSTICS FINISH YES PARAMETER　SETUP　EXTRAS
16	面板显示"BUSY",变频器进行参数计算	MONITORING　CONTROL　DIAGNOSTICS - BUSY - PARAMETER　SETUP　EXTRAS

续表

序号	操作步骤	面板显示
17	计算完成短暂显示"DONE"画面,随后光标返回到"MONITOR"菜单	 MONITORING　CONTROL　DIAGNOSTICS - DONE - PARAMETER　SETUP　EXTRAS

在进行基本调试时如果选择了 P1900＝1,执行了静态电动机参数优化,在基本调试结束后会输出一条 A07991 的报警。消除 A07991 报警的操作步骤如表 6-9 所示。

表 6-9　消除 A07991 报警的操作步骤

序号	操作步骤	面板显示
1	静止不动,变频器输出 A07991 报警	 ⊗
2	・从 AUTO 切换到 HAND,BOP-2 显示图标✋ ・接通电动机,使变频器可以检测相连接电动机的数据	 HAND AUTO ⇒ ✋ ⇒ |
3	变频器检测处于静态的电动机数据,该过程会持续几秒钟。在电动机数据检测结束后,变频器会关闭电动机。	 ◓✋ ⊗
4	如果除了静态电动机数据检测外还选择了旋转电动机的检测,变频器会再次输出 A07991 报警	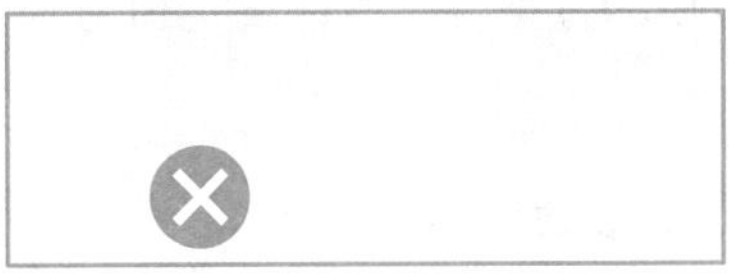 ⊗
5	再次接通电动机,使变频器可以检测相连电动机的数据	 |

续表

序号	操作步骤	面板显示
6	变频器起动电动机,并对转速控制器进行优化。该过程最长可能会持续一分钟。 在优化结束后,变频器会关闭电动机	
7	HAND 切换到 AUTO	HAND AUTO

报警消除后,可进入"PARAMS"菜单,设置 P0971＝1,保存所做参数的修改。

3. 手动运行

按 BOP-2 上的 (手动/自动切)换键可以改变变频器的手动/自动模式。手动模式下面板上会显示 符号。手动模式有两种操作方式:启停操作和点动操作。

(1)启停操作

① 修改运行速度设定值:在"CONTROL"菜单下,按 ▲ 或 ▼ 键选择"SETPOINT"功能,按 OK 键进入"SETPOINT"功能,按 ▲ 或 ▼ 键修改 中的"SP0.0"设定值,修改后按 OK 确认,该值立即生效。

② 按下 I 键,启动变频器,变频器以"SETPOINT"功能中设定的速度运行,按下 O 键,变频器停止运行。

(2)点动操作

① 修改点动运行模式:在"CONTROL"菜单下,按 ▲ 或 ▼ 键选择"JOG"功能,按 OK 键进入"JOG"功能,按 ▲ 或 ▼ 键选择 中的"ON",按 OK 键使能点动操作,面板上显示 (JOG)符号。

② 长按 I 键,变频器按照 P1058 中设置的点动速度运行,释放 I 键,变频器停止运行。

(3)反向运行操作

激活反向功能:在"CONTROL"菜单下,按 ▲ 或 ▼ 键选择"REVERSE"功能,按 OK 键进入"REVERSE"功能,按 ▲ 或 ▼ 键选择 中的"ON",按 OK 键使能设定值反向,面板上显示 (REVERSE)符号。激活设定值方向后变频器会把启停操作方式或点动操作方式中的速度设定值反向。

二、参数监控

监控菜单允许用户访问变频器/电动机系统实际运行参数。通过使用 ▲ 或 ▼ 键移动菜单栏至所需的菜单,按 OK 键确认选择并显示顶层菜单。使用 ▲ 或 ▼ 键在各屏幕之间滚动,在监控屏幕上显示的信息是只读信息,不能修改。具体屏幕监控参数信息表如表 6-10 所示。

表 6-10　屏幕监控参数信息表

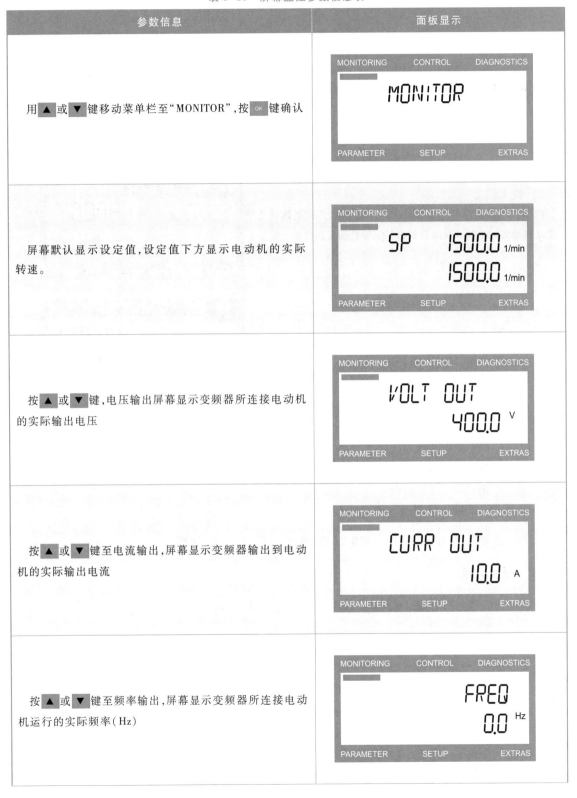

参数信息	面板显示
用 ▲ 或 ▼ 键移动菜单栏至"MONITOR",按 ok 键确认	MONITORING　CONTROL　DIAGNOSTICS MONITOR PARAMETER　SETUP　EXTRAS
屏幕默认显示设定值,设定值下方显示电动机的实际转速。	MONITORING　CONTROL　DIAGNOSTICS SP　1500.0 1/min 1500.0 1/min PARAMETER　SETUP　EXTRAS
按 ▲ 或 ▼ 键,电压输出屏幕显示变频器所连接电动机的实际输出电压	MONITORING　CONTROL　DIAGNOSTICS VOLT OUT 400.0 V PARAMETER　SETUP　EXTRAS
按 ▲ 或 ▼ 键至电流输出,屏幕显示变频器输出到电动机的实际输出电流	MONITORING　CONTROL　DIAGNOSTICS CURR OUT 10.0 A PARAMETER　SETUP　EXTRAS
按 ▲ 或 ▼ 键至频率输出,屏幕显示变频器所连接电动机运行的实际频率(Hz)	MONITORING　CONTROL　DIAGNOSTICS FREQ 0.0 Hz PARAMETER　SETUP　EXTRAS

续表

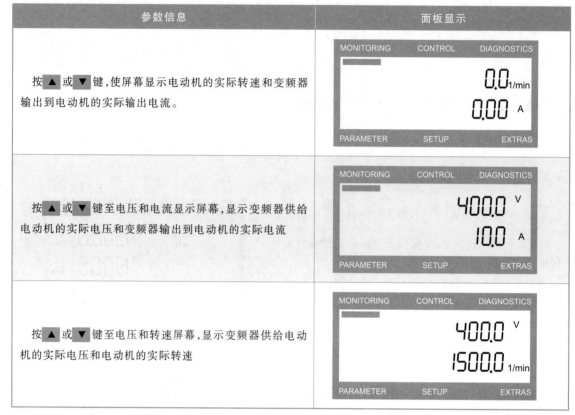

参数信息	面板显示
按 ▲ 或 ▼ 键,使屏幕显示电动机的实际转速和变频器输出到电动机的实际输出电流。	MONITORING　CONTROL　DIAGNOSTICS 0.0 1/min 0.00 A PARAMETER　SETUP　EXTRAS
按 ▲ 或 ▼ 键至电压和电流显示屏幕,显示变频器供给电动机的实际电压和变频器输出到电动机的实际电流	MONITORING　CONTROL　DIAGNOSTICS 400.0 V 10.0 A PARAMETER　SETUP　EXTRAS
按 ▲ 或 ▼ 键至电压和转速屏幕,显示变频器供给电动机的实际电压和电动机的实际转速	MONITORING　CONTROL　DIAGNOSTICS 400.0 V 1500.0 1/min PARAMETER　SETUP　EXTRAS

注:有关变频器的给定频率、输出频率、上限频率和下限频率等频率参数含义同 MM420 变频器,不再赘述。

项目实施

一、设备、工具和材料

G120 变频器,BOP-2,三相交流电动机,电工工具,万用表,导线

二、技能训练

1. 将功率模块与电源、控制单元与电动机进行正确连接
2. 变频器 BOP-2 操作
练习变频器参数的面板设置方法。
3. 变频器控制电动机连续运行
① 设置变频器参数 P0015 = 7, P1080 = 0, P1082 = 50。
② 通过操作 BOP-2 使变频器正向运行。监测运行频率及电动机转速。
③ 通过操作 BOP-2 使变频器反向运行。监测运行频率及电动机转速。
4. 变频器控制电动机点动运行
① 设置变频器参数 P1058。
② 操作 BOP-2 使变频器点动运行。监测运行频率及电动机转速。

5. 变频器上限频率和下限频率的设定及运行

① 主要相关功能参数设定如下：

P1082 = 60 Hz——上限频率设定值。

P1080 = 0 Hz——下限频率设定值。

② 设置完成后，操作 BOP-2 上的 $\boxed{\text{I}}$ 键，监测变频器的运行频率及电动机的转速。运行几秒钟后，按 $\boxed{\text{O}}$ 键给出停机指令。

③ 改变相关功能参数的设定值，再次观察变频器的运行情况。

三、注意事项

① 要确保接线正确，以防接线错误而烧坏变频器。

② 电动机为星形联结。

③ 变频器进行参数设定操作时，应认真观察显示屏的内容。

④ 在送电和停电过程中要注意安全。

项目 6.3　　G120 系列变频器的外端子控制运行

项目引入

在工业生产中，G120 变频器以其灵活性和易用性受到广泛欢迎。通过 G120 变频器外部接线控制电动机的起停以及电动机的运行频率是经常采用的一种方式，因为这种方式具备稳定可靠、维护简单等优点。

项目内容

一台三相异步电动机，功率为 0.37 kW，额定电流为 1.05A，额定电压为 380V。现用 G120 变频器进行外端子控制，即由变频器的外端子控制电动机的起停和升降速。

项目目的

一、正确进行 G120 变频器的外部接线。

二、正确设置 G120 变频器的宏文件及相关参数。

三、能够独立进行 G120 变频器的外部操作。

相关知识

一、G120 变频器功率模块 PM240 和控制单元 CU240E-2 的接线图

各种变频器都有其标准的接线端子，虽然这些接线端子与其自身功能的实现密切相关，但都大同小异。G120 变频器接线有两部分：功率模块接线，控制单元接线。

1. 功率模块接线

G120 变频器的功率模块 PM240 接线图如图 6-9 所示。

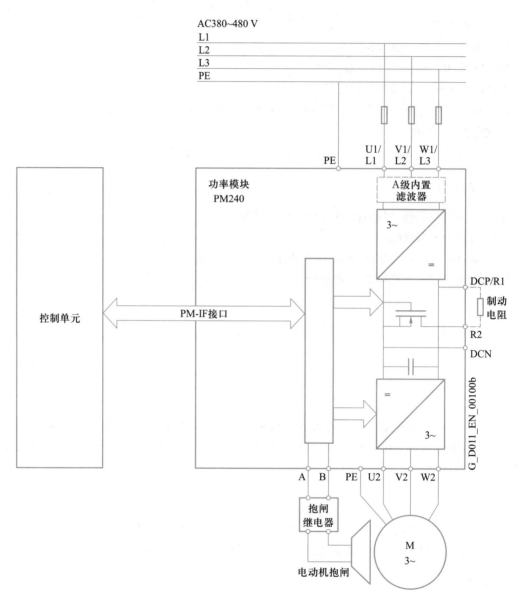

图 6-9　功率模块 PM240 接线图

① L1、L2、L3：功率模块 PM240 电源输入端，交流电源与变频器之间一般是通过低压断路器相连接。

② U2、V2、W2（电动机）：变频器输出端。

③ A、B：连接电动机抱闸单元。

④ PE：电源电动机电缆屏蔽层的接线端子。

2. 控制单元接线

G120 变频器的控制单元 CU240E-2 接线图如图 6-10 所示。

控制单元 DI/DO、AI/AO 的功能定义会随宏程序 P0015 的定义而改变。

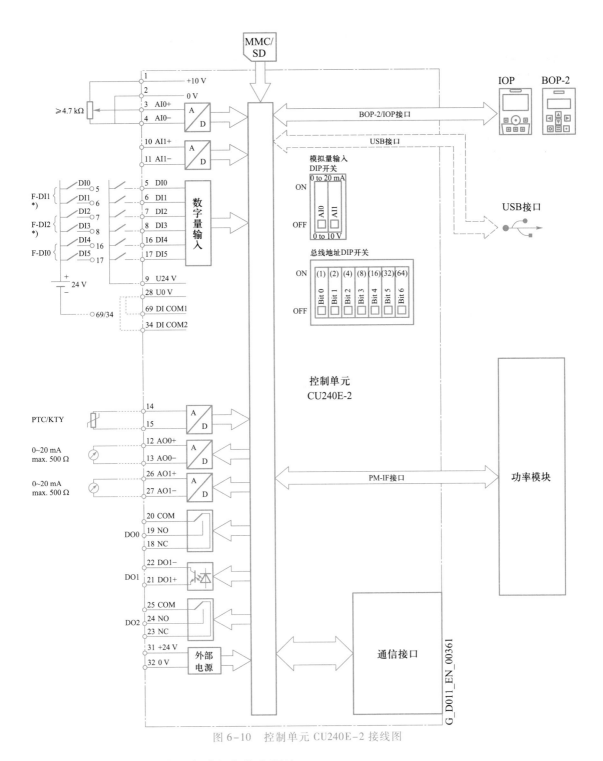

图 6-10　控制单元 CU240E-2 接线图

二、变频器外端子控制电动机起停和调速

变频器外端子控制电动机起停和调速的实现方法主要有两类,一类是双线制控制,另一类是三线制控制。根据宏程序定义不同,各起停控制的端子功能又有所区别。变频器设定值的来源有模拟量输入、变频器的现场总线接口、变频器内模拟的电动电位器、变频器内保存的固定设定

值。下面针对电动机正转起动和反转起动通过不同的数字量输入 DI 控制,转速通过模拟量输入 AI0 调节(AI0 默认为-10 ~ +10V 输入方式),介绍外端子控制中的双线制控制方法 1、方法 2、方法 3,三线制控制方法 1、方法 2。

微课
宏12-17-18实现外
端子调速控制

1. 双线制控制方法 1

这种控制方法通过定义宏程序 P0015 = 12 实现,通过数字量输入 DI0 控制电动机的 ON/OFF1,通过另一个数字量输入 DI1 控制电动机的反转,转速通过模拟量输入 AI0 调节。

P0015 = 12 时,默认端子定义如图 6-11 所示。变频器自动设置下列输入/输出端口的功能:

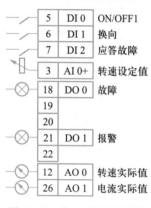

图 6-11　宏 12 端子定义图

数字量输入 DI0:起动。

数字量输入 DI1:换向。

数字量输入 DI2:故障应答(复位)。

模拟量输入 AI0:主设定值。

模拟量输出 AO0:电动机转速。

模拟量输出 AO1:变频器输出电流。

数字量输出 DO0:变频器故障。

数字量输出 DO1:变频器报警。

双线制控制方法 1 的控制时序图如图 6-12 所示。

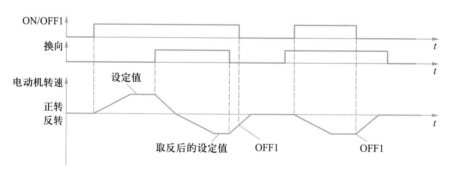

图 6-12　双线制控制方法 1 的控制时序图

双线制控制方法 1 的动作功能表如表 6-11 所示。

表 6-11　双线制控制方法 1 的动作功能表

ON/OFF1	换向	功能
0	0	OFF1:停止电动机
0	1	OFF1:停止电动机
1	0	ON:电动机正转
1	1	ON:电动机反转

2. 双线制控制方法 2

这种控制方法通过定义宏程序 P0015 = 17 实现,通过数字量输入 DI0 控制电动机的 ON/OFF1,通过另一个数字量输入 DI1 控制电动机的反转 ON/OFF,转速通过模拟量输入 AI0 调节。

P0015 = 17 时,默认端子定义如图 6-13 所示。

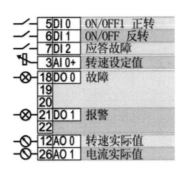

图 6-13　宏 17 端子定义图

在这种控制方法中,第一个控制指令(ON/OFF1)用于接通和关闭电动机,并同时选择电动机的正转。第二个控制指令同样用于接通和关闭电动机,同时选择电动机的反转。仅在电动机静止时变频器才会接收新指令。

双线制控制方法 2 的控制时序图如图 6-14 所示。其动作功能表如表 6-12 所示。

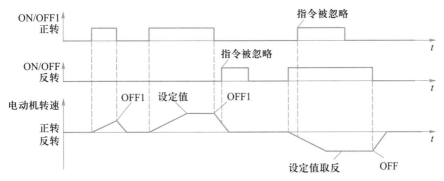

图 6-14　双线制控制方法 2 的控制时序图

表 6-12　双线制控制方法 2 的动作功能表

ON/OFF1 正转	ON/OFF 反转	功能
0	0	OFF1:停止电动机
0	1	ON:电动机反转
1	0	ON:电动机正转
1	1	ON:电动机旋转方向以第一个为"1"的信号为准

此方法的特点是变频器只能在电动机停止时接受新的起动命令,如果正转起动和反转起动同时接通,电动机按照之前的旋转方向运动。

3. 双线制控制方法 3

这种控制方法通过定义宏程序 P0015 = 18 实现,通过一个数字量输入 DI0 控制电动机的 ON/OFF1,通过另一个数字量输入 DI1 控制电动机的反转 ON/OFF,转速通过模拟量输入 AI0 调节。在这种控制方法中,第一个控制指令(ON/OFF1)用于接通和关闭电动机,并同时选择电动机的正转。第二个控制指令同样用于接通和关闭电动机,同时选择电动机的反转。与方法 2 不同的是,在这种方法中变频器可随时接收控制指令,与电动机是否旋转无关。

P0015 = 18 时,默认端子定义与图 6-13 所示相同。双线制控制方法 3 的控制时序图如图

6-15 所示。其动作功能表如表 6-13 所示

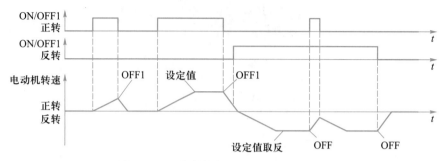

图 6-15　双线制控制方法 3 的控制时序图

表 6-13　双线制控制方法 3 的动作功能表

ON/OFF 正转	ON/OFF 反转	功能
0	0	OFF1:停止电动机
0	1	ON:电动机反转
1	0	ON:电动机正转
1	1	OFF1:电动机停止

　　此方法的特点是变频器可以在任何时刻接受新的起动命令,但是当正转起动和反转起动同时接通时,电动机将按 OFF1 斜坡停止。

4. 三线制控制方法 1

　　这种控制方法通过定义宏程序 P0015 = 19 实现,在这种控制方法中,第一个控制指令用于使能另外两个控制指令。取消使能后,电动机关闭(OFF1)。第二个控制指令的上升沿将电动机切换至正转。若电动机处于未接通状态,则会接通电动机(ON)。第二个控制指令的上升沿将电动机切换至反转。若电动机处于未接通状态,则会接通电动机(ON)。

　　P0015 = 19 时,默认端子定义如图 6-16 所示。三线制控制方法 1 的控制时序图如图 6-17 所示。其动作功能表如表 6-14 所示。

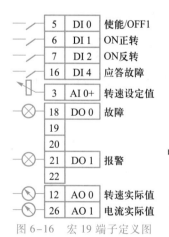

图 6-16　宏 19 端子定义图

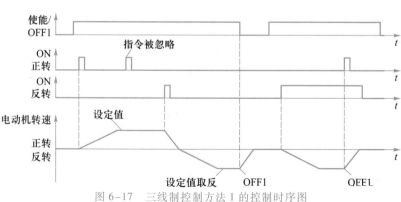

图 6-17　三线制控制方法 1 的控制时序图

表 6-14　三线制控制方法 1 的动作功能表

使能/OFF1	ON 正转	ON 反转	功能
0	0 或 1	0 或 1	OFF1:停止电动机
1	0→1	0	ON:电动机正转
1	0	0→1	ON:电动机反转
1	1	1	OFF1:停止电动机

5. 三线制控制方法 2

这种控制方法通过定义宏程序 P0015 = 20 实现,在这种控制方法中,第一个控制指令用于使能另外两个控制指令。取消使能后,电动机关闭(OFF1)。第二个控制指令的上升沿接通电机(ON)。第三个控制指令确定电动机的旋转方向(换向)。

P0015 = 20 时,默认端子定义如图 6-18 所示。三线制控制方法 2 的控制时序图如图 6-19 所示。其动作功能表如表 6-15 所示。

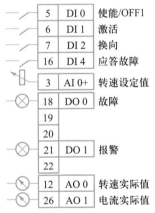

图 6-18　宏 20 端子定义图

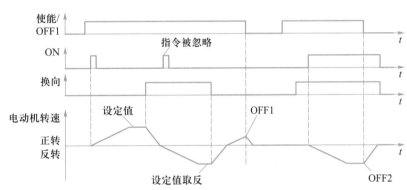

图 6-19　三线制控制方法 2 的控制时序图

表 6-15　三线制控制方法 2 的动作功能表

使能/OFF1	ON 激活	换向	功能
0	0 或 1	0 或 1	OFF1:停止电动机
1	0→1	0	ON:电动机正转
1	0→1	1	ON:电动机反转

宏 19 和宏 20 的区别是:宏 19 通过 DI2(脉冲)即可实现反转运行;而对于宏 20,接通 DI2 仅实现了反向的功能(即 DI2 本身不具备起动功能),要实现反转运行,还需要 DI1 起动命令的配合。

项目实施

一、设备、工具和材料

G120 变频器,三相交流电动机,+24V 电压板,电工工具,万用表,按钮,导线。

二、技能训练

1. G120 变频器与电动机正确连接

2. 变频器的外端子控制电动机正反转和转速

系统操作步骤如下(以宏程序 P0015 = 17 为例进行):

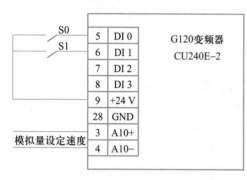

图 6-20 宏 17 外端子调速接线图

① 进行正确电路接线后,合上变频器电源低压断路器。其中,控制端子接线图如图 6-20 所示。

② 恢复变频器工厂默认值。变频器复位到工厂默认值操作参考项目 6.2 中的表 6-7。

③ 设置电动机参数,进行变频器快速调试,具体操作步骤参见项目 6.2 中的表 6-8。快速调试过程中 P0015 参数设置值为 17。然后设 P0010 = 0,变频器当前处于准备状态。

④ 数字输入控制。手动单独设置宏程序 P0015 = 17 时,需要先设 P0010 = 1,再设 P0015 = 17,最后设 P0010 = 0,准备运行。设置为宏 17 后,变频器自动设置的参数如表 6-16 所示。

表 6-16 P0015 = 17 时自动设置的参数

参数号	参数值	说明
P0840[0]	r3333.0	由双线制信号起动变频器
P1113[0]	r3333.1	由双线制信号反转
P3330[0]	r0722.0	数字量输入 DI0 作为双线制正转起动命令
P3331[0]	r0722.1	数字量输入 DI1 作为双线制反转起动命令
P2103[0]	r0722.2	数字量输入 DI2 作为故障复位命令
P1070[0]	r0755.0	模拟量 AI0 作为主设定值

⑤ 模拟信号控制。与宏 17 相关需要手动设置的参数如表 6-17 所示。

表 6-17 P0015 = 17 时手动设置的参数

参数号	默认值	说明	单位
P0756[0]	4	模拟量输入 AI0,类型为 -10 ～ +10 V	
P0757[0]	0.0	模拟量输入 AI0,标定 X1 值	V 或 mA
P0758[0]	0.0	模拟量输入 AI0,标定 Y1 值	%
P0759[0]	10.0	模拟量输入 AI0,标定 X2 值	V 或 mA
P0760[0]	100.0	模拟量输入 AI0,标定 Y2 值	%

注:当 P0756[0] 的值设置为 2 或 3 时,即设置为电流输入时,必须将 CU240 上的 DIP 开关 AI0/1 调节到位置"I"上。当设置值为 0、1、4 即电压输入时,必须将 DIP 开关 AI0/1 调节到位置"U"上。

⑥ 操作运行。

a. 电动机正转:闭合开关 S0,变频器数字输入端口"5"DI0 为"ON",电动机正转运行,转速由外接模拟量输入 AI0 来控制,模拟电压信号从 0 ~ +10 V 变化,对应变频器的频率从 0 ~ 50 Hz 变化,通过调节模拟量输入改变 G120 变频器 3 端口模拟输入电压信号的大小,可平滑无级地调节电动机转速的大小。断开开关 S0 时,电动机停止。通过 P1120 和 P1121 参数,可设置斜坡上升时间和斜坡下降时间。

b. 电动机反转:当闭合反向开关 S1 时,数字输入端口 6(DI1)为"ON",电动机反转运行,与电动机正转相同,反转转速的大小仍由外接模拟量来调节。当断开 S1 时,电动机停止。

三、注意事项

① 要确保接线正确,以防接线错误而烧坏变频器。

② 电动机为星形联结。

③ 变频器进行参数设定操作时,应认真观察显示屏的内容。

④ 在送电和停电过程中要注意安全。

⑤ 变频器由正转切换为反转状态时,加减速时间可根据电动机功率和工作环境条件不同而定。

项目 6.4　　G120 系列变频器的多段速运行

项目引入

在工业生产中,很多工艺要求生产机械在不同的转速下运行。G120 变频器具有多段速度控制功能,能够满足这方面的需求。

项目内容

一、利用 G120 变频器控制实现电动机 3 段速频率运转。3 段速度设置如下:

第 1 段:输出频率为 10 Hz;

第 2 段:输出频率为 25 Hz;

第 3 段:输出频率为 50 Hz。

二、利用 G120 变频器控制实现电动机 7 段速频率运转。7 段速度设置如下:

第 1 段:输出频率为 10 Hz;

第 2 段:输出频率为 20 Hz;

第 3 段:输出频率为 50 Hz。

第 4 段:输出频率为 30 Hz;

第 5 段:输出频率为 -10 Hz;

第 6 段:输出频率为 -20 Hz;

第 7 段:输出频率为 -50 Hz。

项目目的

一、掌握 G120 变频器多段速频率控制方式。

二、正确进行 G120 变频器的外部接线。

三、正确设置 G120 变频器的相关参数。

相关知识

G120 变频器的宏 2 和宏 3 都可以实现变频器的多段速功能。宏 2 带安全功能,最多实现 3 段速的调速。而宏 3 则可以最多实现 15 段速的调速。利用宏 3 实现固定设定值模式有两种:一种是直接选择固定设定值模式,另一种是二进制编码选择。下面分别对这两种方法进行介绍。

一、宏 3 直接选择模式

当 P0015 设置为 3 后,其端子功能定义如图 6-21 所示。

采用直接选择模式需要设置 P1016 = 1,此时一个数字量输入选择一个固定设定值。多个数字输入量同时激活时,选定的设定值对应固定设定值的叠加。最多可以设置 4 个数字输入信号。

如果实现 3 段固定频率控制,需要 3 个频率选择数字输入端口,图 6-22 所示为 3 段固定频率控制端子接线图。

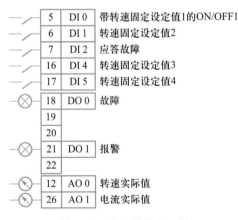

图 6-21　宏 3 端子定义图

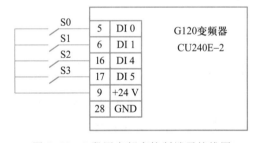

图 6-22　3 段固定频率控制端子接线图

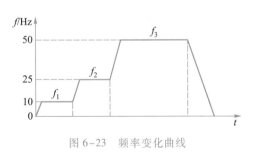

图 6-23　频率变化曲线

当 P0015 = 3 时,G120 变频器的数字输入端口 "5" DI0 设为电动机运行/停止控制。数字输入端口 "6" DI1 选择固定转速 1,输入端口 "16" DI4 选择固定转速 2,输入端口 "17" DI5 选择固定转速 3,实现 3 段固定频率控制。第一段频率设为 10 Hz,第二段频率设为 25 Hz,第三段频率设为 50 Hz,频率变化曲线如图 6-23 所示。3 段固定频率控制状态如表 6-18 所示。

表 6-18　3 段固定频率控制状态表

固定频率	端口 17(S3)	端口 16(S2)	端口 6(S1)	端口 5(S0)	对应频率所设置的参数	频率/Hz	电动机转速/(r/min)
	0	0	0	1		0	0
1	0	0	1	1	P1001	10	280
2	0	1	0	1	P1002	25	700
3	1	0	0	1	P1003	50	1 400
OFF	0	0	0	0		0	0

二、宏 3 二进制编码选择

如果实现 7 段固定频率控制,需要 4 个数字输入端口,采用二进制编码选择方式,此时 P1016 = 2,7 段固定频率控制接线如图 6-22 所示。其中,G120 变频器的数字输入端口"5"设为电动机运行、停止控制端口,数字输入端口"6"DI1、"16"DI4、"17"DI5 设为固定设定值 1、2、3 的选择信号,由开关 S1、S2、S3 按不同通断状态组合,实现 7 段固定频率控制。第 1 段频率设为 10 Hz,第 2 段频率设为 20 Hz,第 3 段频率设为 50 Hz,第 4 段频率设为 30 Hz,第 5 段频率设为 -10 Hz,第 6 段频率设为 -20 Hz,第 7 段频率设为 -50 Hz。频率变化曲线如图 6-24 所示。7 段固定频率控制状态如表 6-19 所示。

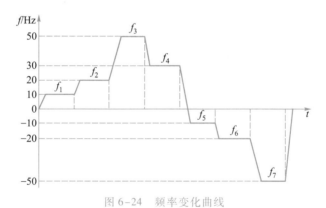

图 6-24　频率变化曲线

表 6-19　7 段固定频率控制状态表

固定频率	端口 17(S3) (P1022)	端口 16(S2) (P1021)	端口 6(S1) (P1020)	对应频率所设置的参数	频率/Hz	电动机转速/(r/min)
	0	0	0		0	0
1	0	0	1	P1001	10	280
2	0	1	0	P1002	20	560
3	0	1	1	P1003	50	1 400
4	1	0	0	P1004	30	840
5	1	0	1	P1005	-10	-280
6	1	1	0	P1006	-20	-560
7	1	1	1	P1007	-50	-1 400
OFF	0	0	0		0	0

项目实施

一、设备、工具和材料

G120 变频器,三相交流电动机,+24V 电压板,电工工具,万用表,按钮,导线

二、技能训练

1. 将变频器与电动机正确连接

2. 变频器控制电动机 3 段固定频率运行

操作步骤如下:

① 进行正确的电路接线后,合上变频器电源低压断路器。

② 恢复变频器工厂默认值。操作参考项目 6.2 中的表 6-7。

③ 设置电动机参数,具体操作步骤参见项目 6.2 中的表 6-8。快速调试过程中 P0015 参数设置值为 3。然后设 P0010=0,变频器当前处于准备状态。

④ 设置 3 段固定频率控制参数,如表 6-20 所示。

表 6-20　3 段固定频率控制参数表

参数	设置值	说明
P0840	722.0	将 DI0 作为启动信号/OFF1 信号,r722.0 作为 DI0 状态的参数
P1016	1	固定转速模式采用直接选择方式
P1020	722.1	将 DI1 作为固定设定值 1 的选择信号,r722.1 作为 DI1 状态的参数
P1021	722.4	将 DI2 作为固定设定值 1 的选择信号,r722.2 作为 DI2 状态的参数
P1022	722.5	将 DI3 作为固定设定值 1 的选择信号,r722.3 作为 DI3 状态的参数
P1070	1 024	固定设定值作为主设定值
＊P1001	280	设置固定频率 1(r/min)
＊P1002	700	设置固定频率 2(r/min)
＊P1003	1 400	设置固定频率 3(r/min)

注:标"＊"的参数可根据用户实际要求进行设置

⑤ 3 段固定频率控制:

当闭合开关 S0 时,数字输入端口"5"DI0 为"ON",允许电动机运行。

第 1 频段控制。当闭合开关 S1 时,端口"6"DI1 为"ON",变频器工作在由 Pl001 参数所设定的转速为 280 r/min 的第 1 频段上,电动机运行在由 280 r/min 转速所对应的 10 Hz 上。

第 2 频段控制。当 S1 开关断开,S2 开关接通时,变频器数字输入端口"6"DI1 为"OFF",端口"16"DI4 为"ON",变频器工作在由 Pl002 参数所设定的转速为 700 r/min 的第 2 频段上,电动机运行在由 700 r/min 转速所对应的 20 Hz 上。

第 3 频段控制。当 S2 开关断开、S3 开关接通时,变频器数字输入端口"16"DI4 为"OFF","17"DI5 为"ON",变频器工作在由 Pl003 参数所设定的转速为 1 400 r/min 为 50 Hz 的第 3 频段上,电动机运行在由 1 400 r/min 转速所对应 50 Hz 上。

电动机停车。当 S0、S1、S2、S3 开关都断开时,变频器数字输入端口"5""6""16""17"均为"OFF",电动机停止运行。或在电动机正常运行的任何频段,将 S0 断开使数字输入端口"5"为"OFF",电动机也能停止运行。

⑥ 注意的问题。3 个频段的频率值可根据用户要求通过 P1001、P1002 和 P1003 参数来修改。当电动机需要反向运行时,只要将相对应频段的频率值设定为负就可以实现。例如在第二频段上,要求电动机运行在反向转速上,只要将表 6-20 中的 P1002 参数值 700 r/min 修改为 -700 r/min 即可。

3. 变频器控制电动机 7 段固定频率运行

① 设置 7 段固定频率控制参数,如表 6-21 所示。

表 6-21　7 段固定频率控制参数表

参数	设置值	说明
P0840	722.0	将 DI0 作为启动信号/OFF1 信号,r722.0 作为 DI0 状态的参数
P1016	2	固定转速模式采用直接选择方式
P1020	722.1	将 DI1 作为固定设定值 1 的选择信号,r722.1 作为 DI1 状态的参数
P1021	722.4	将 DI4 作为固定设定值 1 的选择信号,r722.4 作为 DI4 状态的参数
P1022	722.5	将 DI5 作为固定设定值 1 的选择信号,r722.5 作为 DI5 状态的参数
P1023	722.2	修改 P1023 的默认值,将其更改为 r722.2
P1070	1 024	固定设定值作为主设定值
* P1001	280	设置固定频率 1(r/min)
* P1002	560	设置固定频率 2(r/min)
* P1003	1 400	设置固定频率 3(r/min)
* P1004	840	设置固定频率 4(r/min)
* P1005	-280	设置固定频率 5(r/min)
* P1006	-560	设置固定频率 6(r/min)
* P1007	-1 400	设置固定频率 7(r/min)

注:标" * "的参数可根据用户实际要求进行设置

② 电动机 7 段固定频率的运行控制步骤如下:

当闭合开关 S0 时,数字输入端口"5"DI0 为"ON",允许电动机运行。

第 1 频段控制。当闭合开关 S1 时,端口"6"DI1 为"ON",变频器工作在由 Pl001 参数所设定的转速为 280 r/min 频率为 10 Hz 的第 1 频段上。

第 2 频段控制。当 S1 开关断开,S2 开关接通时,变频器数字输入端口"6"DI1 为"OFF",端口"16"DI4 为"ON",变频器工作在由 P1002 参数所设定的转速为 560 r/min 频率为 20 Hz 的第 2 频段上。

第 3 频段控制。当 S1 和 S2 开关均接通时,变频器数字输入端口"6"DI1 、端口"16"DI4 均为"ON",变频器工作在由 P1003 参数所设定的转速为 1 400 r/min 频率为 50 Hz 的第 3 频段上。

第 4 频段控制。当 S1 和 S2 开关均断开时,变频器数字输入端口"6"DI1 、端口"16"DI4 均为"OFF",开关 S3 接通,变频器数字输入端口"17"DI5 为"ON",变频器工作在由 P1004 参数所设定的转速为 840 r/min 频率为 30 Hz 的第 3 频段上。

第 5 频段控制。当 S1 和 S3 开关均闭合时,变频器数字输入端口"6"DI1 、端口"17"DI5 均为"ON",S2 开关断开,端口"16"DI4 为"OFF",变频器工作在由 P1005 参数所设定的转速为-280 r/min 频率为-10 Hz 的第 5 频段上。

第 6 频段控制。当 S2 和 S3 开关均闭合时,变频器数字输入端口"16"DI4 、"17"DI5 均为

"ON",S1 开关断开,端口"6"DI1 为"OFF",变频器工作在由 Pl006 参数所设定的转速为 −560 r/min 频率为 −20 Hz 的第 6 频段上。

　　第 7 频段控制。当 S1、S2、S3 开关均闭合时,变频器数字输入端口"6"DI1 、端口"16"DI4 、端口"17"DI5 均为"ON",变频器工作在由 Pl007 参数所设定的转速为 −1 400 r/min 频率为 −50 Hz 的第 7 频段上。

　　电动机停车。当 S0、S1、S2、S3 开关都断开时,变频器数字输入端口"5""6""16""17"均为"OFF",电动机停止运行。或在电动机正常运行的任何频段,将 S0 断开使数字输入端口"5"为"OFF",电动机也能停止运行。

　　③ 注意的问题。7 个频段的频率值可根据用户要求通过 P1001、P1002、P1003、P1004、P1005、P1006、P1007 参数来修改。当高于 7 段速时,可以通过设置 P1023 = 722.2 来增加速度编码的最高位实现。

三、注意事项

　　① 要确保接线正确,以防接线错误而烧坏变频器。
　　② 电动机为星形联结。
　　③ 变频器进行参数设定操作时,应认真观察显示屏的内容。
　　④ 在送电和停电过程中要注意安全。
　　⑤ 变频器由正转切换为反转状态时,加减速时间可根据电动机功率和工作环境条件不同而定。

小结

　　高性能的 G120 系列变频器因其灵活性和实用性而获得广泛应用。变频器系统投入运行之前,需要进行快速调试,合理设置变频器快速调试参数是保证变频系统调试工作的前提。
　　G120 系列变频器的基本运行包括:变频器操作面板控制电动机正反转运行、变频器外端子控制电动机正反转运行、变频器的多段速控制运行等。要求通过本模块的学习,应当具备以下知识和技能:
　　① 能够根据要求进行变频器系统硬件接线。
　　② 能够合理设置变频器参数。
　　③ 能够进行变频器系统快速调试、电动机正反转运行、多段速运行调试。

思考与练习

　　1. 描述 G120 系列变频器的 BOP−2 各按键功能。
　　2. 说明 G120 系列变频器系统的快速调试内容有哪些?
　　3. 简述 G120 系列变频器操作面板控制电动机运行的步骤。
　　4. 说明 G120 系列变频器控制单元 CU240E−2 接线端子的功能。
　　5. 描述 G120 系列变频器外端子控制起停和调速的实现方法。
　　6. 用两种方法实现 G120 系列变频器控制电动机 3 段固定频率(20 Hz、30 Hz、50 Hz)运行。画出变频器外部接线图,写出参数设置情况。

第7模块 变频器的工程应用

专题 7.1 变频器的选择

变频器的选择是变频调速控制系统应用设计的重要一环,对系统运行时的指标性能有很大的影响。

7.1.1 变频器类型的选择

> **微课**
> 变频器的选择

主要根据负载的要求来进行选择。

1. 风机和泵类负载

$T_L \propto n^2$,低速负载转矩较小,通常可以选择专用或节能型通用变频器。

2. 恒转矩类负载

拖动恒转矩类负载的机械包括挤压机、搅拌机、传送带、厂内运输电车、起重机的平移机构和起动机构等,可按以下两种情况来分析。采用普通功能型变频器时,为了实现恒转矩调速,常采用加大电动机和变频器容量的方法,以提高低速转矩。如果采用具有转矩控制功能的高功能型变频器实现恒转矩负载的调速运行,则是比较理想的。因为这种变频器低速转矩大,静态机械特性硬度大,不怕冲击负载,具有挖土机特性。从目前市场情况看,这种变频器的性能价格比还是相当令人满意的。

恒转矩负载下的传动电动机,如果采用通用标准电动机,则应考虑低速下的强迫通风冷却。新设备投产,可以考虑专为变频调速设计加强绝缘等级并考虑低速强迫通风的变频专用电动机。

轧钢、造纸、塑料薄膜加工线这一类对动态性能要求较高的生产机械,原来多采用直流传动。目前,矢量控制型变频器已经通用化,并且笼型异步电动机具有坚固耐用、维护容易、价格便宜等一些优点,对于要求高精度、快响应的生产机械,采用矢量控制高性能通用变频器是一种良好的选择。

3. 恒功率负载

如机床主轴和轧钢、造纸机、塑料薄膜生产线中的卷曲机、开卷机等所要求的转矩,与转速成反比。负载的恒功率性质是就一定的速度变化范围而言的。当速度很低时,受机械强度的限制,负载转矩不可能无限增大,在低速下转变为恒转矩性质。负载的恒功率区和恒转矩区对传动方案的选择有很大影响。

如果电动机的恒转矩和恒功率调速的范围与负载的恒转矩和恒功率范围相一致,即所谓匹配的情况下,电动机容量和变频器的容量均最小。但是,如果负载要求的恒功率范围很宽,要维持低速下的恒功率关系,对变频调速而言,电动机和变频器的容量不得不增大,控制装置的成本就会加大。所以,在可能的情况下,尽量采用折中的方案,适当地缩小恒功率范围(以满足生产工艺为前提),可减小电动机和变频器的容量,降低成本。一般依靠 U/f 控制方式来实现恒功率。

7.1.2　变频器容量的选择

变频器的容量一般用额定输出电流(A)、输出容量(kV·A)、适用电动机功率(kW)表示。其中,额定输出电流为变频器可以连续输出的最大交流电流有效值。输出容量是决定于额定输出电流与额定输出电压的三相视在输出功率。适用电动机功率是以 2、4 极的标准电动机为对象,表示在额定输出电流以内可以驱动的电动机功率。6 极以上的电动机和变极电动机等特殊电动机的额定电流比标准电动机大,不能根据适用电动机的功率选择变频器容量。因此,用标准 2、4 极电动机拖动的连续恒定负载,变频器的容量可根据适用电动机的功率选择;对于用 6 极以上和变极电动机拖动的负载、变动负载,变频器的容量应按运行过程中出现的最大工作电流来选择。

1. 根据电动机电流选择变频器容量

采用变频器对异步电动机进行调速时,在异步电动机确定后,通常根据异步电动机的额定电流来选择变频器,或者根据异步电动机实际运行中的电流值(最大值)来选择变频器。

(1)连续运行的场合

由于变频器供给电动机的电流是脉动电流,其脉动值比工频供电时的电流要大。因此,应将变频器的容量留有适当的裕量。通常应使变频器的额定输出电流大于等于(1.05~1.1)倍电动机的额定电流(铭牌值)或电动机实际运行中的最大电流。

(2)加、减速时变频器容量的选定

变频器的最大输出转矩是由变频器的最大输出电流决定的。一般情况下,对于短时间的加、减速而言,变频器允许达到额定输出电流的 130%~150%(视变频器容量有别)。在短时间加、减速时的输出转矩也可以增大;反之如只需要较小的加、减速转矩时,也可降低选择变频器的容量。由于电流的脉动原因,此时应将变频器的最大输出电流降低 10% 再进行选定。

(3)频繁加、减速运转时变频器容量的选定

对于频繁加、减速运转时,可根据加速、恒速、减速等各种运行状态下变频器的电流值来确定变频器额定输出电流 I_{1NV}。

$$I_{1NV} = \left[(I_1 t_1 + I_2 t_2 + \cdots)/(t_1 + t_2 + \cdots) \right] K_0 \tag{7-1}$$

式中,I_1、I_2——各运行状态下的平均电流(A);

　　t_1、t_2——各运行状态下的时间(s);

　　K_0——安全系数(频繁运行时 K_0 取 1.2,一般运行时取 1.1)。

(4)电流变化不规则的场合

运行中如果电动机电流不规则变化,此时不易获得运行特性曲线。这时,可使电动机在输出最大转矩时的电流限制在变频器的额定输出电流内进行选定。

(5)电动机直接起动时所需变频器容量的选定

通常,三相异步电动机直接用工频起动时起动电流为其额定电流的 5~7 倍,直接起动时可按下式选择变频器。

$$I_{1NV} \geqslant I_K/K_g \tag{7-2}$$

式中,I_K——在额定电压、额定频率下电动机起动时的堵转电流(A);

　　K_g——变频器的允许过载倍数(1.3~1.5)。

（6）多台电动机共享一台变频器供电

多台电动机由一台变频器供电且同时起动时所需的电流最大。一般情况下,功率较小的电动机（小于 7.5 kW）采用直接起动,功率较大的则使用变频器功能实行软起动。此时,变频器输出的额定电流按下式计算。

$$I_{1NV} \geqslant (\sum I_K + \sum I_{MN})/K_g \tag{7-3}$$

式中,$\sum I_K$——所有直接起动电动机的堵转电流之和;

　　$\sum I_{MN}$——所有软起动电动机的额定电流之和。

2. 根据变频器与电动机组成的不同调速系统,选择变频器的容量

（1）变频器驱动单台电动机时的容量

连续恒载运行时,变频器的容量 P_{CN} 的计算如式（7-4）和式（7-5）所示。式（7-4）满足负载的输出要求,式（7-5）实现与电动机容量的配合。电动机运行时要同时满足两式。

$$P_{CN} \geqslant \frac{kP_M}{\eta \cos \varphi} \tag{7-4}$$

$$P_{CN} \geqslant \sqrt{3}\, kU_M I_M \times 10^{-3} \tag{7-5}$$

式中,P_M——电动机轴上输出的机械功率（kV·A）;

　　η——电动机的效率;

　$\cos \varphi$——电动机的功率因数;

　　U_M——电动机的电压（V）;

　　I_M——电动机的电流（A）;

　　k——电流波形的修正系数,PWM 方式通常取 1.0～1.5;

　P_{CN}——变频器的额定容量（kV·A）。

（2）变频器驱动多台电动机时的容量

变频器驱动多台电动机时,需要考虑变频器的过载能力,要保证变频器的额定电流大于所有电动机的运行电流之和。设变频器的过载能力为 K_g,允许过载的时间为 1 min,如果电动机的加速时间在 1 min 以下时,则变频器的容量按式（7-6）计算,如果电动机的加速时间在 1 min 以上时,则变频器的容量按式（7-7）计算。

$$K_g P_{CN} \geqslant \frac{kP_M}{\eta \cos \varphi} [N_T + N_S(k_S - 1)] \tag{7-6}$$

$$P_{CN} \geqslant \frac{kP_M}{\eta \cos \varphi} [N_T + N_S(k_S - 1)] \tag{7-7}$$

式中,N_T——电动机并联的台数;

　　N_S——电动机同时起动的台数;

　　k_S——电动机起动电流与电动机额定电流的比值

（3）大惯量负载起动时变频器的容量

大惯量负载起动时变频器的容量按式（7-8）计算。

$$P_{CN} \geqslant \frac{kn_M}{9\,550\eta \cos \varphi} \left[T_L + \frac{GD^2 n_M}{375 t_A} \right] \tag{7-8}$$

式中,GD^2——换算到电动机轴上的总 GD^2（N·m^2）;

　　T_L——负载转矩（N·m）;

t_A——根据负载要求电动机的加速时间(s);

n_M——电动机的额定转速(r/min)。

3. 容量选择注意事项

(1)并联追加投入起动

用 1 台变频器使多台电动机并联运行时,如果所有电动机同时起动加速,可按如前所述选择容量。但是对于一小部分电动机开始起动后再追加投入其他电动机起动的场合,此时,变频器的电压、频率已经上升,追加投入的电动机将产生大的起动电流。因此,变频器容量与同时起动时相比需要大些。

(2)大过载容量

根据负载的种类往往需要过载容量大的变频器。通用变频器过载容量通常多为 125%、60 s 或 150%、60 s,需要超过此值的过载容量时必须增大变频器的容量。

(3)轻载电动机

电动机的实际负载比电动机的额定输出功率小时,则认为可选择与实际负载相称的变频器容量。对于通用变频器,即使实际负载小,使用比按电动机额定功率选择的变频器容量小的变频器并不理想。

(4)输出电压

变频器的输出电压按电动机的额定电压选定。在我国低压电动机多数为 380 V,可选用 400 V 系列变频器。应当注意变频器的工作电压是按 U/f 曲线变化的。变频器规格表中给出的输出电压是变频器的可能最大输出电压,即基频下的输出电压。

(5)输出频率

变频器的最高输出频率根据机种不同而有很大不同,有 50 Hz/60 Hz、120 Hz、240 Hz 或更高。50 Hz/60 Hz 的变频器,以在额定速度以下范围内进行调速运转为目的,大容量通用变频器几乎都属于此类。最高输出频率超过工频的变频器多为小容量。在 50 Hz/60 Hz 以上区域,由于输出电压不变,为恒功率特性,要注意在高速区转矩的减小。例如,车床根据工件的直径和材料改变速度,在恒功率的范围内使用;在轻载时采用高速可以提高生产率,但需注意不要超过电动机和负载的允许最高速度。

考虑到以上各点,根据变频器的使用目的所确定的最高输出频率来选择变频器。变频器内部产生的热量大,考虑到散热的经济性,除小容量变频器外几乎都是开启式结构,采用风扇进行强制冷却。变频器设置场所在室外或周围环境恶劣时,最好装在独立盘上,采用具有冷却热交换装置的全封闭式结构。

专题 7.2 变频器外围电器的选择

变频器的运行离不开某些外围设备,选用外围设备通常是为了提高变频器的某些性能、对变频器和电动机进行保护以及减小变频器对其他设备的影响等。变频器的外围设备如图 7-1 所示,各种不同型号的变频器的主回路端子差别不大,通常用 R、S、T 或 L1、L2、L3 表示交流电源的输入端,U、V、W 表示变频器的输出端。在实际应用中,图 7-1 所示电路中的电器并不一定全部都要连接,有的电器通常都是选购件。

7.2.1　低压断路器

1. 低压断路器的功能

低压断路器俗称为空气开关,低压断路器的功能主要有:

(1) 隔离作用

当变频器进行维修时,或长时间不用时,将其切断,使变频器与电源隔离,确保安全。

(2) 保护作用

低压断路器具有过电流及欠电压等保护功能,当变频器的输入侧发生短路或电源电压过低等故障时,可迅速进行保护。

由于变频器有比较完善的过电流和过载保护功能,且低压断路器也具有过电流保护功能,故进线侧可不接熔断器。

2. 低压断路器的选择

因为低压断路器具有过电流保护功能,为了避免不必要的误动作,选用时应充分考虑电路中是否有正常过电流。在变频器单独控制电路中,属于正常过电流的情况有:

① 变频器刚接通瞬间,对电容器的充电电流可高达额定电流的 2~3 倍。

② 变频器的进线电流是脉冲电流,其峰值经常可能超过额定电流。

一般变频器允许的过载能力为额定电流的 150% ,运行 1 min。所以为了避免误动作,低压断路器的额定电流 I_{QN} 应选

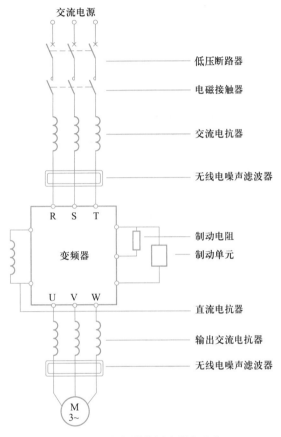

交流电源

低压断路器
电磁接触器
交流电抗器
无线电噪声滤波器

R　S　T
变频器
U　V　W

制动电阻
制动单元

直流电抗器
输出交流电抗器
无线电噪声滤波器

M
3~

图 7-1　变频器外围电器的连接

$$I_{QN} \geqslant (1.3 \sim 1.4) I_N \tag{7-9}$$

式中,I_N 为变频器的额定电流。

在电动机要求实现工频和变频的切换控制电路中,低压断路器应按电动机在工频下的起动电流来进行选择

$$I_{QN} \geqslant 2.5 I_{MN} \tag{7-10}$$

式中,I_{MN} 为电动机的额定电流。

7.2.2　接触器

1. 接触器的功能

接触器的功能是在变频器出现故障时切断主电源,并防止掉电及故障后的再起动。

2. 接触器的选择

接触器根据连接的位置不同,其型号的选择也不尽相同,下面以图 7-1 所示电路为例,介绍接触器的选择方法。

（1）输入侧接触器的选择

输入侧接触器的选择原则是，主触点的额定电流 I_{KN} 只需大于或等于变频器的额定电流 I_N 即可。

$$I_{KN} \geq I_N \tag{7-11}$$

（2）输出侧接触器的选择

输出侧接触器仅用于和工频电源切换等特殊情况下，一般不用。因为输出电流中含有较强的谐波成分，其有效值略大于工频运行时的有效值，故主触点的额定电流 I_{KN} 满足

$$I_{KN} \geq 1.1 I_{MN} \tag{7-12}$$

式中，I_{MN} 为电动机的额定电流。

（3）工频接触器的选择

工频接触器的选择应考虑到电动机在工频下的起动情况，其触点电流通常可按电动机的额定电流再加大一个档次来选择。

7.2.3　输入交流电抗器

输入交流电抗器可抑制变频器输入电流的高次谐波，明显改善功率因数。输入交流电抗器为选购件，在以下情况下应考虑接入交流电抗器：

① 变频器所用之处的电源容量与变频器容量之比为 10∶1 以上。

② 同一电源上接有晶闸管变流器负载或在电源端带有开关控制调整功率因数的电容器。

③ 三相电源的电压不平衡度较大（≥3%）。

④ 变频器的输入电流中含有许多高次谐波成分，这些高次谐波电流都是无功电流，使变频调速系统的功率因数降低到 0.75 以下。

⑤ 变频器的功率大于 30 kW。

接入的交流电抗器应满足以下要求：电抗器自身分布电容小；自身的谐振点要避开抑制频率范围；保证工频压降在 2% 以下，功耗要小。

常用交流电抗器的规格见表 7-1。

表 7-1　常用交流电抗器的规格

电动机容量/kW	30	37	45	55	75	90	110	132	160	200	220
变频器容量/kW	30	37	45	55	75	90	110	132	160	200	220
电感量/mH	0.32	0.26	0.21	0.18	0.13	0.11	0.09	0.08	0.06	0.05	0.05

交流电抗器的型号规定：ACL-□，其中型号中的□为使用变频器的容量千瓦数。例如，132 kW 的变频器应选择 ACL-132 型电抗器。

7.2.4　无线电噪声滤波器

变频器的输入和输出电流中都含有很多高次谐波成分。这些高次谐波电流除了增加输入侧的无功功率、降低功率因数（主要是频率较低的谐波电流）外，频率较高的谐波电流还将以各种方式把自己的能量传播出去，形成对其他设备的干扰，严重的甚至还可能使某些设备无法正常工作。

滤波器是用来削弱这些较高频率的谐波电流,以防止变频器对其他设备的干扰。滤波器主要由滤波电抗器和电容器组成。图 7-2(a)所示为输入侧滤波器;图 7-2(b)所示为输出侧滤波器。应注意的是:变频器输出侧的滤波器中,其电容器只能接在电动机侧,且应串入电阻,以防止逆变器因电容器的充、放电而受冲击。

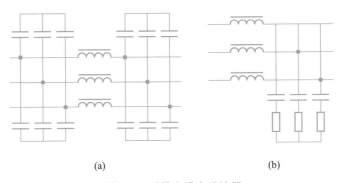

(a)   (b)

图 7-2 无线电噪声滤波器

(a)输入侧滤波器;(b)输出侧滤波器

在对防止无线电干扰要求较高及要求符合 CE、UL、CSA 标准的使用场合,或变频器周围有抗干扰能力不足的设备等情况下,均应使用该滤波器。安装时注意接线尽量缩短,滤波器应尽量靠近变频器。

7.2.5 制动电阻及制动单元

制动电阻及制动单元的功能是当电动机因频率下降或重物下降(如起重机械)而处于再生制动状态时,避免在直流回路中产生过高的泵生电压。

1. 制动电阻 R_B 的选择

(1)制动电阻 R_B 的大小

$$\frac{U_{DH}}{2I_{MN}} \leqslant R_B \leqslant \frac{U_{DH}}{I_{MN}} \tag{7-13}$$

式中,U_{DH} 为直流回路电压的允许上限值(V),$U_{DH} \approx 600$ V。

(2)电阻的功率 P_B

$$P_B = \frac{U_{DH}^2}{\gamma R_B} \tag{7-14}$$

式中,γ 为修正系数。

① 在不反复制动的场合:设 t_B 为每次制动所需时间;t_C 为每个制动周期所需时间。

如每次制动时间小于 10 s,可取 $\gamma=7$;如每次制动时间超过 100 s,可取 $\gamma=1$;如每次制动时间在两者之间,则 γ 大体上可按比例算出。

② 在反复制动的场合 如 $t_B/t_C \leqslant 0.01$,取 $\gamma=5$;如 $t_B/t_C \geqslant 0.15$,取 $\gamma=1$;如 $0.01 < t_B/t_C < 0.15$,则 γ 大体上可按比例算出。

③ 常用制动电阻的阻值与容量的参考值见表 7-2。

表 7-2 常用制动电阻的阻值与容量的参考值

电动机容量/kW	电阻值/Ω	电阻功率/kW	电动机容量/kW	电阻值/Ω	电阻功率/kW
0.40	1 000	0.14	37	20.0	8
0.75	750	0.18	45	16.0	12
1.50	350	0.40	55	13.6	12
2.20	250	0.55	75	10.0	20
3.70	150	0.90	90	10.0	20
5.50	110	1.30	110	7.0	27
7.50	75	1.80	132	7.0	27
11.0	60	2.50	160	5.0	33
15.0	50	4.00	200	4.0	40
18.5	40	4.00	220	3.5	45
22.0	30	5.00	280	2.7	64
30.0	24	8.00	315	2.7	64

由于制动电阻的容量不易准确掌握,如果容量偏小,则极易烧坏。所以,制动电阻箱内应附加热继电器。

2. 制动单元

一般情况下,只需根据变频器的容量进行配置即可。

7.2.6 直流电抗器

直流电抗器可将功率因数提高至 0.9 以上。由于其体积较小,因此许多变频器已将直流电抗器直接装在变频器内。

直流电抗器除了提高功率因数外,还可削弱在电源刚接通瞬间的冲击电流。如果同时配用交流电抗器和直流电抗器,则可将变频调速系统的功率因数提高至 0.95 以上。常用直流电抗器的规格见表 7-3。

表 7-3 常用直流电抗器的规格

电动机容量/kW	30	37~55	75~90	110~132	160~200	220	280
允许电流/A	75	150	220	280	370	560	740
电感量/μH	600	300	200	140	110	70	55

7.2.7 输出交流电抗器

输出交流电抗器用于抑制变频器的辐射干扰和感应干扰,还可以抑制电动机的振动。输出交流电抗器是选购件,当变频器干扰严重或电动机振动时,可考虑接入。输出交流电抗器的选择与输入交流电抗器相同。

专题 7.3　变频器在料车卷扬调速系统中的应用

7.3.1　系统概述

在冶金高炉炼铁生产线上,一般将把准备好的炉料从地面的储矿槽运送到炉顶的生产机械称为高炉上料设备。它主要包括料车坑、料车、斜桥、上料机。料车的机械传动系统如图 7-3 所示。

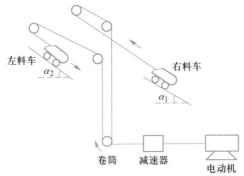

图 7-3　料车的机械传动系统图

在工作过程中,两个料车交替上料,当装满炉料的料车上升时,空料车下行,空车重量相当于一个平衡锤,平衡了重料车的车厢自重。这样,上行或下行时,两个料车由一个卷扬机拖动,不但节省了拖动电动机的功率,而且当电动机运转时总有一个重料车上行,没有空行程。这样使拖动电动机总是处于电动状态运行,避免了电动机处于发电运行状态所带来的一些问题。

料车卷扬机是料车上料机的拖动设备,其结构如图 7-4 所示。根据料车的工作过程,卷扬机的工作特点主要有:

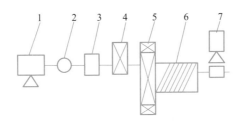

图 7-4　料车卷扬机示意图

1—电动机;2—联轴节;3—抱闸;4—减速机;5—卷筒齿轮传动机构;6—卷筒;7—断电器

① 能够频繁起动、制动、停车、反向运行,转速平稳,过渡时间短。

② 能按照一定的速度曲线运行。

③ 调速范围广,一般调速范围为 0.5 ~ 3.5 m/s,目前料车最大线速度可达 3.8 m/s。

④ 系统工作可靠。料车在进入曲线轨迹段和离开料坑时不能有高速冲击,终点位置能准确停车。

现假定有某钢铁厂 100 m³ 高炉,电动机容量为 37 kW,转速为 740 r/min,卷筒直径为 500 mm,总减速比为 15.75,最大钢绳速度为 1.5 m/s,料车全行程时间为 40 s,钢绳全行程为 51 m。

料车运行分析:料车在斜桥上的运行分为起动、加速、稳定运行、减速、倾翻和制动共 6 个阶段,在整个过程中包括一次加速、两次减速。

7.3.2 变频器及主要设备的选择

1. 交流电动机的选用

炼铁高炉主卷扬机变频调速拖动系统在选择交流异步电动机时,需要考虑以下问题:应注意低频时有效转矩必须满足的要求;电动机必须有足够大的起动转矩来确保重载起动。针对本系统 100 m³ 的高炉,选用 Y280S-8 三相交流异步电动机,其额定功率为 37 kW,额定电流为 78.2 A,额定电压为 380 V,额定转速为 740 r/min,效率为 91%,功率因数为 0.79。

2. 变频器的选择

(1)变频器的容量

高炉卷扬系统具有恒转矩特性,重载起动时,变频器的容量应按运行过程中可能出现的最大工作电流来选择,即

$$I_N > I_{Mmax} \tag{7-15}$$

式中,I_N 为变频器的额定电流;I_{Mmax} 为电动机的最大工作电流。

变频器的过载能力通常为变频器额定电流的 1.5 倍,这只对电动机的起动或制动过程才有意义,不能作为变频器选型时的最大电流。因此,所选择的变频器容量应比变频器说明书中的"配用电动机容量"大一挡至二挡;且应具有无反馈矢量控制功能,使电动机在整个调速范围内,具有真正的恒转矩,满足负载特性要求。

本系统选用西门子 MM440 变频器,额定功率 55 kW、额定电流 110 A 的变频器。该变频器采用高性能的矢量控制技术,具有超强的过载能力,能提供持续 3 s 的 200% 过载能力,同时提供低速、高转矩输出和良好的动态特性。

(2)制动单元

从上料卷扬运行特点可以看出,料车在减速或定位停车时,应选择相应的制动单元及制动电阻,使变频器直流回路的泵升电压 U_D 保持在允许范围内。

(3)控制与保护

料车卷扬系统是钢铁生产中的重要环节,拖动控制系统应保证绝对安全可靠。同时,高炉炼铁生产现场环境较为恶劣,所以,系统还应具有必要的故障检测和诊断功能。

3. PLC 的选择

可编程序控制器选用西门子 S7-300,这种型号的 PLC 具有通用性应用、高性能、模块化设计的性能特征,具备紧凑设计模块。由于使用了 MMC 存储数据和程序,系统免维护。电源模块为 PS-307 2 A,插入 1 号槽。CPU 为 CPU315-2DP(保留 PROFIBUS-DP 接口,为今后组成网络做准备),型号 6ES7 315-1AF03-0AB0,插入 2 号槽。数字输入模块选 SM 321DI16×DC24 V,型号 6ES7 321-1BH02-0AA0 两块,一块插入 4 号槽内,地址范围为 I0.0 ~ I0.7 及 I1.0 ~ I1.7;另一块插入 5 号槽内,地址范围为 I4.0 ~ I4.7 及 I5.0 ~ I5.7。数字输出模块选 SM322 DO16×DC24 V/0.5 A,6ES7 322-1BH01-0AA0 型一块,插入 6 号槽内,地址范围为 Q8.0 ~ Q8.7 及 Q9.0 ~ Q9.7。

7.3.3 变频调速系统设计

1. 基本工作原理

根据料车运行速度要求,电动机在高速、中速、低速段的速度曲线采用变频器设定的固定频率,按速度切换主令控制器发出的信号,由 PLC 控制转速的切换。变频调速系统电路原理图如图 7-5

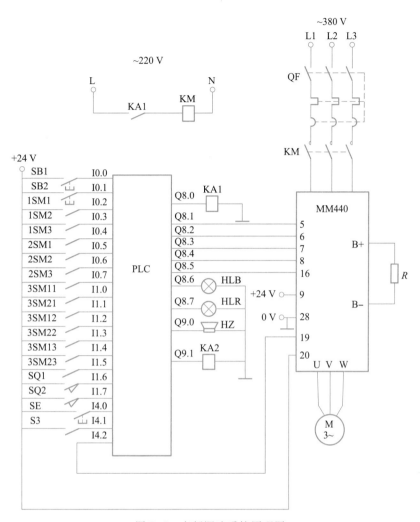

图 7-5　变频调速系统原理图

所示。根据料车运行速度,可画出变频器频率曲线,如图 7-6 所示。图中 OA 为重料车起动加速段,加速时间为3 s;AB 为料车高速运行段,f_1 = 50 Hz 为高速运行对应的变频器频率,电动机转速为 740 r/min,钢绳速度为 1.5 m/s;BC 为料车的第一次减速段,由主令控制器发出第一次减速信号给 PLC,由 PLC 控制 MM440 变频器,使频率从 50 Hz 下降到 20 Hz,电动机转速从 740 r/min 下降到 296 r/min,钢绳速度从 1.5 m/s 下降到 0.6 m/s,减速时间为 1.8 s;CD 为料车中速运行段,频率为 f_2 = 20 Hz;DE 为料车第二次减速段,由主令控制器发出第二次减速信号给 PLC。由 PLC 控制 MM440,使频率从 20 Hz 下降到 6 Hz,电动机转速从 296 r/min 下降到 88.8 r/min,钢绳速度从 0.6 m/s 下降到 0.18 m/s;EF 为料车低速运行段,频率为 f_3 = 6 Hz;FG 为料车制动停车段,当料车运行至高炉顶时,限位开关发出停车命令,由 PLC 控制 MM440 变频器完成停车。左右料车运行速度曲线一致。

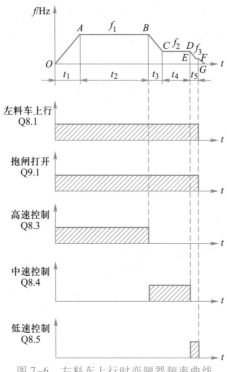

图 7-6　左料车上行时变频器频率曲线

2. 变频器参数设置

按图 7-5 所示接线,合上电源,开始设置 MM440 变频器的参数,设置 P0010 = 30,P0970 = 1,然后按下 P 键,使变频器恢复到出厂默认值。MM440 变频器各项参数设置如表 7-4 所示。

表 7-4　MM440 变频器各项参数设置表

参数	设置值	说明	参数	设置值	说明
P0100	0	功率以 kW 表示,频率为 50 Hz	P0704	17	设置固定频率 2(Hz)
P0300	1	电动机类型选择(异步电动机)	P0705	17	设置固定频率 3(Hz)
P0304	380	电动机额定电压(V)	P0731	52.3	变频器故障
P0305	78.2	电动机额定电流(A)	P1000	3	选择固定频率设定值
P0307	37	电动机额定功率(kW)	P1001	50	设置固定频率 f_1 = 50 Hz
P0309	91	电动机额定效率(%)	P1002	20	设置固定频率 f_2 = 20 Hz
P0310	50	电动机额定频率(Hz)	P1004	6	设置固定频率 f_3 = 6 Hz
P0311	740	电动机额定转速(r/min)	P1080	0	电动机运行的最低频率(Hz)
P0700	2	命令源选择"由端子排输入"	P1082	50	电动机运行的最高频率(Hz)
P0701	1	ON 接通正转,OFF 停止	P1120	3	斜坡上升时间(s)
P0702	2	ON 接通反转,OFF 停止	P1121	3	斜坡下降时间(s)
P0703	17	设置固定频率 1(Hz)	P1300	20	变频器为无速度反馈的矢量控制

3. S7-300 PLC 程序设计

S7-300 PLC 的 I/O 分配表如表 7-5 所示,数字输出对应 MM440 变频器的高、中、低三种运行频率,如表 7-6 所示。

表 7-5　S7-300 PLC 的 I/O 分配表

设备	地址	设备	地址
主接触器合闸按钮 SB1	I0.0	右车限位开关 SQ2	I1.7
主接触器分闸按钮 SB2	I0.1	急停开关 SE	I4.0
1SM 左车上行触头 1SM1	I0.2	松绳保护开关 S3	I4.1
1SM 右车上行触头 1SM2	I0.3	变频器故障保护输出 19、20	I4.2
1SM 手动停车触头 1SM3	I0.4	变频器合闸继电器 KA1	Q8.0
2SM 手动操作触头 2SM1	I0.5	左料车上行(5 端口)	Q8.1
2SM 自动操作触头 2SM2	I0.6	右料车上行(6 端口)	Q8.2
2SM 停车触头 2SM3	I0.7	高速运行(7 端口)	Q8.3
3SM 左车快速上行触头 3SM11	I1.0	中速运行(8 端口)	Q8.4
3SM 右车快速上行触头 3SM21	I1.1	低速运行(16 端口)	Q8.5
3SM 左车中速上行触头 3SM12	I1.2	工作电源指示 HLB	Q8.6
3SM 右车中速上行触头 3SM22	I1.3	故障灯光指示 HLR	Q8.7
3SM 左车慢速上行触头 3SM13	I1.4	故障音响报警 HZ	Q9.0
3SM 右车慢速上行触头 3SM23	I1.5	报闸继电器 KA2	Q9.1
左车限位开关 SQ1	I1.6		

表 7-6　MM440 运行频率表

固定频率	Q8.5 对应 16 端口	Q8.4 对应 8 端口	Q8.3 对应 7 端口	MM440 频率参数	MM440 频率/Hz
高 f_1	0	0	1	P1001	50
中 f_2	0	1	0	P1002	20
低 f_3	1	0	0	P1004	6

利用西门子 STEP7 软件编写 PLC 梯形图程序进行速度控制,梯形图如图 7-7 所示。

采用 PLC 变频调速系统提高了系统运行的平稳性、工作的可靠性,操作与维护也很方便,同时节约了大量电能。由于系统在设置参数 P1300 时采用的是无速度反馈的矢量控制方式对电动机的速度进行控制,可以得到大的转矩,改善瞬态响应特性,具有良好的速度稳定性,而且在低频时可以提高电动机的转矩。这种高炉主卷扬机调速系统将会给企业带来更大的效益。

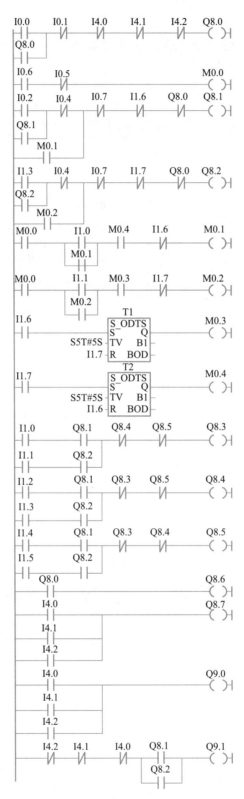

图 7-7　PLC 梯形图程序

项目 7.4　变频器在恒压供水系统中的应用

项目引入

城市生活中由于用户用水的多少是经常变动的,因此供水不足或供水过剩的情况时有发生。而用水和供水之间的不平衡集中地反映在供水的压力上,即用水多而供水少,则压力低;用水少而供水多,则压力大。保持供水的压力恒定,可使供水和用水之间保持平衡,即用水多时供水也多,用水少时供水也少,从而提高了供水的质量。

恒压供水系统对于某些工业或特殊用户是非常重要的。例如在某些生产过程中,若自来水供水因故压力不足或短时断水,可能影响产品质量,严重时使产品报废和设备损坏。又如当发生火警时,若供水压力不足或无水供应,不能迅速灭火,可能引起重大经济损失和人员伤亡。所以,某些用水区采用恒压供水系统,具有较大的经济和社会意义。

用变频调速来实现恒压供水,与用调节阀门来实现恒压供水相比较节能效果十分显著(可根据具体情况计算出来)。其优点是,起动平稳,起动电流可限制在额定电流以内,从而避免了起动时对电网的冲击;由于泵的平均转速降低了,从而可延长泵和阀门等的使用寿命,消除起动和停机时的水锤效应。

项目内容

某一拖二恒压供水系统,变频器为 MM440,其内部有 PID 调节器,利用 MM440 变频器可以构成 PID 闭环控制。现用变频器进行恒压 PI 调节,同时当变频器工作于 50 Hz 时,进行加泵切换。通过变频器参数设置和外端子接线来实现变频器的运行,使输出值与给定值之间自动调节以达到被控对象的相对稳定。

项目目的

一、了解变频恒压供水的节能原理。
二、理解变频恒压供水系统的构成和工作过程。
三、能够正确进行系统的接线及变频器参数设置。
四、理解一拖多供水系统的工作情况。
五、能进行系统的调试。

相关知识

一、PID 控制系统的构成

变频恒压供水系统是一种先进的、合理的供水系统,与用调节阀门来实现恒压供水相比较,节能效果十分显著。根据离心泵的负载工作原理可知:

流量与转速成正比:$Q \propto n$;转矩与转速的 2 次方成正比:$T \propto n^2$;功率与转速的三次方成正比:$P \propto n^3$。

某变频恒压供水控制系统运行时,测得并计算的相关数据如表 7-7 所示。

表 7-7　电动机运行频率与功率关系

变频器/电动机稳态运行频率/Hz	变频器输出/电动机输入电流 I/A	变频器输出/电动机输入电压 U/V	水泵消耗功率/电动机消耗的视在功率 S/(V·A)
51.64	2.15	379	1 411.32
45.94	1.9	313	1 030.02
39.63	1.45	236	592.96
34.82	1.25	183	396.195
29.96	1.0	137	237.284
26.73	0.9	112	174.59
22.66	0.75	82	106.815

以电动机消耗的视在功率 $S=\sqrt{3}\,UI$ 作为水泵消耗的功率。随着变频器输出频率的降低,水泵(电动机)的转速亦相应降低 $[n=60f(1-s)/p]$,而水泵所消耗的功率也相应地大幅度降低。如表 7-7 中所示:当变频器输出频率为 $f=51.64$ Hz 时,水泵消耗的功率为 1 411.32 V·A;当变频器输出频率为 $f=26.73$ Hz 时,水泵消耗的功率为 174.59 V·A,转速降低为原来的 1/2 左右,水泵消耗的功率降为原来的 1/8 左右。

根据理论,水泵消耗的功率与其转速的 3 次方成正比。如今频率由 51.64 Hz 降为 26.73 Hz,水泵(电动机)的转速降为原来的 1/2 左右,故水泵消耗的功率应该为原来的 1/8 左右,符合理论。

二、变频恒压供水系统的构成

变频恒压供水系统的构成框图如图 7-8 所示,变频器有两个控制信号:目标信号和反馈信号。

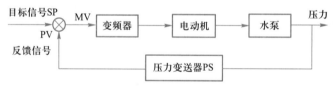

图 7-8　变频恒压供水系统框图

1. 目标信号

该信号是一个与压力的控制目标相对应的值,通常用百分数表示。目标信号也可以用键盘直接给定,而不必通过外接电路来给定。

2. 反馈信号

反馈信号是压力变送器 PS 反馈回来的信号,该信号反映实际压力的大小。

3. 目标信号的确定

目标信号的大小除了和所要求的压力的控制目标有关,还和压力变送器 PS 的量程有关。

三、变频控制恒压供水装置

目前国内各厂商生产的变频控制恒压供水装置大体有单机控制、变频恒压供水控制器控制、带 PID 调节器和可编程序控制器控制及供水专用变频器控制 4 种结构类型,控制方式有人工设定频率值、按时间段自动设定频率和按压力信号自动控制 3 种。上述 4 种结构类型各有特点,可满足不同的应用需要。

1. 单机控制

它是一台泵固定于变频状态,其余泵均为工频状态的方式。

2. 变频恒压供水控制器控制

它是通过外加的专用控制器控制变频器,实现多泵循环变频控制。

3. 带 PID 调节器和可编程序控制器控制

外加 PID 调节器和可编程序控制器构成闭环控制系统,通过安装在管网上的压力传感器,把水压转换成 4 ~ 20 mA 的反馈信号。将压力设定信号和反馈信号输入可编程序控制器后,经可编程序控制器内部的 PID 控制程序,输出转速控制信号给变频器控制水泵机组的转速。有的是将压力设定信号和反馈信号送入外加的智能 PID 调节器,经运算后,输出转速控制信号给可编程序控制器,再由可编程序控制器控制变频器或直接给通用变频器控制水泵机组的转速。

4. 供水专用变频器控制

现在多数变频器厂商均生产恒压供水专用变频器,这种变频器是专为具有流量和压力控制特点及主要以节能为应用目的的风机、泵类、空气压缩机等流体机械设计和生产的专用变频器。采用这种专用变频器构成恒压供水系统的最大优点是变频器外围元件少,布线简化。

四、变频调速控制恒压供水系统的设计

1. 变频调速控制恒压供水系统的设计要点

(1) 变频器的选型和控制方式

由专题 7.1 可知,对于风机和泵类负载。通常可以选择普通功能型。另外,目前大部分变频器生产厂都专门生产了"风机、泵类专用型"的变频器系列,一般情况下可直接选用。

控制方式应选用 U/f 控制方式为宜,对于水泵来说,宜选用负载补偿程度较轻的 U/f 线。对于具有恒转矩特性的齿轮泵以及应用在特殊场合的水泵,则应以带得动为原则,根据具体工况进行设定。

(2) 变频器的容量

一般来说,当由一台变频器控制一台电动机时,只需使变频器的配用电动机容量与实际电动机容量相符即可。当一台变频器同时控制两台电动机时,原则上变频器的配用电动机容量应该等于两台电动机的容量之和。但如果在高峰负载时的用水量比两台水泵全速供水的供水量相差很多时,可以考虑适当减小变频器的容量,但应注意留有足够的裕量。

(3) 电动机的热保护

虽然水泵在低速运行时,电动机的工作电流较小,但是,当用户的用水量变化频繁时,电动机处于频繁的升、降速状态,而升、降速的电流可能略超过电动机的额定电流,导致电动机过热。因此,电动机的热保护是必需的。对于这种由于频繁地升、降速而积累起来的温升,变频器内的电子热保护功能是难以起到保护作用的,所以应采用热继电器来进行电动机的热保护。

(4) 主要的功能预置

① 最高频率:应以电动机的额定频率为变频器的最高工作频率。

② 升、降速时间:在采用 PID 调节器的情况下,升降速时间应尽量设定得短一些,以免影响由 PID 调节器决定的动态响应过程。如变频器本身具有 PID 调节功能时,只要在预置时设定 PID 功能有效,则所设定的升速和降速时间将自动失效。

2. 变频器 PID 调节功能

现代的变频器一般都具有 PID 调节功能,其内部的框图如图 7-9 所示,SP 和 PV 两者是相减的,其合成信号 MV = (SP-PV),经过 PID 调节处理后得到频率给定信号,决定变频器的输出频率 f。当用水流量减小时,供水能力大于用水流量,则供水压力 PV 上升,合成信号 (SP-PV) 下降,变频器输出频率 f 下降,电动机转速 n 下降,供水能力下降,直至压力大小恢复到目标值,供水能力与用水流量重新平衡;反之,当用水流量增加,则 PV 下降,MV 上升,f 上升,n 上升,供水能力上升,又达到新的平衡。总之,变频恒压供水控制系统的运行状态是:当用水量的变化引起变频器的输出频率变化,水泵转速相应改变,供水量随之得到调节;当达到设定供水量时,水泵机组的转速不再变化,使管网压力恒定在设定压力值上,以达到恒压供水的目的。

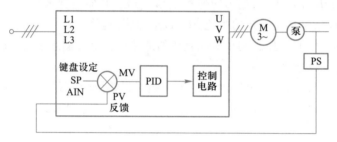

图 7-9　变频器 PID 调节功能

3. 测压设备与变频器的连接

① 压力变送器。其输出信号是随压力而变的电压或电流信号,如图 7-10(a) 所示。当距离较远时,应取电流信号,以消除因线路压降引起的误差。通常取 4～20 mA,以利于区别零信号和无信号。

② 远传压力表。其基本结构是在压力表的指针轴上附加了一个能够带动电位器的滑动触点的装置,如图 7-10(b) 所示。对此,从电路器件的角度看,实际上是一个电阻值随压力而变的电位器。使用时,远传压力表的价格较低廉,但由于电位器的滑动触点,故寿命较短。

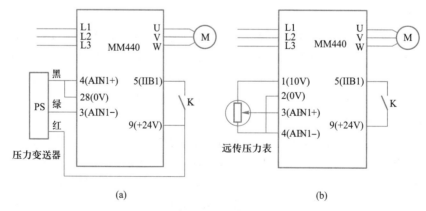

图 7-10　常见的压力变送器接线图

(a) 压力变送器与变频器的连接;(b) 远传压力表与变频器的连接

五、"1 控 X"变频供水系统

变频恒压供水系统的控制方案有一台变频器控制一台水泵的简单方案,即"1 控 1",也有一台变频器控制几台水泵的方案,即"1 控 X"方案,这是比较先进的一种方案。目前应用中大都采用"1 控 X"方案。系统通过计算判定目前是否已达到设定压力,决定是否增加(投入)或减少(撤出)水泵。即当一台水泵工作频率达到最高频率时,若管网水压仍达不到预设水压,则将此台泵切换到工频运行,变频器将自动起动第二台水泵,控制其变频运行。此后,如压力仍然达不到要求,则将该泵又切换至工频,变频器起动第三台泵,直到满足设定压力要求为止(最多可控制 6 台水泵)。反之,若管网水压大于预设水压,控制器控制变频器频率降低,使变频泵转速降低,当频率低于下限时,自动切掉一台工频泵或此变频泵,始终使管网水压保持恒定。

由于"1 控 X"变频恒压供水系统需要涉及压力 PID 控制、工频和变频的逻辑切换、轮换控制、巡检控制等功能,所以需要专门的程序控制。目前流行的"1 控 X"变频供水系统主要有以下三种方式:微机控制变频恒压供水系统、PLC 控制变频恒压供水系统、供水专用变频器型供水系统。

1. 微机控制变频恒压供水系统

此系统以多台水泵并联供水,系统设定一个恒定的压力值,当用水量变化而产生管网压力的变化时,通过远传压力表,将管网压力反馈给 PI 控制器,通过 PI 控制器调整变频器的输出频率,调节泵的转速以保持恒压供水;如不能满足供水要求时,则变频器将控制多台变频泵和工频泵的起停而达到恒压变频供水。微机控制变频恒压供水系统如图 7-11 所示。

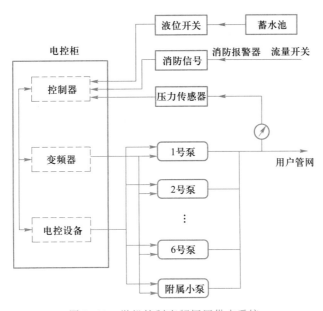

图 7-11 微机控制变频恒压供水系统

2. PLC 控制变频恒压供水系统

PLC 控制的恒压变频供水系统与微机控制器类似,所不同的是 PLC 除了完成供水控制外,还可以完成其他的特殊功能,具有更大的灵活性。

3. 供水专用变频器供水系统

现在多数变频器厂商均生产恒压供水专用变频器,例如,西门子的 MM430 变频器、丹佛斯的 VLT7000 变频器、富士公司的 P11 系列变频器、三肯公司的 IPF 系列变频器、成都希望集团的森兰 BT12S 系列变频器、深圳艾默生网络能源公司的 TD2100 系列变频器等。有些变频器有内置泵控制器,有些要外置原厂生产的供水控制基板;采用这些供水专用的变频器,不需另外配置供水系统的控制,就可完成对由 2 ~ 6 台水泵组成的供水系统的控制,使用相当方便;供水专用变频器等效于普通变频器与 PLC 的组合,是集供水控制和供水管理一体化的系统,其内置供水专用PID 调节器,只需加一只压力传感器,即可方便地组成供水闭环控制系统,传感器反馈的水压信号直接送入变频器自带的 PID 调节器输入口,而压力设定既可以使用变频器的键盘设定,也可以采用一只电位器以模拟量的形式送入;这些产品将 PID 调节器及简易的可编程序控制器的功能综合到变频器内,形成了带有各种应用宏的供水专用变频器,由于 PID 运算在变频器内部,这就省去了对可编程序控制器存储容量的要求和对 PID 算法的编程,而且 PID 参数的在线调试非常容易,这不仅降低了生产成本,而且大大提高了生产效率。

4. MM440 变频器"1 控 X"恒压供水系统

MM440 是通用变频器,它内部没有逻辑控制能力,必须增加具有逻辑切换功能的控制器,才能实现多泵的切换,切换控制一般由 PLC 控制实现。而增加(投入)或减少(撤出)水泵的信号则由变频器数字(继电器)输出提供,MM440 变频器有三个数字(继电器)输出。

(1)"1 控 4"异步切换系统

如图 7-12 所示,MM440 变频器通过接触器 K11、K21、31、K41 分别控制四台电动机;同时,接触器 K12、K22、K32、K42 又分别将四台电动机连接至主电网。变频器可以对四台电动机中的任一台实行软起动,在起动到额定转速后将其切换到主电源。接触器全部由 PLC 程序控制。

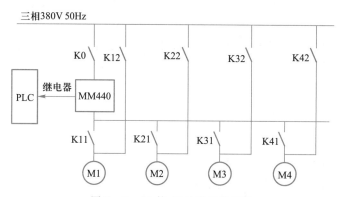

图 7-12　"1 控 4"异步切换系统

以电动机 M1 为例,首先将 K11 闭合,M1 由变频器控制调速,若水压低于设定的目标值,则电动机转速提升以提升压力;当电动机到达 50 Hz 同步转速时,MM440 变频器内部输出继电器 1 动作,送出一个开关信号给 PLC,由 PLC 控制 K11 断开,K12 吸合,电动机 M1 转由电网供电,以此类推。

如果某台电动机需要调速,则可安排到最后起动,不再切换至电网供电,而由变频器驱动调速。若此时水压高于设定的目标值,则电动机转速降低以降低压力;当电动机到达下限转速时,MM440 变频器内部输出继电器 2 动作,送出一个开关信号给 PLC,由 PLC 控制 K12 断开,直接停止电动机 M1。可采用先起先停的做法,让每台电动机的运行时间大约相等。

在系统的切换中,对变频器的保护是切换控制可靠运行的关键。系统中可采用硬件和软件的双重连锁保护。起动过程中,必须保证每台电动机由零功率开始升速。为减少电流冲击,必须在达到 50Hz 时才可切换至电网。K11 断开前,必须首先保证变频器没有输出,K11 断开后,才能闭合 K12,K11 和 K12 不可同时闭合。PLC 控制程序必须有软件连锁。

（2）数字输出参数设置

"1 控 *X*"恒压供水系统加泵的关键是变频器在输出频率为 50 Hz 时,能送出一个信号给 PLC,故只需设置变频器中继电器 1 在变频器输出频率为 50 Hz 时动作,使"19-20"闭合即可。而减泵的关键是变频器在输出频率为下限时,能送出一个信号给 PLC,只需设置变频器中继电器 2 在变频器输出频率为下限(P1080)时动作,使"21-22"闭合即可。

P0731 = 53.4(变频器实际频率大于门限频率 f_1 时继电器 1 闭合),P0732 = 53.2(变频器实际频率低于下限频率 P1080 时继电器 2 闭合),P0748 = 0(数字输出不反相),P2155 = 50(门限频率 f_1)。

项目实施

一、设备、工具和材料

MM440 变频器,S7-200 PLC,三相交流电动机,0 ~ 10 V 信号发生器,24 V 直流电源,压力变送器,继电器,熔断器,低压断路器,电工工具,万用表,按钮,导线。

二、技能训练

1. 按要求接线
2. 设置变频器相关参数
① 恢复变频器工厂默认值。按下 P 键,变频器开始复位到工厂默认值。
② 设置电动机参数,然后设 P0010 = 0,变频器当前处于准备状态,可正常运行。
③ 设置变频器控制参数。
主要参数: P0003 = 3, P0004 = 0, P0700 = 2, P0701 = 1, P1000 = 1, P1080 = 20, P1082 = 50, P2200 = 1, P0731 = 53.4, P0732 = 53.2, P2155 = 50。
④ 设置变频器目标参数。
P2253 = 2250, P2240 = 70, P2257 = 1, P2258 = 1。
⑤ 设置变频器反馈参数。
P2264 = 755.0, P2265 = 0, P2267 = 100, P2268 = 0, P2269 = 100, P2271 = 0。
⑥ 设置变频器 PI 参数(根据现场系统来设置,以下数据供参考)。
P2280 = 0.5, P2285 = 5, P2291 = 100, P2292 = 0。

三、注意事项

① MM440 变频器与 MM420 变频器的模拟量输入端口数量不同,应根据实际设备确定 PID 目标信号的给定方式。
② MM440 变频器与 MM420 变频器的继电器输出端口数量也不同,用户可根据需要进行调整。
③ 在 MM4"1 控 *X*"系统的切换中,应采用硬件和软件的双重联锁保护。

项目7.5　变频器在中央空调系统中的应用

项目引入

　　中央空调系统是现代大型建筑物不可缺少的配套设施之一,电能的消耗非常大,约占建筑物总电能消耗的 50% 。由于中央空调系统都是按最大负载并增加一定余量设计,而实际上在一年中,满负载下运行的时间并不多,一般只有十多天,几乎绝大部分时间负载都在 70% 以下运行。

　　通常中央空调系统中的冷冻主机可以根据负载变化随之加载或减载,冷冻水泵和冷却水泵却不能自动调节负载,几乎长期在 100% 负载下运行,造成了能量的极大浪费,因此,存在明显的节能空间。而且水泵系统的流量与压差是靠阀门和旁通调节完成的,因此不可避免地存在较大截流损失和大流量、高压力、低温差的现象,不仅浪费大量电能,也会造成中央空调末端达不到合理效果的情况。

　　传统水泵采用的是 Y-Δ 起动方式,电动机的起动电流均为其额定电流的 3 ~ 4 倍,在如此大的电流冲击下,电动机、接触器的使用寿命大大下降,同时,起动时的机械冲击和停泵时的水锤现象,容易对机械零件、轴承、阀门、管道等造成破坏。

　　为此,将变频技术引入中央空调系统,保持室内恒温,对其进行节能改造是降本增效的一条捷径。

项目内容

　　某中央空调冷却系统有三台水泵,现采用变频调速,整个系统由 PLC 和变频器配合实现自动恒温控制。

　　1. 按设计要求每次运行两台,一台备用,10 天轮换一次。

　　2. 三台水泵分别由电动机 M1、M2、M3 拖动,由不同的接触器实现全速运行或变频运行。

　　3. 冷却进回水温差超出上限温度时,一台水泵全速运行,另一台变频运行;冷却进回水温差小于下限温度时,一台水泵变频低速运行,另一台停机。

　　4. 变频器调速通过七段速控制来实现。

　　5. 若一台水泵出现故障,则备用水泵立即投入使用。

项目目的

　　一、了解中央空调系统的构成。
　　二、理解中央空调系统变频调速的控制方案。
　　三、能够正确进行系统的接线及变频器参数设置。
　　四、能进行系统的调试。

相关知识

一、中央空调系统的组成和工作原理

中央空调系统如图 7-13 所示,主要由主机、冷却水塔、冷却水循环系统、膨胀水箱、冷冻水循

环系统、冷却风机等部分组成。

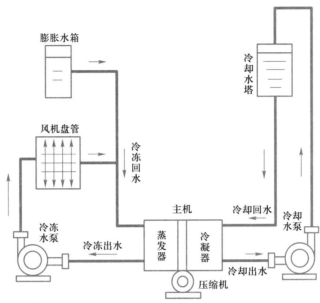

图 7-13　中央空调系统构成

1. 主机

由压缩机、蒸发器、冷凝器及冷媒（制冷剂）等组成，其工作循环过程如下：

首先，低压气态冷媒被压缩机加压后进入冷凝器并逐渐冷凝成高压液体，在冷凝过程中，冷媒会释放大量的热能，这部分热能被冷凝器中的冷却水吸收并送到室外的冷却水塔里，最终释放到空气中。

随后，冷凝器中的高压液态冷媒在流经蒸发器前的节流降压装置时，因压力的突变而气化，形成气液混合物进入到蒸发器，冷媒在蒸发器中不断气化，同时吸收冷冻水中的热量使其达到较低温度。

最后，蒸发器中气化后的冷媒又变成了低压气体，重新进入压缩机，如此循环工作。

2. 冷冻水循环系统

由冷冻水泵、室内风机及冷冻水管道等组成。从主机蒸发器流出的低温冷冻水由冷冻泵加压送入冷冻水管道（出水），进入室内在各个房间内进行热交换，带走房间内的热量，使房间内的温度下降，最后回到主机蒸发器（回水）。室内风机用于将空气吹过冷冻水管道，加速室内热交换。

3. 冷却水循环系统

由冷却水泵、冷却水管道及冷却水塔等组成。冷冻水循环系统进行室内热交换的同时，必将带走室内大量的热能，该热能通过主机内冷媒传递给冷却水，使冷却水温度升高，冷却泵将升温后的冷却水压入冷却水塔（出水），使之在冷却塔中与大气进行热交换，降温后送回到主机冷凝器（回水），如此不断循环，带走冷冻机组成释放的热量。

4. 膨胀水箱

膨胀水箱一般设于中央空调水系统最高点之上，它的作用是收集因水加热体积膨胀而增加的水容积,防止系统损坏;有利于排除水系统中的空气;稳定系统中压力。

5. 冷却风机

有两种不同用途的冷却风机。

① 盘管风机安装于所有需要降温的房间内,用于将由冷冻水盘管冷却了的冷空气吹入房间,加速房间内的热交换。

② 冷却塔风机用于降低冷却塔中的水温,加速将回水带回的热量散发到大气中。

二、中央空调变频调速系统的节能控制

中央空调系统的工作过程是一个不断进行热交换的能量转换过程。其中,冷冻水和冷却水两个循环系统是能量的主要传递者。因此,对这两个系统的控制便是中央空调控制系统的主要任务。

冷冻水和冷却水两个循环系统的回水与出水温度之差,反映了需要进行热交换的热量。因此,根据回水与出水温度之差来控制循环水的流动速度,从而控制进行热交换的速度,这是比较合理的控制方法。

总体来说,两个水循环系统均采用 PID 闭环控制,由温度传感器将所测量温度信号转换成控制信号传送到 PLC,由 PLC 控制变频器的输出频率,从而控制水泵电动机转速控制热交换速度。但是冷冻水循环系统和冷却水循环系统略有不同,具体控制如下。

1. 冷冻水循环系统的控制

由于冷冻水的出水温度是冷冻机组冷冻的结果,常常是比较稳定的。因此,单是回水温度的高低就足以反映室内的温度。所以,冷冻水泵的变频调速可以简单地根据回水温度来进行控制:回水温度高,则说明室内温度高,应提高冷冻水泵的转速,加快冷冻水的循环速度;反之,回水温度低,说明室内温度低,可降低冷冻水泵的转速,减缓冷冻水的循环速度,以节约能源。简言之,对于冷冻水循环系统,控制依据是回水温度,即通过变频调速来实现回水的恒温控制。

2. 冷却水循环系统的控制

由于冷却水的进水温度就是冷却水塔的水温,随环境温度等因素影响而变化,单侧水温不能反映冷冻机组内产生热量的多少。因此,对于冷却水泵,以其进水和回水作为控制依据,实现进水和回水的恒温差控制是比较合理的。温差大,则说明冷冻机组产生的热量大,应提高冷却水泵的转速,增大冷却水的循环速度;反之,则可减缓冷却水的循环速度,以节约能源。

3. 中央空调变频调速的控制方案

中央空调的水循环系统一般都由若干台水泵(假设三台水泵,分别是 1 号、2 号、3 号)组成,采用变频调速时,一般有两种方案。

动画
循环水系统的变频调速

(1)一台变频器方案

3 台冷冻水泵由一台变频器控制,各台水泵之间的切换方法如下。

① 先起动 1 号水泵,进行恒温度(差)控制。

② 当 1 号水泵的工作频率上升到 50 Hz,将它切换至工频电源;同时将变频器的给定频率迅速降到 0 Hz,使 2 号水泵与变频器相连,并开始起动,进行恒温度(差)控制。

③ 当 2 号水泵的工作频率上升到 50 Hz 或上限切换频率,将它切换至工频电源;同时将变频器的给定频率迅速降到 0 Hz,使 3 号水泵与变频器相连,并开始起动,进行恒温度(差)控制。

④ 当 3 号水泵的工作频率下降至下限频率切换频率时,将 1 号水泵停机。

⑤ 当 3 号水泵的工作频率再次下降至下限切换频率时,将 2 号水泵停机,此时只有 3 号水泵处于变频调速状态。

这种方案的优点是只用一台变频器,设备投资少;缺点是节能效果稍差。

（2）全变频方案

即所有的冷冻水泵和冷却水泵都采用变频调速,各台水泵切换方法如下:

① 先起动 1 号水泵,进行恒温度（差）控制。

② 当 1 号水泵的工作频率上升到 50 Hz 时,起动 2 号水泵,1 号水泵和 2 号水泵同时进行变频调速,进行恒温度（差）控制。

③ 当工作频率又上升至切换频率上限值时,起动 3 号水泵,三台水泵同时进行变频调速,进行恒温度（差）控制。

④ 当三台变频器同时运行,而工作频率下降至设定的下限切换频率时,可关闭 3 号水泵,使系统进行两台水泵运行的状态,当频率继续下降至下限切换频率时,关闭 2 号水泵,进入单台水泵运行状态。

全变频方案由于每台水泵都要配置变频器,故设备投资较高,但节能效果更明显。

项目实施

一、设备、工具和材料

MM440 变频器,S7-200 PLC,三相交流电动机,0~10 V 信号发生器,24 V 直流电源,电接点温度传感器,继电器,熔断器,低压断路器,电工工具,万用表,按钮,导线。

二、技能训练

1. 按要求接线

冷却水泵主电路及控制电路接线图分别如图 7-14、图 7-15 所示。

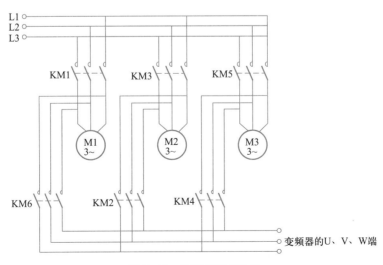

图 7-14　冷却水泵主电路

2. 设置变频器相关参数

① 恢复变频器工厂默认值。按下 P 键,变频器开始复位到工厂默认值。

② 设置电动机参数,然后设 P0010 = 0,变频器当前处于准备状态,可正常运行。

③ 设置变频器控制参数。

主要参数:P0003 = 3,P0004 = 0,P0205 = 1,P1300 = 2,P0700 = 2,P0701 = 17,P0702 = 17,P0703 = 17,P0704 = 1,P1000 = 3,P1001 = 10,P1002 = 15,P1003 = 20,P1004 = 25,P1005 = 30,P1006 = 40,P1007 = 50,P1080 = 10,P1082 = 50,P1120 = 5,P1121 = 5。

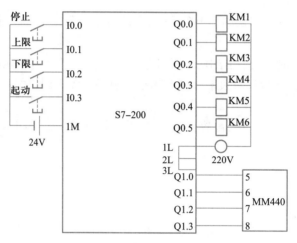

图 7-15　控制电路接线图

3. PLC 程序编写

(1) I/O 分配表

I/O 分配表,见表 7-8。

表 7-8　I/O 分配表

地址	说　明	功　能
I0.0	停止按钮	系统停止
I0.1	温差上限	电动机提速
I0.2	温差下限	电动机降速
I0.3	起动按钮	系统起动
Q0.0	与 KM1 连接	电动机 M1 工频运行(全速)
Q0.1	与 KM2 连接	电动机 M2 变频运行
Q0.2	与 KM3 连接	电动机 M2 工频运行(全速)
Q0.3	与 KM4 连接	电动机 M3 变频运行
Q0.4	与 KM5 连接	电动机 M3 工频运行(全速)
Q0.5	与 KM6 连接	电动机 M1 变频运行

续表

地址	说　明	功　能
Q1.0	与变频器 DIN1(5)连接	变频器的运行频率组合
Q1.1	与变频器 DIN2(6)连接	
Q1.2	与变频器 DIN3(7)连接	
Q1.3	与变频器 DIN4(8)连接	变频器的正转/停车

（2）设计梯形图

冷却水泵控制参考梯形图如图 7-16 所示。

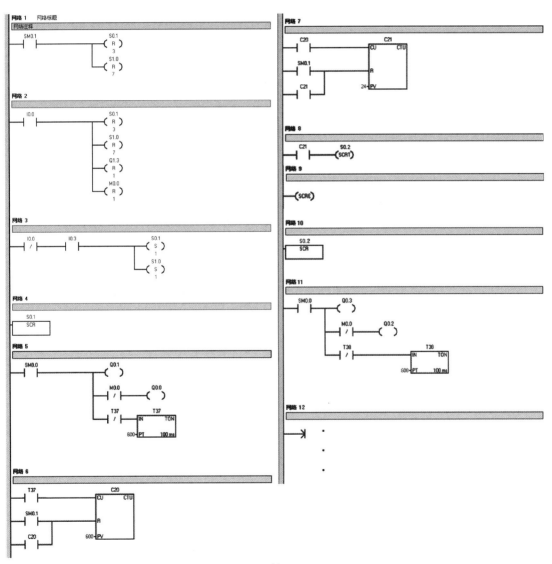

(a)

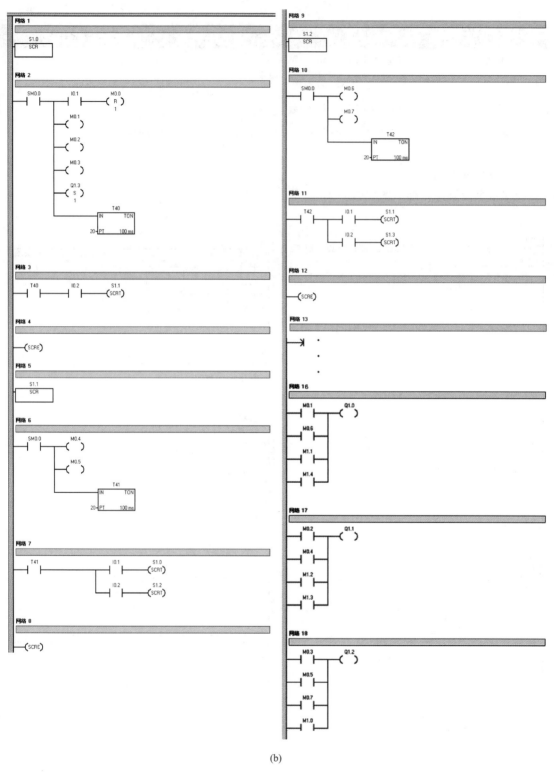

(b)

图 7-16　冷却水泵控制参考梯形图

三、注意事项

① 检查各电气设备的连接是否正确,经检查无误后方可通电。
② 在变/工切换中,应采用硬件和软件的双重连锁保护。

项目 7.6　变频器在啤酒灌装生产线上的应用

项目引入

在很多的生产线中,都要用到传送带,它可以快速地传送生产过程中的产品和配件,能够大大提高生产效率,是现代化生产不可缺少的传输设备。以前传送带的调速大都采用手动机械式有级变速(更换皮带轮大小或者齿轮箱变速比等),影响调速效果和生产效率。那么通过变频器来控制传送带,不但可以提高调速性能,也可以使得物料分拣系统方便地进行系统集成,因此广泛地应用于现代化的生产中,而且成为目前物流行业控制系统发展的趋势。

啤酒灌装生产线是啤酒生产企业不可缺少的主要生产设备,装酒过程中传送带的起始和运行过程控制,以及定位停止的控制都需要变频器的参与,变频器系统设计得是否合理直接影响灌装质量。

项目内容

有一条啤酒灌装生产线,传送带电动机功率为 4 kW,如图 7-17 所示。

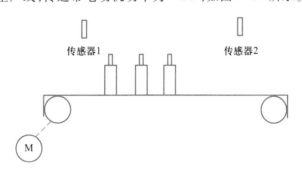

图 7-17　啤酒灌装生产线

按下起动按钮,电动机带动传送带低速向右运行,根据工艺要求,当传感器 1 检测到瓶子后,若传感器 2 在 10 s 内检测不到 12 个瓶子,则将速度调整为中速;若传感器 2 在 15 s 内还检测不到 12 个瓶子,则将速度调整为高速。低、中、高速对应的频率分别为 20 Hz、30 Hz、40 Hz。若传感器 2 在 1 min 内检测不到瓶子,则停机。

项目目的

一、了解传送带的输送特点及对变频器的要求。
二、能够正确进行系统的设计。
三、能正确设置变频器参数并进行系统的调试。

相关知识

一、传送带

运输用的传送带有多种类别,如链式、带式、螺旋式、滚筒式、振动式、铲斗式等。

1. 按运行方式分

① 连续输送式。输送机连续地以恒速运行,如输煤机、生产流水线等。

② 间歇输送式。输送机在工作时,运行和停止不断地交替。如部分生产流水线,每隔一段时间,所有工件同时向下一个工位移动。通常,运行的时间和停止的时间都是一定的。

2. 按负载的变化情形分

① 负载恒定式。在传输过程中,负载的大小基本不变。多数生产流水线属于这一类。

② 负载变动式。输送物料的多少是不断变动的,如输煤机和输矿石机等。此外,有的装配生产线的输送机,随着装配部件的不断增加,负载也加大。

由于输送材料物理化学性质、形状、搬运线路、运输方法的不同,人们对变频器的功能提出了不同的要求。此外,还要考虑经济性等因素,同样的调速可以是机械式调速,也可以是电气式调速。由于传送带是工业自动化中必不可少的省力机械,因此,在选用变频器时需在控制性能、经济性、维修方便诸因素中加以综合考虑。

二、光电传感器

光电传感器是通过把光强度的变化转换成电信号的变化来实现控制的。光电传感器在一般情况下,由三部分构成,它们分别为发送器、接收器和检测电路。发送器对准目标发射光束,发射的光束一般来源于半导体光源、发光二极管(LED)和激光二极管。光束不间断地发射,或者改变脉冲宽度。接收器由光电二极管或光电三极管组成。在接收器的前面,装有光学元件如透镜、光圈等。在其后面是检测电路,它能过滤出有效信号和应用信号。

光电传感器用于检测皮带上是否有物料。当检测到皮带入料区有物料时给控制系统提供输入信号。物料的检测距离可由光电传感器头的旋钮调节,调节检测范围 ≥ 5 cm。为了防止外界干扰,将检测距离调节到最小。

三、变频器

1. 变频器的容量

对于流水生产线类很少过载的输送机,变频器的容量只需与电动机容量相符即可;例如啤酒灌装生产线的负载类型属于恒转矩负载,其功率为 4 kW,电流为 8.7 A。可将变频器的功率选择为 5.5 kW。对于输煤机类经常可能过载的输送机,变频器容量应加大一挡。

2. 变频器的类型

输送机要求在整个速度范围内具有恒转矩特性,一般的传送带其负荷特性可以认为是恒转矩性质,但要考虑用 U/f 方式控制时,由于电动机低速情况下散热不良使温升提高和转矩降低,所以最好选用变频器专用电动机,采用风扇外冷使温升降低。如果选用矢量控制变频器就可避免低速时转矩降低。传送带变频调速时首先要考虑的就是保证足够的起动转矩和低速时转矩不降低且要求有较大的起动转矩和过载能力。所以,最好选用具有无反馈矢量控制功能的变频器。

3. 变频器的软起动、软制动

用传送带输送物体对起动、制动的要求比较严格,只有调节好最佳的起、制动时间,才能防止运输物品晃动、跌落甚至破损。

变频调速能在零速起动并按照用户的需要进行平滑加速,而且也可以选择其加速曲线:直线加速、S 形加速或半 S 形加速。

四、导线

主电动机导线按照经验可选择横截面积为 1 mm² 的导线,对于 4 kW 的电动机来说横截面积为 2.5 mm² 的导线已经足够。控制信号导线的电流是毫安级的,考虑到导线需要有一定的强度,因此选择横截面积为 0.75 mm² 的导线。

项目实施

一、设备、工具和材料

MM420 变频器,S7-200 PLC,光电传感器,三相交流电动机,传送带,瓶子,电工工具,万用表,按钮,导线等。

二、技能训练

1. 按要求接线

系统接线如图 7-18 所示。

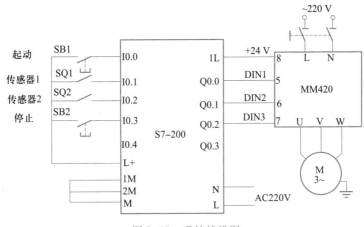

图 7-18 系统接线图

2. 设置变频器参数

① 恢复变频器工厂默认值。按下 P 键,变频器开始复位到工厂默认值。

② 设置电动机参数,然后设 P0010 = 0,变频器当前处于准备状态,可正常运行。

③ 设置变频器控制参数。

主要参数:P0003 = 3,P0004 = 0,P1080 = 10,P1082 = 50,P1120 = 5,P1121 = 5,P1130 = 1,P1131 = 1,P1132 = 1,P1133 = 1,P0700 = 2,P1000 = 3,P1001 = 20,P1002 = 30,P1003 = 40。

3. PLC 程序编写

① 编制输入/输出分配表,见表 7-9。

表 7-9　啤酒灌装生产线 PLC 的 I/O 分配表

输入			输出	
起动	I0.0	SB1	Q0.0	DIN1
停止	I0.3	SB2	Q0.1	DIN2
传感器 1	I0.1	SQ1	Q0.2	DIN3
传感器 2	I0.2	SQ2		

② 参考梯形图,起动变频器,低速运行于 20 Hz,如图 7-19 所示。

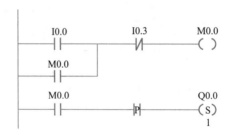

图 7-19　起动低速运行梯形图

10 s 计时计数,中速运行于 30 Hz,如图 7-20 所示。15 s 计时计数高速运行与此类似。

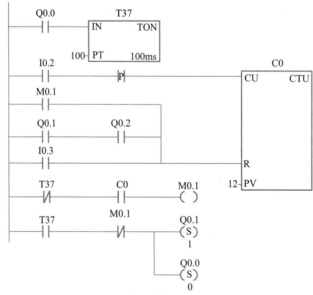

图 7-20　计时计数中速运行梯形图

停止运行如图 7-21 所示。

三、注意事项

① 检查各电气设备的连接是否正确,经检查无误后方可通电。

② 传感器输出端作为 PLC 输入信号与 PLC 相连。

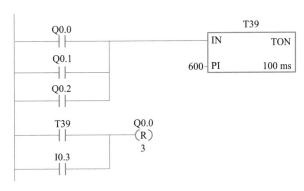

图 7-21　停止运行梯形图

小结

　　在变频调速系统中,变频器的选择是重要的一个环节,可以根据负载的特点确定变频器的类型、根据电动机的结构及运行过程中出现的最大工作电流等确定变频器的容量。

　　从料车卷扬变频调速系统、恒压变频供水系统、中央空调变频系统以及变频器在啤酒灌装生产线上的应用实例,分析了系统方案选择、设备选用、电路原理图等,可以看出变频器的实用性及先进性体现在:采用变频调速系统,可以根据生产和工艺的要求适时进行速度调节,从而提高产品质量和生产效率;变频调速系统可实现电动机软起动和软停止,使起动电流小,且能减少负载机械冲击;还具有容易操作、便于维护、控制精度高及节能高效等优点。

思考与练习

　　1. 简述变频器及外围电器的选择方法。

　　2. 画出料车卷扬调速系统中变频调速系统的电路原理图,说明电路工作过程。

　　3. 变频恒压供水与传统的水塔供水相比,具有什么优点?

　　4. 简述为什么恒压供水系统中最好选用专用供水变频器?

　　5. 某一拖三恒压变频供水系统,压力变送器输出 4～20 mA,要求由 AIN2 模拟输入给定压力值,恒压采用 PI 调节,当变频泵工作于 50 Hz 时进行加泵切换。试设置相关的参数。

　　6. 总结中央空调冷却水泵变频控制的方案及实施过程。

　　7. 变频器在啤酒灌装生产线上的应用实例中的设计要点是什么?

专题 8.1　变频器的安装与调试

变频器属于精密设备,安装和调试必须遵守操作规范,才能保证变频器长期、安全、可靠地运行。

8.1.1　变频器的储存与安装

变频器暂时不用时应妥善保存;安装变频器时需充分考虑变频器工作场所的温度、湿度、灰尘和震动等情况;使用变频器驱动电动机时,由于在电源侧和电动机侧电路中都将产生谐波干扰,所以安装时需考虑谐波抑制问题。

1. 变频器的储存

由于种种原因,有时变频器并不是马上安装,需要储存一段时间。变频器储存时必须放置于包装箱内,务必要注意下列事项:

① 必须放置于无尘垢、干燥的位置。

② 储存位置的环境温度必须在−20～+65 ℃范围内。

③ 储存位置的相对湿度必须在0%～95%范围内,且无结露。

④ 避免储存于含有腐蚀性气体、液体的环境中。

⑤ 最好适当包装存放在架子或台面上。

⑥ 长时间存放会导致电解电容的劣化,必须保证在6 m之内通一次电,通电时间至少5 h,输入电压必须用调压器缓缓升高至额定值。

2. 装设场所

装设变频器的场所需满足以下条件:变频器装设的电气室应湿气少、无水浸入;无爆炸性、可燃性或腐蚀性气体和液体,粉尘少;装置容易搬入安装;有足够的空间,便于维修检查;备有通风口或换气装置以排出变频器产生的热量;与易受变频器产生的高次谐波和无线电干扰影响的装置分离。若安装在室外,必须单独按照户外配电装置设置。

3. 使用环境

(1) 环境温度

变频器运行中环境温度的容许值一般为−10～40 ℃,避免阳光直射。对于单元型装入配电柜或控制盘内等使用时,考虑柜内预测温升为10 ℃,则上限温度多定为50 ℃。变频器为全封闭结构、上限温度为40 ℃的壁挂用单元型装入配电柜内使用时,为了减少温升,可以装设通风管(选用件)或者取下单元外罩。环境温度的下限值多为−10 ℃,以不冻结为前提条件。

（2）环境湿度

变频器安装环境湿度在 40% ~ 90% 为宜，要注意防止水或水蒸气直接进入变频器内，以免引起漏电，甚至打火、击穿。而周围湿度过高，也可使电气绝缘能力降低、金属部分腐蚀。

（3）周围气体

室内设置，其周围不可有腐蚀性、爆炸性或可燃性气体，还需满足粉尘和油雾少的要求。

（4）振动

耐振性因机种的不同而不同，设置场所的振动加速度多被限制在 $0.3\ g ~ 0.6\ g/s^2$ 以下。对于机床、船舶等事先能预测振动的场合，必须选择有耐振措施的机种。

（5）抗干扰

为防止电磁干扰，控制线应有屏蔽措施，母线与动力线要保持不小于 100 mm 的距离。

4. 安装方向与空间

变频器在运行中会发热，为了保证散热良好，必须将变频器安装在垂直方向，因变频器内部装有冷却风扇以强制风冷，其上下左右与相邻的物品和挡板（墙）必须保持足够的空间，如图8-1所示。

将多台变频器安装在同一装置或控制箱（柜）里时，为减少相互热影响，建议横向并列安装。必须上下安装时，为了使下部的热量不至于影响上部的变频器，请设置隔板等物。箱（柜）体顶部装有引风机的，其引风机的风量必须大于箱（柜）内各变频器出风量的总和；没有安装引风机的，其箱（柜）体顶部应尽量开启，无法开启时，箱（柜）体底部和顶部保留的进、出气口面积必须大于箱（柜）体各变频器端面面积的总和，且进、出气口的风阻应尽量小。若将变频器安装于控制室墙上，则应保持控制室通风良好，不得封闭。安装方法如图8-2所示。

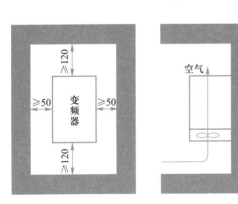

图 8-1　变频器周围的空间

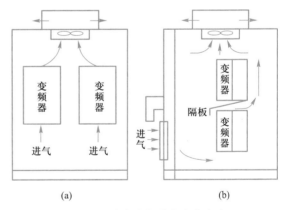

图 8-2　多台变频器的安装方法

（a）横配置；（b）纵配置

由于冷却风扇是易损品，某些15 kW以下变频器的风扇控制是采用温度开关控制，当变频器内温度大于温度开关设定的温度时，冷却风扇才运行；一旦变频器内温度小于温度开关设定的温度时，冷却风扇停止。因此，变频器刚开始运行时，冷却风扇处于停止状态，这是正常现象。

5. 安装方法

① 把变频器用螺栓垂直安装到坚固的物体上，而且从正面就可以看见变频器操作面板的文字位置，不要上下颠倒或平放安装。

② 变频器在运行中会发热，为确保冷却风道畅通，按图8-1所示的空间安装（电线、配线槽不要通过这个空间）。由于变频器内部热量从上部排出，所以不要安装到不耐热的机器下面。

③ 变频器在运转中,散热片的附近温度可上升到 90 ℃,故变频器背面要使用耐温材料。

④ 安装在控制箱(柜)内时,可以通过将发热部分露于箱(柜)之外的方法降低箱(柜)内温度,若不具备将发热部分露于箱(柜)外的条件,可装在箱(柜)内,但要充分注意换气,防止变频器周围温度超过额定值,如图 8-3 所示,不要放在散热不良的小密闭箱(柜)内。

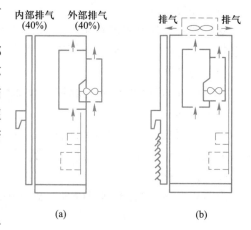

图 8-3　变频器安装在箱(柜)内

(a)发热部分露于箱(柜)外;

(b)变频器整体装在箱(柜)内

6. 接线

(1) 主回路电缆

选择主回路电缆时,需考虑电流容量、短路保护、电缆压降等因素。一般情况下,变频器输入电流的有效值比电动机电流大。变频器的变流回路的电路形式不同,输入功率因数就不同,使用交流电抗器和直流电抗器的情况下有不同的功率因数。变频器与电动机之间的连接电缆要尽量短,因为此电缆距离长,则电压降大,可能会引起电动机转矩的不足。特别是变频器输出频率低时,其输出电压也低,线路电压损失所占百分比加大。变频器与电动机之间的线路压降规定不能超过额定电压的 2%,根据这一规定来选择电缆。工厂中采用专用变频器时,如果有条件对变频器的输出电压进行补偿,则线路压降损失容许值可取为额定电压的 5%。容许压降给定时,主电路电线的电阻值必须满足下式:

$$R_{\mathrm{C}} \leqslant \frac{1\,000 \times \Delta U}{\sqrt{3}\,LI} \tag{8-1}$$

式中,R_{C} 为单位长电线的电阻值(Ω/km);ΔU 为容许线间电压降(V);L 为一相电线的铺设距离(m);I 为电流(A)。

例如,变频器传动笼型电动机,电动机铭牌数据:额定电压为 220 V,功率为 7.5 kW,4 极,额定电流为 15 A,电缆铺设距离为 50 m,线路电压损失允许在额定电压 2% 以内,试选择所用电缆的截面大小。

解　① 求额定电压下的容许电压降。

$$\Delta U = 220 \times 2\% \ \mathrm{V} = 4.4 \ \mathrm{V}$$

② 求容许电压降以内的电线电阻值。

$$R_{\mathrm{C}} = [(1\,000 \times 4.4)/(\sqrt{3} \times 50 \times 15)] \ \Omega/\mathrm{km} = 3.39 \ \Omega/\mathrm{km}$$

③ 根据计算出的电阻选用导线。

由计算出的 R_{C} 值,从厂家提供的相关表格中选用电缆,见表 8-1 列出的常用电缆选用表,从中看出,应选电缆电阻为 3.39 Ω/km 以下、截面积为 5.5 mm² 的电缆。

表 8-1　常用电缆的导体电阻

电缆截面/mm²	2	3.5	5.5	9	14	22	30	50	90	100	125
导体电阻/(Ω/km)	9.24	5.20	3.33	2.31	1.30	0.924	0.624	0.379	0.229	0.190	0.144

　　实际进行变频器与电动机之间的电缆铺设时,需根据变频器、电动机的电压、电流及铺设距离通过计算来确定选何种截面的电缆。

　　需强调的是,接地回路须按电气设备技术标准所规定的方式施工,可具体地参考变频器使用说明书。当变频器呈单体型时,接地电缆与变频器的接地端子连接;当变频器被设置在配电柜中时,则与配电柜的接地端子或接地母线相接。根据电气设备技术标准,接地电线必须用直径6 mm以上的软铜线。

　　(2) 控制回路电缆

　　变频器控制回路的控制信号均为微弱的电压、电流信号,控制回路易受外界强电场或高频杂散电磁波的影响,易受主电路的高次谐波场的辐射及电源侧震动的影响,因此,必须对控制回路采取适当的屏蔽措施。

　　① 电缆种类选择。控制电缆可参照相应规范进行选择。

　　② 电缆截面。控制电缆的截面选择必须考虑机械强度、线路压降、费用等因素。建议使用截面积为 1.25 mm^2 或 2 mm^2 的电缆。当铺设距离短、线路压降在容许值以下时,使用截面积为 0.75 mm^2 的电缆较为经济。

　　③ 主、控电缆分离。主回路电缆与控制回路电缆必须分离铺设,相隔距离按电气设备技术标准执行。

　　④ 电缆的屏蔽。如果控制电缆确实在某一很小区域与主回路电缆无法分离或分离距离太小以及即使分离了,但干扰仍然存在,则应对控制电缆进行屏蔽。屏蔽的措施有:将电缆封入接地的金属管内;将电缆置入接地的金属通道内;采用屏蔽电缆。

　　⑤ 采用绞合电缆。弱电压、电流回路(4 ~ 20 mA,1 ~ 5 V)用电缆,特别是长距离的控制回路电缆采用绞合线,绞合线的绞合间距最好尽可能的小,并且都使用屏蔽铠装电缆。

　　⑥ 铺设路线。由于电磁感应干扰的大小与电缆的长度成比例,所以应尽可能以最短的路线铺设控制电缆。与频率表接线端子连接的电缆长度取 200 m 以下(不同机种有不同的电缆容许长度,可按产品使用说明书相关条款去选)。铺设距离长,频率表的指示误差将增大。

　　大容量变压器及电动机的漏磁通对控制电缆直接感应产生干扰,铺设线路时要远离这些设备。弱电压、电流回路用电缆不要接近装有很多断路器和继电器的仪表盘。

　　⑦ 电缆的接地。弱电压电流回路(4 ~ 20 mA,1 ~ 5 V)有一接地线,该接地线不能作为信号线使用。

　　如果使用屏蔽电缆需使用绝缘电缆,以免屏蔽金属与被接地了的通道或金属管接触。若控制电缆的接地设在变频器侧,则使用专设的接地端子,不与其他接地端子共用。

　　屏蔽电缆的屏蔽要与电缆芯线一样长。电缆在端子箱中再与线路连接时,要装设屏蔽端子进行屏蔽连接。

8.1.2　MM440 变频器的电气安装

1. 电源和电动机的连接

　　在拆下前盖以后,可以看见连接不同外形(A ~ F)MM440 变频器与电源和电动机的接线端子如图 8-4 所示。

　　当变频器的前盖已经打开并露出接线端子时,电源和电动机端子的接线方法,如图 8-5 所示。在变频器与电动机和电源线连接时必须注意:

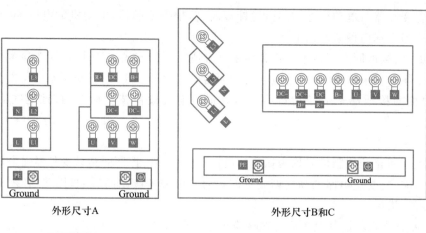

外形尺寸A　　　　　　　　　　　　外形尺寸B和C

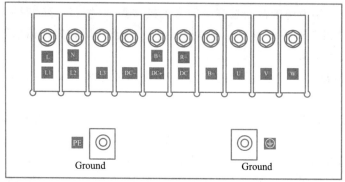

外形尺寸D和E

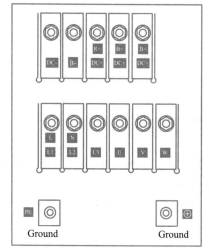

外形尺寸F

图 8-4　变频器与电源和电动机的接线端子

① 三相交流输入电源与主回路端子(R/L1,S/L2,T/L3)之间的连线一定要接一个无熔丝的开关。最好能串接一个接触器,以便在交流电动机保护功能动作时可同时切断电源。

② 在变频器与电源线连接或更换变频器的电源线之前,就应完成电源线的绝缘测试。

③ 确保电动机与电源电压的匹配是正确的。

④ 变频器接地线不可以和电焊机等大电流负载共同接地,而必须分别接地。

⑤ 确保供电电源与变频器之间已经正确接入与其额定电流相应的断路器、熔断器。

⑥ 变频器的输出端不能接浪涌吸收器。

⑦ 变频器和电动机之间的连线过长时,由于线间分布电容产生较大的高频电流,从而引起变频器过电流故障。因此,容量小于或等于 3.7 kW 的变频器,至电动机的配线应小于20 m;更大容量的变频器,至电动机的配线应小于 50 m。

2. 电磁干扰的防护

变频器的设计允许它在具有很强电磁干扰的工业环境下运行。如果安装质量良好,就可以确保安全和无故障地运行。如果在运行中遇到问题,就可采取下面的措施进行处理:

① 将机柜内的所有设备用短而粗的接地电缆可靠地连接到公共的星形接地点或公共的接地母线。

② 将与变频器连接的任何控制设备(例如 PLC)用短而粗的接地电缆连接到同一个接地网或星形接地点。

③ 将电动机返回的接地线直接连接到控制该电动机的变频器的接地端子(PE)上。

④ 接触器的触头采用扁平的,因为它们在高频时阻抗较低。

⑤ 截断电缆的端头时应尽可能整齐,保证未经屏蔽的线段尽可能短。

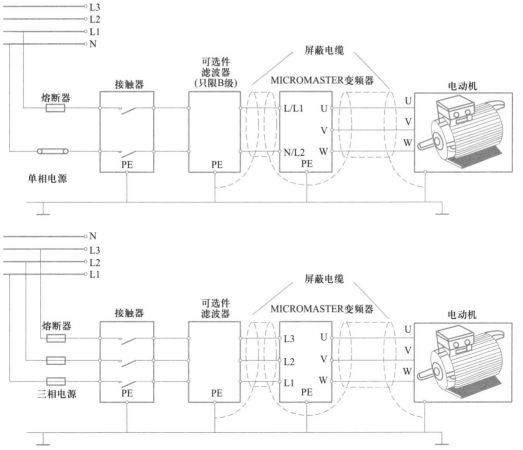

图 8-5　电源和电动机端子的接线方法

⑥ 控制电缆的布线应尽可能远离供电电源线,使用单独的走线槽,在必须与电源线交叉时,相互应采取 90°交叉。

⑦ 无论何时,与控制电路的连接线都应采用屏蔽电缆。

⑧ 确保机柜内安装的接触器应是带阻尼的,即在交流接触器的线圈上连接有 RC 阻尼电路;在直流接触器的线圈上连接有续流二极管。

⑨ 接到电动机的连接线应采用屏蔽的电缆,并用电缆接线卡子将屏蔽层的两端接地。

3. 电气安装的注意事项

① 变频器的控制电缆、电源电缆和电动机的连接电缆的走线必须相互隔离,禁止它们放在同一个电缆线槽中或电缆架上。

② 变频器必须可靠接地,如果不将变频器可靠接地,可能会发生人身伤害事故。

③ MM440 变频器在供电电源的中性点不接地的情况下是不允许使用的。电源(中性点)不接地时需要从变频器中拆掉星形联结的电容器。

项目 8.2   变频器的测量

项目引入

在实际应用中,变频器作为电力电子设备与数字控制装置,对其使用环境有一定的要求,受环境温度、湿度、振动、粉尘、腐蚀性气体等因素的影响,其性能会有一些变化。如使用合理、维护得当,则能延长使用寿命,并减少因突然故障造成的生产损失。为保证变频器长期可靠地运行,变频器各种参数的测量和维护是必需的。

项目内容

对 MM440 变频器主电路的电阻特性进行测量。

项目目的

一、了解变频器的常用测量方法。
二、能进行变频器主电路的电阻参数测试。

相关知识

一、测定方法

对变频器进行测量的线路如图 8-6 所示。由于测量仪表的选择影响到测量的精度,下面对变频器测量与普通交流 50 Hz 电源测量不同的地方加以说明。

1. 电压测定

电动机的输出转矩依赖于电压基波的有效值。由于 PWM 变频器的电压平均值正比于输出电压基波有效值,测量输出电压的最合适的方法是使用指示平均值的整流式仪表,并在表示其实际基波电压的有效值时考虑到适当的转换因子。

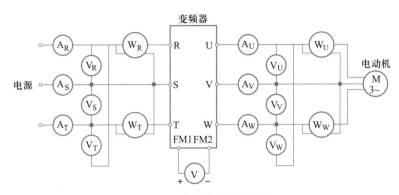

图 8-6 变频器的测量线路

2. 电流测定

变频器的输出电流与电动机铜损引起的温升有关。仪表应该能精确测量出其畸变电流波形的有效值。对于变频器,电流波形畸变大,而且通常都是传动电动机,所以采用电磁式仪表(其测定电流值与转矩的关系同在工频电源波形时类似)。

3. 功率测定

功率测定使用功率表。功率表有单相功率表和三相功率表。如果三相波形是平衡的,测量时也可使用三相功率表,此时采用电动式仪表。其他数字式时分割运算型和霍尔元件检测器运算型等仪表,也可适当利用。必须注意,由于变频器波形畸变,根据仪表形式、原理的不同,有时会产生指示差。

4. 功率因数测定

变频器的功率因数是根据变频器输入侧的测定值算出的,测定时使用上述的电压表、电流表和功率表。由于电流波形畸变,用普通功率因数表测定不能得到正确的数值,可以根据功率因数的定义计算:

$$\cos \varphi = \frac{P_1}{\sqrt{3}\,U_1 I_1} \times 100\% \tag{8-2}$$

式中,$\cos \varphi$ 为功率因数;P_1 为变频器输入侧功率(W);U_1 为变频器输入侧电压(V);I_1 为变频器输入侧电流(A)。

5. 效率测定

效率测定有两种,一种是测定含电动机在内的总效率,一种是测定变频器本身的效率。总效率的测定连接线路如图 8-7 所示。

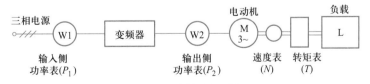

图 8-7 总效率的测定

根据图中各测定值用下式计算总效率

$$\eta_1 = \frac{1.03 \times n \times T}{P_1} \times 100\% \tag{8-3}$$

式中,η_1 为总效率(%);n 为电动机输出轴的转速(r/min);T 为电动机输出轴的转矩(kg·m);P_1 为变频器输入功率(W)。

变频器本身的效率测定是根据变频器的输入功率和输出功率求出的:

$$\eta_2 = \frac{P_2}{P_1} \times 100\% \tag{8-4}$$

式中,η_2 为变频器本身的效率(%);P_2 为变频器输出功率(W);P_1 为变频器输入功率(W)。

二、主电路与控制电路的测定

对电路进行一些基本电量如阻抗、波形的测定;检测电源、电动机的连接及绝缘电阻。表 8-2 给出了测量仪器设备、测定的部位及测定指标。

表 8-2　测量点及测量仪表

测量仪器	测量部位		测量对象						适用
	主电路	控制电路	绝缘	导通	电压	电流	波形	频率	
500 V 兆欧表	☐		☐						在整个电路与接地间测定(不适用于控制电路)
万用表	☐	☐		☐	☐				判断半导体元件的好坏,测知电路通不通和电路电阻的概略值
电压表	☐				☐				测定电源电压、逆变器输出电压,使用磁电式、整流式仪表
电流表	☐					☐			测定电源电流、输出电流,使用电磁式仪表
同步示波器	☐	☐			☐	☐	☐		为一般波形观测及过渡过程的电压、电流测定不可缺少的仪器
记忆示波器	☐	☐			☐	☐	☐		做上述的分析用,加用照相机做记录用
数字万用表	☐	☐			☐				为了高输入阻抗,取代以前的万用表测定电路的电压
计数器		☐						☐	用于控制电路基本频率脉冲的计数
光导摄像仪	☐	☐			☐	☐	☐		用于数毫秒至数分钟的过渡过程的记录和分析
记忆示波器	☐	☐			☐	☐	☐		用于数百毫秒至数分钟的过渡过程的记录和分析
频率分析仪(FFT)	☐	☐			☐		☐	☐	用于输入、输出等波形分析及频率分析
数据记录仪	☐	☐			☐	☐	☐		用于数微秒至数小时的过渡过程的记录和分析,可以进行目标点前后的扩大记录

项目实施

一、设备、工具和材料

MM440 变频器,万用表,绝缘电阻表,电工工具等。

二、技能训练

① 打开变频器端盖,去掉所有端子的外部引线。

② 将指针式万用表置于 $R \times 1$ Ω 挡或 $R \times 10$ Ω 挡,检查 L1/R、L2/S、L3/T、U、V、W、DC+、DC−、PE、DB 等端子之间的导通情况及电阻特性参数,其中 DC+,DC−端分别为主电路中滤波电容的正、负极端,PE 为变频器接地端,DB 端为制动管的集电极引出端。如果状态正常,其测试结果如表 8−3 所示。如发现测试结果不一致或差别很多,则说明某元件出现故障。表中,所谓导通,即电阻为几欧至几十欧;不导通,即电阻很大,在十几千欧以上。

表 8−3 主电路电阻特性测试表

连接端		测试结果	连接端		测试结果
红(−)	黑(+)		红(−)	黑(+)	
DC+	DC−	几百欧	U	DC+	不导通
DC−	DC+	几十千欧	DC+	U	导通
L1	DC+	不导通	V	DC+	不导通
DC+	L1	导通	DC+	V	导通
L2	DC+	不导通	W	DC+	不导通
DC+	L2	导通	DC+	W	导通
L3	DC+	不导通	U	DC−	导通
DC+	L3	导通	DC−	U	不导通
L1	DC−	导通	V	DC−	导通
DC−	L1	不导通	DC−	V	不导通
L2	DC−	导通	W	DC−	导通
DC−	L2	不导通	DC−	W	不导通
L3	DC−	导通	DB	DC−	导通
DC−	L3	不导通	DC−	DB	不导通

三、注意事项

① 有些变频器的主电路端子标号与以上不同,测试前需弄清楚其端子与主电路的内部连接关系。

② 有些变频器主电路未引出测量需要的端子,可从相应功率模块的引脚上进行测量。

③ 需在断开变频器电源 5 min 以上,待变频器电源指示灯完全熄灭后才进行测量,以防危及人身安全或损坏万用表。

专题 8.3 变频器的维护

尽管新一代通用变频器的可靠性已经很高,但是如果使用不当,仍可能发生故障或出现运行状况不佳的情况,缩短设备的使用寿命。即使是最新一代的变频器,由于长期使用,以及温度、湿度、振动、尘土等环境的影响,其性能也会有一些变化;如果使用合理、维护得当,则能延长变频器的使用寿命,并减少因突发故障造成的生产损失。

8.3.1 日常维护与检查

日常检查和定期检查的主要目的是尽早发现异常现象,清除尘埃,紧固检查,排除事故隐患

等。在通用变频器运行过程中,可以从设备外部目视检查运行状况有无异常,通过键盘面板转换键查阅变频器的运行参数,如输出电压、输出电流、输出转矩、电动机转速等,掌握变频器日常运行值的范围,以便及时发现变频器及电动机问题。

日常检查包括不停止通用变频器运行或不拆卸其盖板进行通电和起动试验,通过目测通用变频器的运行状况,确认有无异常情况,通常检查如下内容:

① 键盘面板显示是否正常,有无缺少字符。仪表指示是否正确,是否有振动、振荡等现象。

② 冷却风扇部分是否运转正常,是否有异常声音等。

③ 变频器及引出电缆是否有过热、变色、变形、异味、噪声、振动等异常情况。

④ 变频器周围环境是否符合标准规范,温度与湿度是否正常。

⑤ 变频器的散热器温度是否正常,电动机是否有过热、异味、噪声、振动等异常情况。

⑥ 变频器控制系统是否有集聚尘埃的情况。

⑦ 变频器控制系统的各连接线及外围电器元件是否有松动等异常现象。

⑧ 检查变频器的进线电源是否异常,电源开关是否有电火花、缺相,引线压接螺栓是否松动,电压是否正常等。

变频器属于静止电源型设备,其核心部件基本上可以视为免维护的。在调试工作正常完成、经过试运行确认系统的硬件和功能都正常以后,在日常的运行中,可能引起系统失效的因素主要是操作失当、散热条件变化以及部分损耗件的老化和磨损。

对于常见的操作失当可能,在设计中应该通过控制逻辑加以防止,对于个别操作人员的偶然性操作不当,通过对操作规范的逐步熟悉也会逐渐减少。

散热条件的变化,主要是粉尘、油雾等吸附在逆变器和整流器的散热片以及印制电路板表面,使这些部件的散热能力降低所致。印制电路板表面的积污还会降低表面绝缘,产生电气故障的隐患。此外,柜体散热风机或者空调设备的故障以及变频器内部散热风机的故障,会对变频器散热条件产生严重的影响。

在日常运行维护中,首先运行前都应该对柜体风机、变频器散热风机以及柜用空调是否正常工作进行直观检查,发现问题及时处理。运行期间,应该不定期检查变频器散热片的温度,通过数字面板的监视参数可以完成这个检查。如果在同样负载情况以及同样环境温度下发现温度高于往常的现象,很可能是散热条件发生了变化,要及时查明原因。

经常检查输出电流,如果输出电流有在同样工况下高于往常的现象,也应查明原因。可能的原因有机械设备方面的因素、电动机方面的因素、变频器设置被更改或者变频器隐性故障。

监视参数中没有散热片温度或者类似参数的变频器,可以将预警温度值设置得低于默认值,观察有无预警报警信号,此时应将预警发生后变频器的动作方式设置为继续运行。

振动通常是由于电动机的脉动转矩及机械系统的共振引起的,特别是当脉动转矩与机械共振点恰好一致时更为严重。振动是对通用变频器的电子器件造成机械损伤的主要原因。对于振动冲击较大的场合,应在保证控制精度的前提下,调整通用变频器的输出频率和载波频率尽量减小脉冲转矩,或通过调试确认机械共振点,利用通用变频器的跳跃频率功能使共振点排除在运行范围之外。除此之外,也可采用橡胶垫避振等措施。

潮湿、腐蚀性气体及尘埃等将造成电子器件生锈、接触不良、绝缘能力降低甚至形成短路故障。作为防范措施,必要时可对控制电路板进行防腐、防尘处理,并尽量采用封闭式开关柜结构。温度是影响通用变频器的电子器件寿命及可靠性的重要因素,特别是半导体开关器件,若结温超过规定值将立刻造成器件损坏,因此,应根据装置要求的环境条件使通风装置运行流畅并避免日光直射。另外,因为通用变频器输出波形中含有谐波,会不同程度地增加电动机的功率损耗,再加上电动机在低速运行时冷却能力下降,将造成电动机过热。如果电动机有过热现象,应对电动机进行强制冷却通风或限制运行范围,避开低速区。对于特殊的高寒场合,为防止通用变频器的微处理器因温度过低而不能正常工作,应采取设置空间加热器等必要措施。如果现场的海拔高度超过 1 000 m,气压降低,空气会变稀薄,将影响通用变频器散热,系统冷却效果降低,因此需要注意负载率的变化。一般海拔高度每升高 1 000 m,应将负载电流下降 10%。

引起电源异常的原因很多,如配电线路因风、雪、雷击等自然因素造成的;有时也因为同一供电系统内,其他地点出现对地短路及相间短路造成的;附近有直接起动的大容量电动机及电热设备等引起电压波动。由自然因素造成的电源异常因地域和季节有很大差异。除电压波动外,有些电网或自发电供电系统也会出现频率波动,并且这些现象有时在短时间内重复出现。如果经常会发生因附近设备投入运行时造成电压降低,应使通用变频器供电系统分离,减小相互影响。对于要求瞬时停电后仍能继续运行的场合,除选择合适规格的通用变频器外,还应预先考虑负载电动机的降速比例,当电压恢复后,通过速度追踪和测速电动机的检测来防止加速中的过电流。对于要求必须连续运行的设备,要对通用变频器加装自动切换的不停电电源装置。对于维护保养工作,应注意检查电源开关的接线端子、引线外观及电压是否有异常,如果有异常,根据上述判断或排除故障。由自然因素造成的电源异常因地域和季节有很大差异。雷击或感应雷击形成的冲击电压有时能造成通用变频器的损坏。此外,当电源系统变压器一次侧带有真空断路器,当断路器通断时也会产生较高的冲击电压,并耦合到二次侧形成很高的电压尖峰。为防止因冲击电压造成过电压损坏,通常需要在变频器的输入端加装压敏电阻等吸收器件,保证输入电压不高于通用变频器主电路器件所允许的最大电压。因此,维护保养时还应试验过电压保护装置是否正常。

8.3.2　定期检查

变频器需要做定期检查时,须在停止运行后切断电源打开机壳后进行。但必须注意,变频器即使切断了电源,主电路直流部分滤波电容器放电也需要时间,需待充电指示灯熄灭后,用万用表等确认直流电压已降到安全电压(25 V 以下),然后再进行检查。

运行期间应定期(例如,每 3 个月或 1 年)停机检查以下项目:

① 功率元器件、印制电路板、散热片等表面有无粉尘、油雾吸附,有无腐蚀及锈蚀现象。粉尘吸附时可用压缩空气吹扫,散热片油雾吸附可用清洗剂清洗。出现腐蚀和锈蚀现象时要采取防潮防蚀措施,严重时要更换受蚀部件。

② 检查滤波电容和印制板上电解电容有无鼓肚变形现象,有条件时可测定实际电容值。出现鼓肚变形现象或者实际电容量低于标称值的85%时,要更换电容器。更换的电容器要求电容量、耐压等级以及外形和连接尺寸与原部件一致。

③ 散热风机和滤波电容器属于变频器的损耗件,有定期强制更换的要求。散热风机的更换标准通常是正常运行3年,或者风机累计运行15 000 h。若能够保证每班检查风机运行状况,也可以在检查发现异常时再更换。当变频器使用的是标准规格的散热风机时,只要风机功率、尺寸和额定电压与原部件一致就可以使用。当变频器使用的是专用散热风机时,请向变频器厂家订购备件。滤波电容器的更换标准通常是正常运行5年,或者变频器累计通电时间30 000 h。有条件时,也可以在检测到实际电容量低于标称值的85%时更换。一般变频器的定期检查应一年进行一次,绝缘电阻检查可以三年进行一次。由于变频器是由多种部件组装而成,某些部件经长期使用后,性能降低、劣化,这是故障发生的主要原因。为了长期安全生产,某些部件必须及时更换。变频器定期检查的目的,主要就是根据键盘面板上显示的维护信息估算零部件的使用寿命,及时更换元器件。

专题8.4 变频器的干扰及抑制

变频器的输入侧为整流电路,它具有非线性,使输入电源的电压波形和电流波形发生畸变。而且配电网络中也常接有晶闸管整流装置及功率因数补偿电容器等,当变频器同时接入网络中,在晶闸管换相时,将造成变频器输入电压波形畸变。当电容投入运行时,亦造成电源电压畸变。另外配电网络三相电压不平衡也会使变频器的输入电压和电流波形发生畸变。

变频器输出电压波形为SPWM波,调制频率一般为2~16 kHz,内部的功率器件工作在开关状态,必然产生干扰信号向外辐射或通过线路向外传播,影响其他电子设备的正常工作。

8.4.1 对变频器的干扰

1. 输入电流波形的畸变

如果交-直-交电压型变频器接入配电网络,三相电压通过三相全波整流电路整流后向电解电容充电,其充电电流的波形取决于整流电压和电容电压之压差。充电电流使三相交流电流波形在原来基波分量的基础上叠加了高次谐波,使输入电流波形发生了畸变。

2. 输入电压、电流波形的畸变

当配电网络电源电压不平衡时,变频器输入电压、电流波形都将发生畸变。

3. 输入电压波形的畸变

配电网络常接有功率因数补偿电容器及晶闸管整流器,当变频器同时接入网络中,在晶闸管换相时,将造成变频器输入电压波形畸变,如图8-8(a)所示。当电容投入时亦会造成电源电压波形畸变,如图8-8(b)所示。

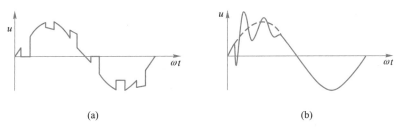

图 8-8　配电网络接有电容及整流装置

（a）晶闸管整流器电压的凹陷；（b）电容投放时的异常电压

8.4.2　变频器产生的干扰

变频器的输出电压波形为 SPWM 波,由于变频器中产生 SPWM 波的逆变部分是通过高速半导体开关来产生控制信号,这种具有陡变沿的脉冲信号会产生很强的电磁干扰,尤其是输出电流,它们将以各种方式把自己的能量传播出去,形成对其他设备的干扰信号。因此,变频器的生产厂家为变频器用户制造了一些专用设备来抑制变频器产生的电磁干扰,以达到质量检测标准并确保设备安全运行。

变频器对外产生干扰的方式有：

① 通过电磁波的方式向空中辐射。

② 通过线间电感向周围线路产生电磁感应。

③ 通过线间电容向周围线路及器件产生静电感应。

④ 还可以通过电源网络向电网传播。

当变频调速系统的容量足够大时,所产生的高频信号将足以对周围各种电子设备的工作形成干扰,其主要后果是影响无线电设备的正常接收,影响周围机器设备的正常工作。此外,变频器输出的具有陡变沿的驱动脉冲包含多次高频谐波,而变频器与电动机之间的连接电缆存在杂散电容和电感,并受某次谐波的激励而产生衰减振荡,造成传送到电动机输入端的驱动电压产生过冲现象。同时电动机绕组也存在杂散电容,过冲电压在绕组中产生尖峰电流,使其在绕组绝缘层不均匀处引起过热,甚至烧坏绝缘层而导致损坏,并且会增加电源的功率损耗。如果逆变器的开关频率位于听觉范围内,电动机还会产生噪声污染。

8.4.3　抑制变频器干扰的措施

1. 抑制变频器输入侧干扰的措施

（1）配电变压器容量非常大的情况

当变频器使用在配电变压器容量大于 500 kV·A 或变压器容量大于变频器容量 10 倍以上时,要像图 8-9 那样在变频器输入侧加装交流电抗器 AL。

配电变压器容量及变频器容量与选用交流电抗器的关系如图 8-10 所示。可根据图 8-10 决定是否在交流侧加装交流电抗器。

（2）电源三相电压不平衡的情况

当配电变压器输出电压三相不平衡,且其不平衡率大于 3 时,变频器输入电流的峰值就很大,则会造成连接变频器的电线过热,或者变频器过电压或过电流,或者损坏二极管及电解电容。此时,需要加装交流电抗器。特别是变压器是 Y 联结时更为严重,除在变频器交流侧加装电抗器外,还需在直流侧加装直流电抗器(接法见图 8-9)。

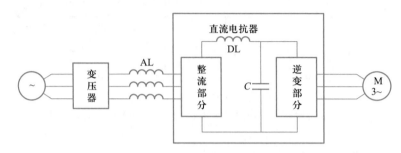

图 8-9　电抗器的接法

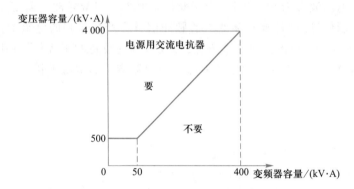

图 8-10　配电变压器容量及变频器容量

(3) 配电变压器接有功率因数补偿电容的情况

当配电网络接有功率因数补偿电容或晶闸管整流装置时,此时变频器输入电流峰值变大,加重了变频器中整流二极管负担。若在变频器交流侧连接交流电抗器,则其等效电路如图 8-11 所示。

变频器产生的谐波电流输给补偿电容及配电系统,当配电系统的电感与补偿电容发生谐振呈现最小阻抗时,其补偿电容和配电系统将呈现最大电流,使变频器及补偿电容都会受损伤。为了防止谐振现象发生,在补偿电容器前串接一个电抗器,对 5 次以上的高次谐波来说,就可以使电路呈现感性,避免谐振现象的产生。同时需要指出,变

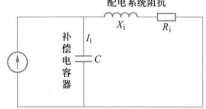

图 8-11　配电系统有功率因数补偿电容的等效电路

频器的输出侧接有电动机,不要为了补偿电动机功率因数而接入补偿电容,因变频器的逆变部分处于高速开关状态,瞬态输出电压有急剧的变化,会给电容很大的电流,使变频器和电容器都将受到损害。

2. 抑制变频器输出侧干扰的措施

变频器的输出侧亦存在波形畸变,即亦存在高次谐波,且高次谐波的功率较大,这样变频器就成为一个强有力的干扰源了,其干扰途径与一般电磁干扰是一致的,分为辐射、传导、电磁耦合、二次辐射等,如图 8-12 所示。从图中可以看出,变频器产生的谐波第一是辐射干扰,它对周围的电子接收设备产生干扰;第二是传导干扰,它使直接驱动的电动机产生电磁噪声,增加铁损

和铜损,使温度升高;第三是谐波干扰对电源输入端所连接的电子敏感设备产生影响,造成误动作;第四是在传导的过程中,与变频器输出线相平行敷设的导线会产生电磁耦合,形成感应干扰。为防止干扰,除变频器制造商在变频器内部采取一些抗干扰措施外,还应在安装接线方面采取以下对策:

①　变频系统的供电电源与其他设备的供电电源尽量相互独立,或在变频器和其他用电设备的输入侧安装隔离变压器,切断谐波电流。

②　为了减少对电源的干扰,可以在输入侧安装交流电抗器和输入滤波器(要求高时)或零序电抗器(要求低时)。

③　为了减少电磁噪声,可以在输出侧安装输出电抗器,也可以单独配置或同时配置输出滤波器。注意输出滤波器虽然也是由 LC 电路构成,但与输入滤波器不同,不能混用。如果将其接错,则有可能造成变频器或滤波器的损伤。

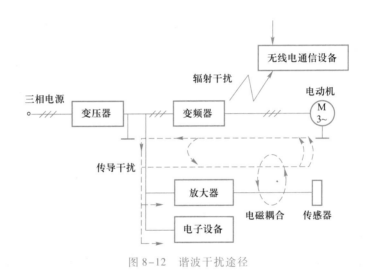

图 8-12　谐波干扰途径

④　变频器本身用铁壳屏蔽完好,电动机与变频器之间的电缆应穿钢管敷设或用铠装电缆,电缆尺寸应保证在输出侧最大电流时电压降为额定电压的 2% 以下。

⑤　弱电控制线距离主电路配线至少 100 mm 以上,绝对不能与主电路放在同一行线槽内,以避免辐射干扰,相交时要成直角。

⑥　控制电路的配线,特别是长距离的控制电路的配线,应该采用双绞线,双绞线的绞合间距应在 15 mm 以下。

⑦　为防止各路信号的相互干扰,信号线以分别绞合为宜。

⑧　如果操作指令来自远方,需要的控制线路配线较长时,可采用中间继电器控制。

⑨　接地线除了可防止触电外,对防止噪声干扰也很有效,所以务必可靠接地。为了防止电击和火警事故,电气设备的金属外壳和框架均应按有关标准要求接地。接地必须使用专用接地端子,并且用粗短线接地,不能与其他接地端共用接地端子,如图 8-13 所示。

⑩　模拟信号的控制线必须使用屏蔽线,屏蔽线的屏蔽层一端接在变频器的公共端子(如COM)上,另一端必须悬空。

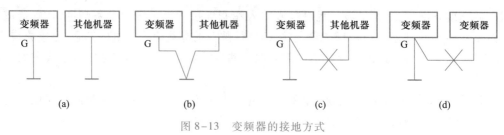

图 8-13　变频器的接地方式

(a) 专用接地(好);(b) 公用接地(可);(c) 共同接地(禁止);(d) 共同接地(禁止)

专题 8.5　变频器常见故障及处理

变频器作为一个功能复杂并具有一定智能性的产品,其正确使用不仅与硬件连接有关,也与其参数设置密切相关。变频器故障类型主要有过电流、短路、接地、过电压、欠电压、电源缺相、变频器内部过热、变频器过载、电动机过载、CPU 异常、通信异常等。针对以上故障,变频器均提供了较强的故障诊断功能,根据其报警信息可以判断故障原因及修正变频系统运行方案。

8.5.1　变频器运行性能方面的故障诊断及处理

以下故障产生的原因可能是运行条件、参数设置、设备本身故障等造成的。

1. 过电流

过电流故障分为加速中过电流、运行中过电流和减速中过电流,在以上运行过程中变频器电流超过了过电流保护动作设定值。其产生的原因可能是:过电流保护值设置过低,与负载不相适应;负载过重,电动机过电流;输出电路相间或对地短路;加速时间过短;电动机在运转中变频器投入,而起动模式不相适应;变频器本身故障等。在产生过电流故障时,首先需查看相关参数、检查故障发生时的实际电流,然后根据装置及负载状况判断故障发生的原因。

2. 对地短路

变频器在检测到输出电路对地短路时该保护功能动作。该报警发生的原因可能是电动机或电缆对地短路,需断开电缆与变频器的连接,用合适电压等级的绝缘表检查电动机及电缆的对地绝缘。但切记不得直接测量变频器端子的对地绝缘电阻,因为变频器的输入输出元件均是具有一定耐压的电子元器件,如果测量不当会将其击穿。如果电动机及电缆的绝缘在允许的范围内,则应认为是变频器本身质量原因。

3. 过电压

变频器的过电压保护也分为加速中过电压、运行中过电压和减速中过电压。通常过电压产生的原因是电动机的再生制动电流回馈到变频器的直流母线,使变频器直流母线电压升高到设定的过电压检出值而动作。因此过电压故障多发生于电动机减速过程中,或在正常运行过程中电动机转速急剧变化时。解决的方法是:根据负载惯性适当延长变频器的减速时间。当对动态过程要求高时,必须要通过增设制动电阻来消耗电动机产生的再生能量。需要注意的是:如果输入的交流电源本身电压过高,变频器是没有保护能力的。在试运行时必须确认所用交流电源在变频器的允许输入范围内。

4. 欠电压

当外部电源降低或变频器内部故障使直流母线电压降至保护值以下时,欠电压保护动作。欠电压动作值在一定范围内可以设定,动作方式也可通过参数设定。在许多情况下需要根据现场状态设定该保护模式。比如:在具有电炉炼钢的钢铁企业,电炉炼钢时电流波动极大。如果电源容量不是非常大,可能会引起交流电源电压的大幅度波动,这对变频器的稳定运行是一个很大的问题。在这种条件下,需要通过参数改变保护模式,防止变频器经常处于保护状态。变频器的工作电源取自直流母线,当直流母线电压降到一定值时,变频器即停止工作。

5. 电源缺相

当输入的三相交流电源中的任一相缺相时,该保护动作。因为电源缺相可能会造成主滤波电容的损坏。在变频器前面的短路保护采用快速熔断器时,可能容易因过载或熔断器本身品质问题造成一相熔断,进而产生电源缺相故障。从保护主电路元件的目的出发,快速熔断器是一个好的选择,但该状况的产生是不希望看到的。因而许多品牌的变频器均建议对变频器的保护采用无熔丝保护器,通常也多用低压断路器作为主电路的短路保护。

6. 散热片过热

产生该故障的原因可能是冷却风扇故障而造成散热不良、散热片脏、堵等原因造成的实际散热片温度过高,也可能是变频器的模拟输入电流过大或者模拟辅助电源的电流过大所致。判断的方法可以检查维护信息里的散热片温度,正常情况下其温度界限为:不超过 22 kW 的产品为 20 ℃,大容量产品为 50 ℃。如果其显示正常,则可能并非实际温度过高。另外,通过目视也可以清楚地看到变频器散热板的脏污情况。

7. 变频器内过热

变频器内部通风散热条件差造成内部温度上升是产生该报警的可能情况之一,模拟电流的超限也会产生该报警,还有就是控制电路的冷却风扇故障可能会产生该报警。有些变频器的控制电路冷却风扇内置了一个检测元件,在风扇检测不正常时会产生该报警。通过检查维护信息的实际温度也可以判断故障原因。需要注意的是,如果是控制风扇故障,必须更换同型号风扇,否则该报警不能解除。

8. 外部报警

当使用外部热继电器时,如果相关输入端子无效则产生该报警。外部热继电器的使用一般可做如下考虑:当变频器只带一台电动机时,因为变频器本身具有可靠的过电流和过载保护,可以可靠地保护电动机,一般不考虑再附加热继电器保护;但当一台变频器拖动多台电动机时,因变频器的保护定值远高于每一台电动机的额定电流,不能对每一台电动机进行保护,则需要在每一个电动机回路中使用热继电器,然后将所有触点串联后接入变频器。

9. 电动机过载

当设定电子热继电器功能时,如果运行电流达到动作值并持续设定时间,该报警产生。其动作参数可通过参数设置,需根据电动机及变频器的容量和运行状况合理设置。

10. 制动电阻过热

当选择制动电阻热保护功能时,如果制动电流达到动作值并持续设定时间,该报警产生。在报警时需检查相关参数及实际运行电流和制动电阻以及制动单元的允许电流,合理设置相关参数。

11. 自整定不良

主电路提供的工作电源异常或工作接触器接触不良时产生。通常,当该接触器接触不良时将不能很好地短接其充电限流电阻,则负载电流将通过充电电阻提供。当负载电流达到一定程度后,会使直流母线电压下降到很低的值产生该报警。许多情况下,可能会因短时电流过大而使充电电阻烧毁。

8.5.2   变频器运行环境方面的故障及处理

与以上报警相比,本部分故障不是因参数设置或负载状况引起的,是因为其运行环境不符合变频器要求的工作条件所致,尤其针对工业用变频器,更要格外给予重视,否则会造成变频器的损坏。

1. 异物混入

变频器在安装、使用过程中如果防护不当,可能会造成某些导电的材料混入变频器内部,这很容易造成变频器内部短路。例如:挤压机的电线线头落入变频器造成主功率元件触发极短路、冶炼厂的铜粉被吸入机器造成短路、配电盘加工过程中的线头落入机器造成短路等。

为防止该类状况的发生,可从几个方面注意:① 变频器在装入后,不要再进行控制柜的追加加工,如果必须要进行,首先要对变频器进行严密的防护;② 实施合适的控制柜加工,比如对导线的进出口使用合适的填充或垫层;③ 定期清扫控制柜并保养过滤器。

2. 结露、湿气

结露和湿气的产生会造成变频器内部绝缘变差,容易造成主电路的短路和击穿事故。这方面的例子有:隧道用风扇控制的变频器因潮湿使逆变模块门极锈蚀,因接触不良造成逆变模块损坏;锅炉房的水蒸气进入变频器,因湿气和灰尘使变频器直流母线间发生放电;海上使用的变频器,直流母线间的绝缘材料因潮湿而发生击穿等。

对这类状况,需要从环境方面予以处理,可采取的措施有:① 在控制柜内安装空间加热器;② 电气室降温空调的温度必须随季节的变化而调节,防止因温差过大而造成结露状况;③ 许多生产场所配有加湿器,以及南方地区的气候相对湿热,更应当注意这方面的防护问题。

3. 腐蚀性气体

腐蚀性气体的存在会造成装置内导电材料的锈蚀,最终因接触不良造成装置的损坏。这方面的实例有:轮胎制造工厂的腐蚀性气体使变频器内部的拨动开关失效;废纸再生企业的腐蚀性气体腐蚀变频母线,产生导电的硫化铜粉末使变频器内部短路。

对存在腐蚀性气体的应用场合,尽量采取以下措施:① 采用耐腐蚀规格的变频器,但也并不能保证万无一失;② 变更控制柜的安装场所,尽量使变频器远离具有腐蚀性气体的场所;③ 使用密封控制柜安装,但需加装空气过滤器和热交换器。

4. 粉尘混入

粉尘尤其是导电粉尘的存在对变频器是一个极大的威胁,因变频器采用强制通风散热,粉尘很容易被吸入变频器内部,造成变频器内的短路事故发生。

其应对措施有:① 配合使用环境设计控制柜、密封控制柜等;② 控制柜施工过程中注意进行防尘处理,如加装垫层、密封导线进出口;③ 切实进行定期清扫维护、定期保养过滤器。

5. 雷击损坏

雷击是电子产品的致命损坏,这会造成产品大面积的损坏产生。可采用一定的措施改变其电流回路来防止雷击故障的发生。主电路的雷击主要由进线电源进入,采取的防护措施有:在变频器输入侧加装避雷器,将控制柜可靠接地。加装合适的避雷器可大大降低累计发生的可能。实验证实,在变频器输入侧加装 2 kV 的避雷器,基本可以完全吸收所加 5 kV 脉冲输入的所有能量。

小结

　　变频器作为电力电子设备与数字控制装置,安装和维护必须遵守操作规范,才能保证变频器长期、安全、可靠地运行。变频器的维护包括变频器的测量、日常检查、定期检查等。

　　在变频器传动电动机系统中,变频器与电网、变频器与电动机以及周边设备相互之间都存在干扰,应采取适当的抗干扰措施。

　　变频器故障类型主要有过电流、短路、接地、过电压、欠电压、电源缺相、变频器内部过热、变频器过载、电动机过载、CPU 异常、通信异常等。针对以上故障,变频器均提供了较强的故障诊断功能,根据其报警信息可以判断故障原因及修正变频系统运行方案。

思考与练习

　　1. 变频器的安装规范有哪些?
　　2. 简述如何进行变频器的维护。
　　3. 变频器运行时为什么会对电网产生干扰? 如何抑制?
　　4. 变频器的常见故障有哪些? 如何处理?

项目引入

全国职业院校技能大赛(National Vocational Student Skills Competition)是国家级一类竞赛,大赛作为我国职业教育工作的一项重大制度设计与创新,深化了职业教育教学改革,推动了产教融合、校企合作,促进了人才培养和产业发展的结合,扩大了职业教育的国际交流,增强了职业教育的影响力和吸引力。大赛已经成为广大师生展示风采、追梦圆梦的广阔舞台。

项目内容

模拟赛项内容,设计 PLC-变频器调速系统。

按下起动按钮,PLC 给出指令,电动机由变频器控制起动,按附图 1 所示的加速曲线 10 s 后加速至 25 Hz,运行 8 s,当运行速度达到 50 Hz,并保持 20 s 后,电动机切换至工频供电,并保持 20 s 后,再次切换至变频器供电,按附图 1 中所示减速曲线降至 10 Hz 运行 8 s,由限位开关给出信号给 PLC,电动机停止运行。

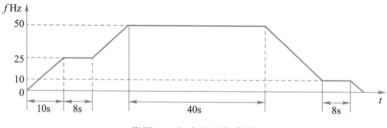

附图 1　电动机运行曲线

项目目的

一、了解技能大赛变频器子任务内容。

二、合理进行变频系统的设计。

三、正确进行变频器的外部接线。

四、正确设置变频器的相关参数。

五、完成系统的调试。

相关知识

目前,随着智能制造技术的发展,与之相关的"自动化生产线安装与调试""智能电梯装调与维护""现代电气控制系统安装与调试"等赛项愈发受到越来越多的高职师生的关注。选取样题中的变频器子任务说明如附表 1 所示。

附表 1　变频器子任务说明

序号	赛项	赛项内容描述	变频器子任务
1	自动化生产线安装与调试	（1）YL-335B 自动生产线由供料、装配、加工、分拣及输送 5 个工作单元组成。其中，供料、加工、装配、分拣、输送单元各用一台 PLC 承担其控制任务，5 台 PLC 之间通过 RS485 串行通信的方式实现互连，构成分布式的控制系统。 （2）系统可以联机运行，同时各单元也可以单站运行。系统联机运行时，起动、停止、复位等指令通过连接到系统主站的人机界面发出，并由 RS485 通信传送到各单元。整个系统的主要工作状态除了在人机界面上显示外，尚须由连接到装配站的警示灯显示起动、运行、停止、报警等状态	设备起动，指示灯常亮。当分拣站入料口检测到有料，按下起动按钮，传送带电动机起动。以 QS 切换开关状态所确定的运行频率驱动传送带运行，使工件经过检测区进入分拣区进行分拣。 变频器运行： （1）运行频率源是模拟信号； （2）两挡频率设定，由 QS 切换开关实现：当 QS 抬起状态时要求为 25 Hz；QS 按下状态时为 30 Hz。运行时可以在任何时刻切换频率，但应在下一工作周期开始时才生效
2	智能电梯装调与维护	（1）使用"THJDDT-5 型电梯控制技术综合实训装置"完成任务，装置由两台高仿真电梯模型和两套电气控制柜组成。电梯模型的所有信号全部通过航空电缆引入控制柜，每部电梯控制系统均由一台 FX3U-64MR/ES-A PLC 控制，PLC 之间通过 FX3U-485BD 通信模块交换数据，电梯外呼统一管理，可实现电梯的群控功能。高仿真电梯模型包含驱动装置、轿厢及对重装置、导向系统、门机机构、安全保护机构等；电气控制柜包含可编程序控制器、变频器、低压电器（继电器、接触器、热继电器、相序保护器）、智能考核系统等。 （2）根据竞赛任务书要求，完成以下任务：电梯电气控制原理图设计与绘制；电梯机构安装、调整与线路连接；电梯电气控制柜的电器元件安装与线路连接；电梯控制程序设计与调试；电梯故障诊断与排除；电梯调试、保养、机械故障排除与检验	根据任务书中的电梯节能和平稳度的要求，设置变频器参数，编写变频控制程序，实现变频器多段速度自动切换，平稳停止。 变频器运行： （1）运行模式：由外部端子控制； （2）加速时间为 1.6 s，减速时间为 1.6 ~ 2.5 s； （3）运行高速为 32 Hz，低速为 15 Hz，检修为 8 Hz
3	现代电气控制系统安装与调试	（1）使用"YL-158GA1 型现代电气控制系统安装与调试实训考核装置"完成任务。 （2）按"伺服灌装机系统控制要求"，设计电气控制原理图，制定相应的 I/O 分配表，并按图完成电器元件选型计算、电器元件安装、电路连接（含主电路）和相关电器元件参数设置。	传送带电动机 M3 为变频电动机，调试过程： （1）按下 SB1 按钮，电动机 M3 正转 15 Hz，运行 3 s，反转 20 Hz，运行 2 s，正转 15 Hz，运行 3 s，反转 20 Hz，运行 2 s，周期循环运行；

续表

序号	赛项	赛项内容描述	变频器子任务
		（3）按"伺服灌装机系统控制要求"，编写 PLC 程序及触摸屏程序，完成后下载至 PLC 及触摸屏，并调试该电气控制系统使其达到控制要求。 （4）根据赛场设备上所提供的故障考核装置，参考 T68 镗床/X62W 铣床电气原理图，排除机床电气控制电路板上所设置的故障，使该电路能正常工作，同时完成维修工作票	（2）电动机 M3 速度由 PLC 模拟量 4～20 mA 给定。整个运行过程中，按下停止按钮 SB2，M3 电动机停止

项目实施

一、设备、工具和材料

变频器，PLC，PC，三相交流电动机，24V 直流电源，限位开关，继电器，熔断器，低压断路器，接触器，按钮，电工工具，万用表，导线。

二、技能训练

自主设计控制方案并实施。

项目检测

评价要素及标准见附表2。

附表 2　评价要素及标准表

序号	评价内容	评价要素	配分	评价标准	等级	得分	总分
1	接线	正确进行变频系统硬件设备接线	20	接线完全正确，且标准规范	20		
				接线完全正确，但不标准规范	15		
				接线错 1 处，能自行修改	10		
				接线错 2 处，能自行修改	5		
				接线错 2 处以上或不能连接	0		
2	参数设置	合理设置变频器的各项参数	20	参数设置完全正确	20		
				参数设置错 1 处	15		
				参数设置错 2 处	10		
				参数设置错多处	0		
3	编写程序	正确编写 PLC 程序	20	能完全实现控制功能	20		
				不能完全实现控制功能	10		
				不能实现控制功能	0		
4	操作调试	正确调试系统运行	20	调试成功	20		
				调试失败	0		

续表

序号	评价内容	评价要素	配分	评价标准	等级	得分	总分
5	过程记录	完整记录运行情况	10	参数记录完整	5		
				参数记录不完整	0		
				现象记录完整	5		
				现象记录不完整	0		
6	安全文明	操作安全规范、团队合作、环境整洁等	10	安全文明操作,环境整洁	10		
				操作基本规范,环境欠整洁	8		
				经提示后能规范操作	5		
				不能安全文明操作,环境不整洁	0		

参考文献

［1］ 李方园.图解西门子变频器入门到实践［M］.北京：中国电力出版社，2012.

［2］ 陶权，吴尚庆.变频器应用技术［M］.广州：华南理工大学出版社，2012.

［3］ 王建，杨秀双，刘来员.变频器实用技术（西门子）［M］.北京：机械工业出版社，2012.

［4］ 陈山，牛莉，牛雪娟.变频器基础及使用教程［M］.北京：化学工业出版社，2013.

［5］ 李方园.零起点学西门子变频器应用［M］.北京：机械工业出版社，2012.

［6］ 王兆义.变频器应用故障200例［M］.北京：机械工业出版社，2013.

［7］ 李鸿儒，于霞，孟晓芳等.西门子系列变频器及其工程应用［M］.北京：机械工业出版社，2013.

［8］ 邓其贵，周炳.变频器操作与工程项目应用［M］.北京：北京理工大学出版社，2009.

［9］ 刘美俊.变频器应用与维护技术［M］.北京：中国电力出版社，2008.

［10］ 徐海，施利春.变频器原理及应用［M］.北京：清华大学出版社，2010.

［11］ 侍寿永.S7-200PLC编程及应用项目教程［M］.北京：机械工业出版社，2012.

［12］ 汤自春，许建平.PLC原理及应用技术［M］.北京：高等教育出版社，2011.

［13］ 蔡杏山.图解西门子PLC、变频器与触摸屏组态技术［M］.北京：电子工业出版社，2020.

［14］ 高安邦，胡乃文.电气控制综合实例：PLC·变频器·触摸屏·组态软件［M］.北京：化学工业出版社，2019.

郑重声明

高等教育出版社依法对本书享有专有出版权。任何未经许可的复制、销售行为均违反《中华人民共和国著作权法》，其行为人将承担相应的民事责任和行政责任；构成犯罪的，将被依法追究刑事责任。为了维护市场秩序，保护读者的合法权益，避免读者误用盗版书造成不良后果，我社将配合行政执法部门和司法机关对违法犯罪的单位和个人进行严厉打击。社会各界人士如发现上述侵权行为，希望及时举报，本社将奖励举报有功人员。

反盗版举报电话　(010)58581999　58582371　58582488
反盗版举报传真　(010)82086060
反盗版举报邮箱　dd@ hep. com. cn
通信地址　北京市西城区德外大街 4 号
　　　　　高等教育出版社法律事务与版权管理部
邮政编码　100120